Liebe Leserin, lieber Leser

S

Schon mehrfach haben wir uns in dieser Heftreihe mit den großartigen Fähigkeiten des menschlichen Körpers beschäftigt – aber noch nie in dieser Tiefe und Ausführlichkeit.

Dass wir uns das Thema wieder einmal vornehmen, liegt zum einen an den großen Fortschritten in vielen Bereichen der Medizin – etwa bei der Erforschung des Mikrobioms (der Gesamtzahl aller Bakterienarten in unserem Darm) und dessen überraschender Wirkung auf unser psychisches Wohlbefinden.

Oder im Bereich der Immunonkologie, wo Krebsmediziner bei manchen Tumoren auf das natürliche Abwehrsystem des Menschen setzen. Oder an den neuesten Erkenntnissen der Stammzellforschung, die revolutionäre Chancen der Therapie eröffnen.

Zum anderen aber hat uns die vorliegende Ausgabe auch die Möglichkeit gegeben, noch einmal über das Wunder Mensch zu staunen.

Über die unfassbar komplexen Prozesse zum Beispiel, die es unserem Gehirn erlauben, seine Umgebung wahrzunehmen, sich ein Bild von der Welt zu machen, Gefühle und Gedanken zu entwickeln. Aber auch über die Bravourleistungen unserer Muskeln und Knochen, des Immun- und Herz-Kreislauf-Systems, ja sogar der Haut.

Und da wir nicht allein die Arbeit der Forscher beschreiben wollten, sondern auch deren Folgen für uns Laien, haben wir zu jedem Kapitel die jeweils sieben wichtigsten Tipps zusammengestellt, die es jedem von uns mit wenig Aufwand im Alltag erleichtern, ein wenig gesünder zu leben.

Denn Sie sollen nach der Lektüre des Heftes nicht sagen, dass wir Sie mit den Erkenntnissen der Wissenschaft allein gelassen hätten.

Herzlich Ihr

Michael Schaper

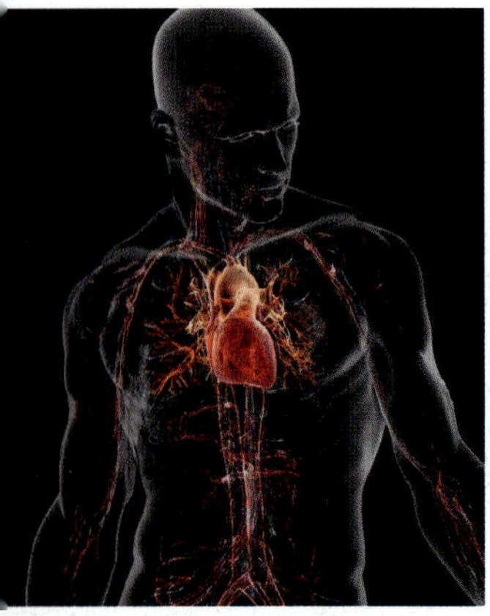

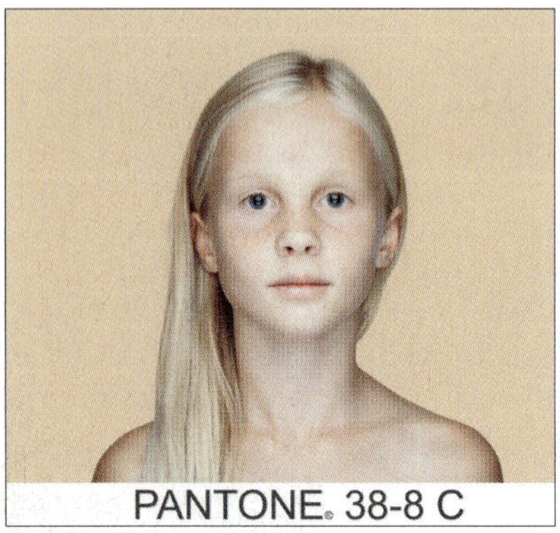
PANTONE® 38-8 C

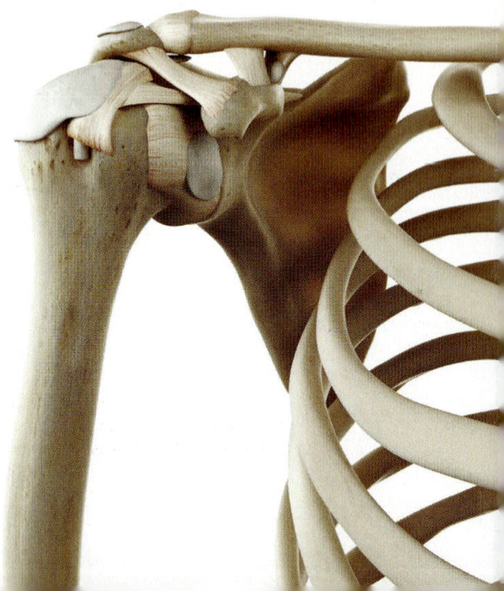

INHALT

NR 59

Alle Fakten und Daten in diesem Heft sind vom GEOkompakt-Verifikationsteam auf Präzision, Relevanz und Richtigkeit überprüft worden. Kürzungen in Zitaten werden nicht kenntlich gemacht. Redaktionsschluss dieser Ausgabe: 10. Mai 2019. Weitere Informationen zum Thema und Kontakt zur Redaktion: www.geokompakt.de. Titelbild: Oliver Burston/Ikon Images

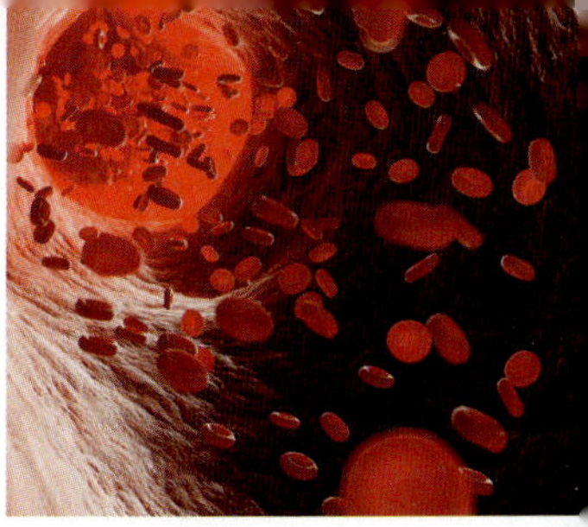

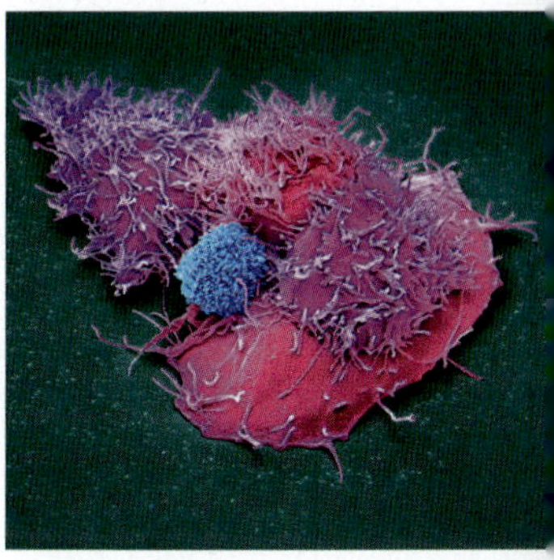

Das neue Bild

Protokolle:
Katharina von Ruschkowski

Sie sehen dem Gehirn beim Denken zu, durchleuchten unser Erbgut und steuern die Kraft des Immunsystems: Niemals zuvor hatten Forscher und Ärzte so tiefen Einblick in die Funktion unseres Körpers. Und mehr denn je staunen sie: über den wohl komplexesten Organismus, den das Leben auf unserem Planeten hervorgebracht hat

des Körpers

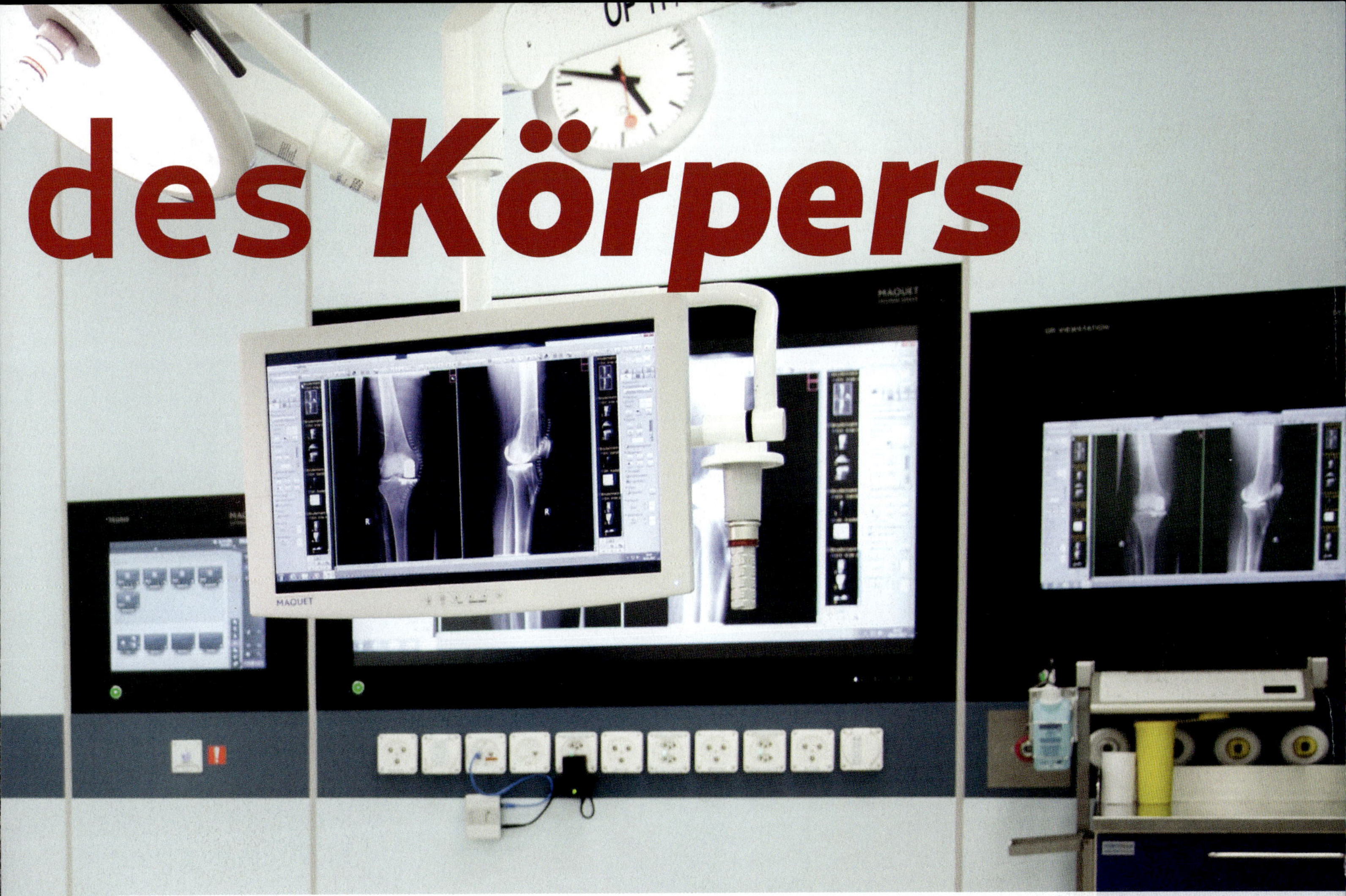

Die überlegene *Konstruktion* unseres Organismus

Dr. Stefan Preiss, Kniechirurg, Zürich

Das präzise Zusammenspiel von Knochen, Bändern und Knorpel lässt unser Kniegelenk Jahrzehnte lang seine Arbeit verrichten. Diese geniale Mechanik, sagt Stefan Preiss, werde noch lange nicht von einer Prothese erreicht

Gelenke werden oft als „Scharniere des Körpers“ bezeichnet. Was für eine Beleidigung dieser wunderbaren Konstruktionen! Nehmen Sie nur das Knie, das größte Gelenk unseres Körpers. Das klappt doch nicht nur auf und zu. Es biegt, rotiert, gleitet, streckt und bewegt sich im dreidimensionalen Raum. Und das bei jedem Menschen ein wenig anders.

Denn jedes Knie ist individuell gebaut. Knochen, Knorpel und all die Bänder drum herum sind höchst präzise und doch auch eigenwillige Konstruktionen. Sie bestimmen, wie wir durch die Welt gehen: harmonisch, tänzelnd oder eben auch hinkend, x- oder o-beinig. Schon kleine Unregelmäßigkeiten im Knie, angeboren, nach einem Unfall oder einer Operation, beeinflussen die feinabgestimmte Mechanik des Kniegelenks. Und lässt sich das Knie nicht mehr richtig beugen, wird der Alltag beschwerlich.

Oft ist es gar nicht so einfach zu bestimmen, woher solche Einschränkungen kommen. Denn wir verstehen noch immer nicht vollkommen, wie das komplexe Zusammenspiel der einzelnen Strukturen in einem Gelenk wie dem Knie funktioniert. So ging man etwa lange davon aus, dass die Kreuzbänder, die sich im Knie spannen, lediglich für die Stabilität verantwortlich sind. Heute wissen wir es besser: Sie steuern nebenbei auch den komplizierten Roll- und Gleitmechanismus des Kniegelenks.

Oder: Zwischen Männern und Frauen gibt es Unterschiede. Frauenknie sind meist höher und schlanker gebaut, die von Männern dagegen breit und nicht so hoch. Daher gibt es inzwischen eigens entwickelte Gender-Prothesen.

Seit über 100 Jahren schon arbeiten Menschen an Prothesen – und doch bleiben es nur Kopien: Denn wir rätseln ja noch immer über den genauen Bauplan des Knies und dessen komplexe Mechanik. Ich sage Patienten daher oft: Tauschen wir Ihr lädiertes gegen ein künstliches Gelenk aus, haben Sie vielleicht keine Schmerzen mehr, aber Ihre Bewegung ist eingeschränkt. Ich werde es bestimmt nicht erleben, dass der Mensch die Natur ersetzen kann.

Die *Sprache* des Geistes

Dr. Magnus Heier, Neurologe, Castrop-Rauxel

Immer detaillierter erkennt der Mensch den Aufbau und die Fähigkeiten seines Denkorgans. Dass er dabei dennoch stets vor neuen Rätseln steht, macht für Magnus Heier gerade den Reiz seines Faches aus

Das Gehirn eines erwachsenen Menschen passt ziemlich genau in seine beiden zur Schale geformten Hände – als wäre es dafür gemacht, gehalten zu werden. Und in diesem vergleichsweise kleinen, knapp 1,5 Kilogramm schweren Organ mit der Konsistenz von Zahnpasta steckt so unendlich viel: alle Fähigkeiten, Gefühle, Charaktereigenschaften eines Menschen, plus 80, 90 Jahre Erinnerung.

Mich fasziniert zudem die nahezu übernatürliche Flexibilität des Gehirns. Vor 40 000 Jahren etwa war die Lebenssituation des Menschen eine komplett andere. Er sammelte Beeren, jagte, baute dafür Speere. Heute baut er Flugzeuge – mit nahezu dem gleichen Gehirn.

Menschen haben früh begonnen, sich mit ihrem Gehirn zu beschäftigen. Doch trotz jahrhundertelanger Forschung und neuester Hightech-Apparaturen, die wir heute nutzen können, haben wir dieses Organ noch immer nicht ganz verstanden. Wir wissen mittlerweile recht genau, wie eine einzelne Zelle dort aussieht und funktioniert und wie sie sich bei bestimmten Erkrankungen wie Alzheimer, Epilepsie oder Multipler Sklerose verändert. Wir wissen, dass Rhythmus ein entscheidender Teil des Denkens ist. Durch Kernspintomografen können wir dem Hirn mittlerweile auch ein Stückweit beim Denken zusehen und Bereiche ausmachen, in denen etwa das Sehen, Lust oder Angst verarbeitet werden. In aktiven Bereichen ist nämlich der Sauerstoffumsatz höher als anderswo, dies lässt sich darstellen.

Bloß – solcherlei Untersuchungen sind entsetzlich fehleranfällig. Vor ein paar Jahren führte uns dies ein Kollege eindrucksvoll vor. Er hatte einem Probanden Fotografien vorgelegt, die Menschen in unterschiedlichsten Gefühlszuständen zeigten – und die Reaktion des Hirns mittels Kernspintomografie beobachtet und festgehalten. Die Daten, die der Forscher gewann, zeigten tatsächlich veränderte Hirnaktivitäten, abhängig vom gezeigten Bild. Allein: Der Untersuchte, der da in der Röhre gelegen hatte, war – ein toter Lachs.

Das Gehirn ist ehrlicherweise noch immer eine tiefschwarze Box für uns, seine Sprache, sein Code ist noch lange nicht enträtselt. Aber genau das macht es für mich so spannend.

Die Frage ist nur, ob wir mit unserem Gehirn unser Gehirn überhaupt je verstehen werden.

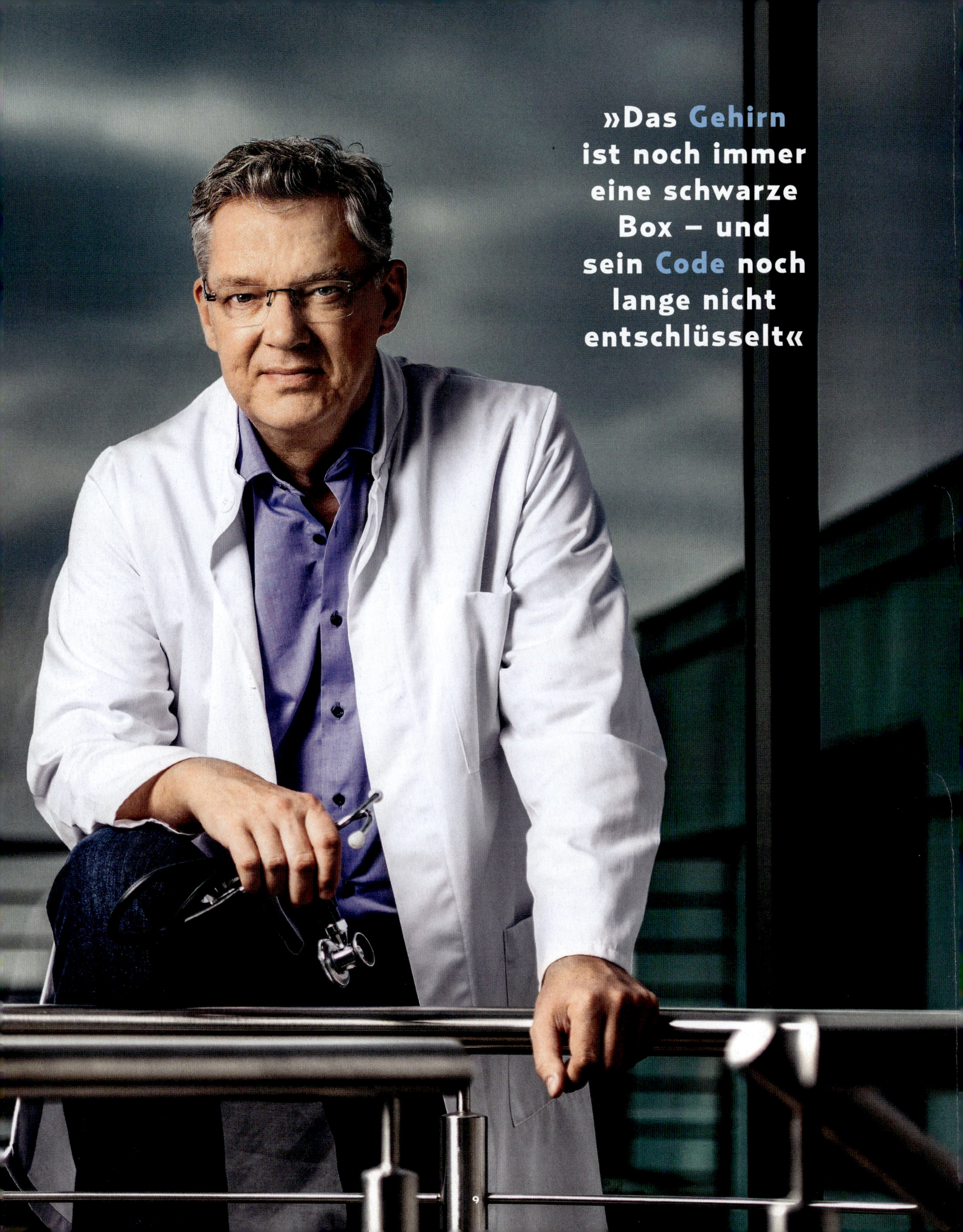

»Das Gehirn ist noch immer eine schwarze Box – und sein Code noch lange nicht entschlüsselt«

»Ob chronische Rückenschmerzen zu endlosen Qualen werden oder wieder verschwinden, hängt nicht in erster Linie vom Körper ab«

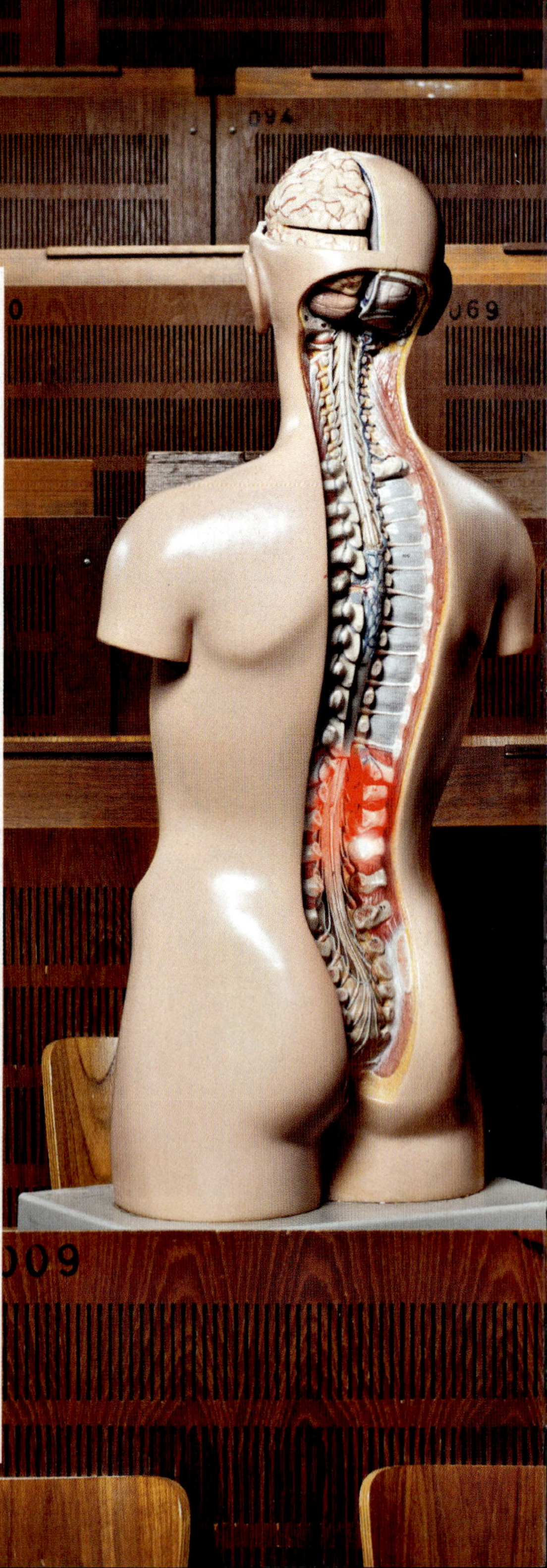

Was die *Signale* des Körpers bewirken

Prof. Dr. Monika Hasenbring, Medizinpsychologin, Bochum

Weshalb quälen uns Schmerzen oft noch lange nachdem ihre körperliche Ursache verschwunden ist? Die Medizinpsychologin Monika Hasenbring untersucht solche körperlichen Empfindungen – und wie sie sich in unserer Psyche verstetigen können

Die meisten sehen im Schmerz nur ein Monster, das Leben zerstören kann. Aber so ist es nicht. Der Schmerz ist überlebenswichtig. Menschen, die aufgrund von Genmutationen keine Pein verspüren, sterben viel eher als Gesunde, weil sie den Blinddarmdurchbruch nicht spüren.

Generationen von Forschern sahen im Schmerz etwas rein Körperliches: ein elektrisches Signal, ausgelöst durch eine äußerliche oder innere Verletzung, die im Gehirn zu dem verarbeitet wird, was wir Schmerz nennen. Bloß: Das Schmerzsignal, das sich messen lässt, korreliert längst nicht immer mit der Schmerzerfahrung. Das Gehirn übersetzt den Schmerz höchst individuell. Und: Es vergisst ihn bisweilen nicht, verstärkt ihn sogar, selbst wenn die ursprüngliche Ursache für den Schmerz längst verschwunden ist. Am eindrücklichsten zeigt sich dies an Patienten, die unter Phantomschmerzen leiden.

Wir behandeln vor allem Patienten mit chronischen Rückenleiden. Die haben immer einen körperlichen Auslöser – eine Überbelastung der Muskeln, einen Bandscheibenvorfall. Ob die Schmerzen dann zu nicht endenden Qualen werden, hängt aber nicht in erster Linie vom Körper ab, sondern von der Psyche. Davon, wie gut ein Mensch mit dem Schmerz umgehen kann, was ihn außerdem bedrückt.

Wir erleben es oft, dass Patienten den Schmerz entweder bagatellisieren oder aber gleich als Bedrohung wahrnehmen. Beides kann dazu führen, dass man ihn nicht mehr loswird, weil man sich auf die ein oder andere Weise immer wieder damit beschäftigt. Studien zeigen: Der Schmerz füttert sich dann gewissermaßen selbst. Allein das Denken an Schmerz kann neuen Schmerz erzeugen. Insbesondere bei Angst oder Ärger erleben Betroffene dann neue Schmerzspitzen. Chronische Schmerzen lassen sich daher selten allein mit Medikamenten lindern.

Wir versuchen, dem Schmerz das Monströse zu nehmen – und Patienten über seinen Sinn aufzuklären. Schmerz ist ein Signal, das man ernstnehmen, aber nicht überinterpretieren sollte. Er gehört zum Leben. Ohne ihn würde uns der Körper mit manchen Diagnosen überfallen.

008
007
045
092
091
090

»Zahlreiche Krebsleiden lassen sich bereits mit Immuntherapie behandeln«

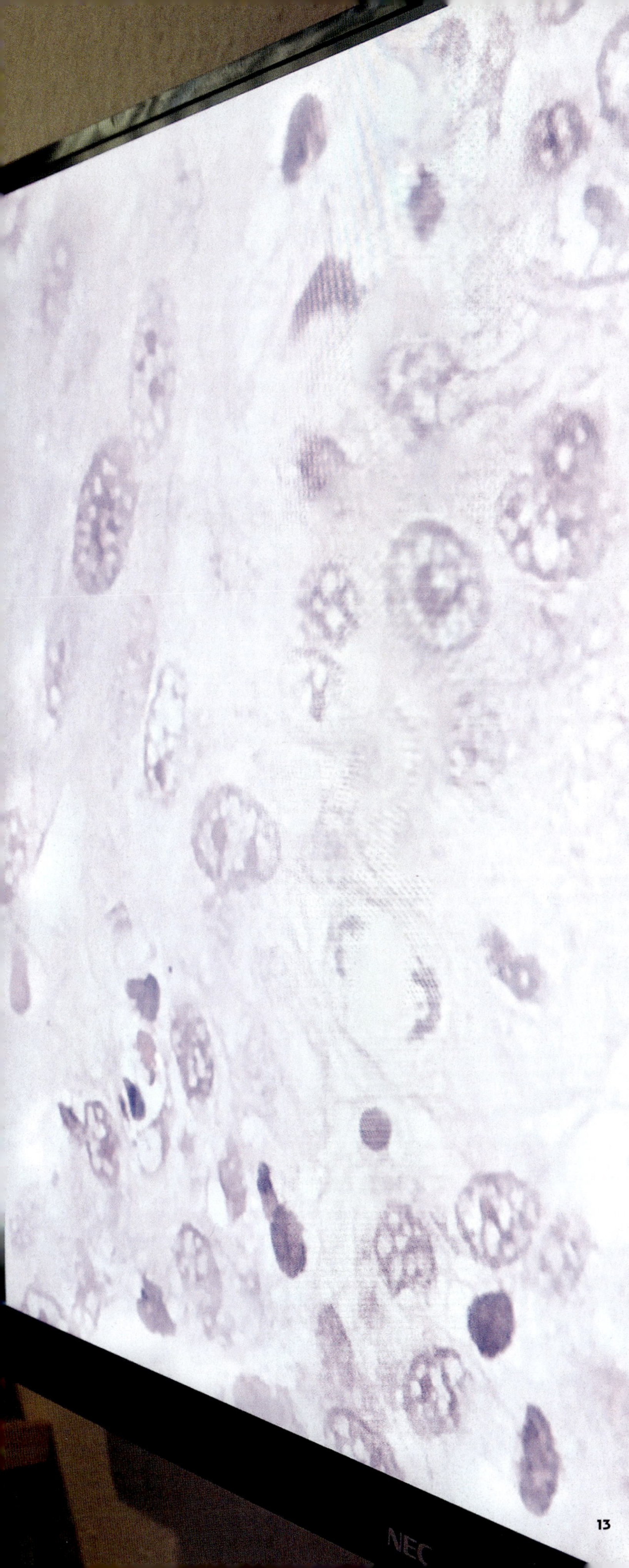

Im *Kampf* gegen den Tumor

Prof. Dr. Ulrich Keilholz, Onkologe, Berlin

Wer den Krebs besiegen will, muss die Abwehrkräfte des Körpers nutzen. Ulrich Keilholz gehört zu den führenden Experten der Immuntherapie – und erklärt, welche Erfolge die neuesten Ansätze zeigen

Gerätselt haben wir schon lange darüber: Warum gelingt es unserem Immunsystem nicht, den Krebs in Schach zu halten? Denn grundsätzlich besitzt unsere körpereigene Abwehr die Fähigkeit dazu. Täglich rettet sie uns das Leben. Weil sie in der Lage dazu ist, ziemlich treffsicher alles Fremde im Körper – Viren, Bakterien, Krebszellen – zu identifizieren und zu beseitigen.

Die Abwehr funktioniert durch das gute Zusammenspiel von angeborenem und lernendem Immunsystem. Die angeborene Abwehr hat von Anbeginn rasche, relativ pauschale Immunantworten auf bestimmte Invasoren parat. Wirken die nicht, greift die adaptierende Abwehr ein. Sie bildet sich vor allem im Verlauf der ersten Lebensjahre aus und verfügt dann über spezielle Abwehrmechanismen gegen neue oder veränderte Krankheitserreger. Meistens kann so das Schlimmste verhindert werden.

Bei Krebspatienten versuchten Ärzte jahrelang, das Immunsystem durch die Gabe bestimmter Präparate zu stimulieren – um so eine Immunantwort auf die Krebszellen hervorzurufen. Die Wirksamkeit war sehr gering.

Warum das nicht funktionieren konnte, haben wir erst in den vergangenen Jahren ziemlich genau verstanden. Abwehrzellen besitzen auf ihrer Oberfläche bestimmte Eiweißstrukturen, die die Immunantwort regulieren. Manche davon wirken wie Antreiber, Akzeleratoren genannt. Andere, sogenannte Checkpoint-Inhibitoren, funktionieren wie Bremsen. Sie hemmen die Immunantwort, weil eine entfesselte Abwehr für den eigenen Körper gefährlich werden kann. Dadurch war klar: Wer den Körper im Kampf gegen den Krebs stärken will, muss also nicht das Immunsystem besonders aktivieren, sondern dessen Bremsen lösen.

Auf der Grundlage dieses Wissens entsteht gerade ein neuer, verheißungsvoller Ansatz im Kampf gegen Krebs: die Immuntherapie. Und tatsächlich lassen sich bereits zahlreiche Tumorleiden wie Haut- oder Lungenkrebs gut damit behandeln.

Aber manche Tumoren reagieren gar nicht oder irgendwann nicht mehr auf die Mittel, die die Abwehr entfesseln sollen; woran das liegt, versuchen wir derzeit zu entschlüsseln. Andere Patienten haben mit extrem starken Nebenwirkungen zu kämpfen. Denn das Immunsystem besitzt einfach eine immense Kraft. Die Immuntherapie ist kein Wundermittel, aber integriert in die bisherigen Behandlungsoptionen – Operation, Strahlen- und Chemotherapie – eine neue, effiziente Waffe im Kampf gegen den Krebs.

Ein Muskel von grenzenloser *Ausdauer*

Dr. Margit Müller-Bardorff, Kardiologin, Groß Grönau

Das menschliche Herz vollbringt unglaubliche Leistungen – doch wird es verletzt, geht es meist um Leben und Tod. Margit Müller-Bardorff erklärt, wie Ärzte heute per Schnelltest selbst gefährliche »stumme« Infarkte frühzeitig aufspüren

Ich kann mich noch immer an Bildern aus dem Inneren des Herzens begeistern. Setze ich den Ultraschallkopf am Brustbein auf, sehe ich das Herz mit seinen vier Kammern: Kraftvoll zieht es sich zusammen und pumpt dabei sauerstoffarmes Blut in die Lunge und mit Sauerstoff angereichertes zurück in den Körperkreislauf. Die Bewegung der zarten Herzklappen, die das Blut immer in die richtige Richtung fließen lassen, wirkt im Ultraschall wie ein Tanz.

Es ist vor allem seine Nimmermüdigkeit, die mich am Herzen fasziniert. Jeder andere große Muskel im Körper würde unter einer solchen Dauerbelastung irgendwann ermüden oder sauer werden. Das Herz arbeitet pausenlos weiter, ein Leben lang. Gibt es Motoren, die 80 Jahre halten?

Das Herz ist verlässlich, aber auch verletzlich. Werden Herzmuskelzellen infolge eines Gefäßverschlusses nicht mehr versorgt, bleiben nur wenige Stunden, bis sie absterben. Für immer. Die Symptome dafür, etwa Brust- oder Bauchschmerzen, sind häufig unspezifisch – und lassen oft noch auf ein Dutzend anderer Erkrankungen schließen.

Doch mittlerweile wissen wir, dass abgestorbene Herzmuskelzellen den Zellbaustein Troponin ins Blut ausschwemmen. Per Schnelltest können wir daher binnen kurzer Zeit selbst stummen Infarkten auf die Spur kommen und Patienten in lebensbedrohlichen Notfallsituationen rasch eine wirkungsvolle Therapie zukommen lassen.

Auch die Korrektur von Fehlern der Herzklappen wird zunehmend weniger belastend für die Patienten.

Fortschritte in der Herz-Kreislauf-Medizin haben wesentlich zur Verlängerung unserer Lebenserwartung beigetragen. Und trotzdem glaube ich, dass wir damit gerade erst an der Spitze des Eisberges kratzen. Das Herz birgt noch viele Geheimnisse.

»Es ist vor allem die Nimmermüdigkeit, die mich am Herzen fasziniert«

Atlas
des menschlichen
Fasziensystems

Das wenig erforschte *Reich* der Faszien

Dr. Robert Schleip, Humanbiologe, München

Was lässt alternative Heilmethoden wie Massagen oder Yoga so wohltuend auf den Körper wirken? Robert Schleip suchte die Anwort im lange missachteten Bindegewebe des Menschen – und stieß auf verblüffende Eigenschaften

Zugegeben, als Forscher verliebt man sich nicht unbedingt in Faszien. Diese Strukturen, auch als Bindegewebe bekannt, sind fettig und faserig – und irgendwie überall im Körper. Chirurgen und Anatomen schnitten sie lange Zeit achtlos weg, um zum eigentlich Wichtigen vorzudringen: den Organen und Gelenken. Für sie waren die Faszien so unbedeutend wie die Verpackung eines Produkts.

Dabei sind sie alles andere als Abfall. Faszien sind Hülle von und Füllstoff zwischen den Organen und dienen dem Körper so als Stütze – ohne sie würden wir in uns zusammensacken. Die Faszien verbinden Knochen und Muskeln und sorgen für deren harmonisches Zusammenspiel. Manche Forscher sehen in ihnen gar ein sechstes Sinnesorgan, weil sie wohl 100 Millionen Neuronen enthalten – die dem Hirn andauernd Rückmeldung geben und so zum Körpergefühl beitragen. Noch vor 20 Jahren aber schüttelten Medizinerkollegen ihre Köpfe, wenn wir so etwas erwähnten.

Ich habe in meiner Studentenzeit in den USA eine spezielle Massagetechnik erlernt, das Rolfing. Man drückt dabei mit Fingern und Knöcheln auf bestimmte Körperstellen, um so etwa Verspannung zu lösen. Die Frage, weshalb das funktioniert, konnte mir niemand zufriedenstellend beantworten.

So begab ich mich selbst auf die Suche. Und gehörte rasch zu den Pionieren der Faszienforschung. Die Beschäftigung damit glich dem Entdecken neuer Kontinente. Denn Faszien waren einfach unbeschrieben.

Unsere Erkenntnisse füllten von Anbeginn nicht nur Fachbücher – sondern lieferten auch lange gesuchte Erklärungen dafür, weshalb alternative Heilmethoden wie Massagen oder Yoga überhaupt wirken.

Das Bindegewebe reagiert extrem gut auf mechanische Reize: Dehnen, Kneten, Ziehen, Streichen. Es wird dadurch stimuliert, frisches Kollagen zu bilden, das uns geschmeidig hält. Zugleich werden Botenstoffe freigesetzt, die Entzündungen und Pein lindern.

Sanfte Massagen können sogar schlimme Rückenleiden bisweilen besser lindern als Operationen – weil eben nicht, wie meistens angenommen, die Bandscheiben die Ursache sind, sondern verhärtete Faszien.

Neulich, im Urlaub, hat mir meine Frau einen faszienfreien Tag verordnet. Ich habe es kaum geschafft. Ich bin einfach begeistert von dem Thema.

Auch weil es mir zeigt, dass wir den Körper noch lange nicht vollends verstanden haben.

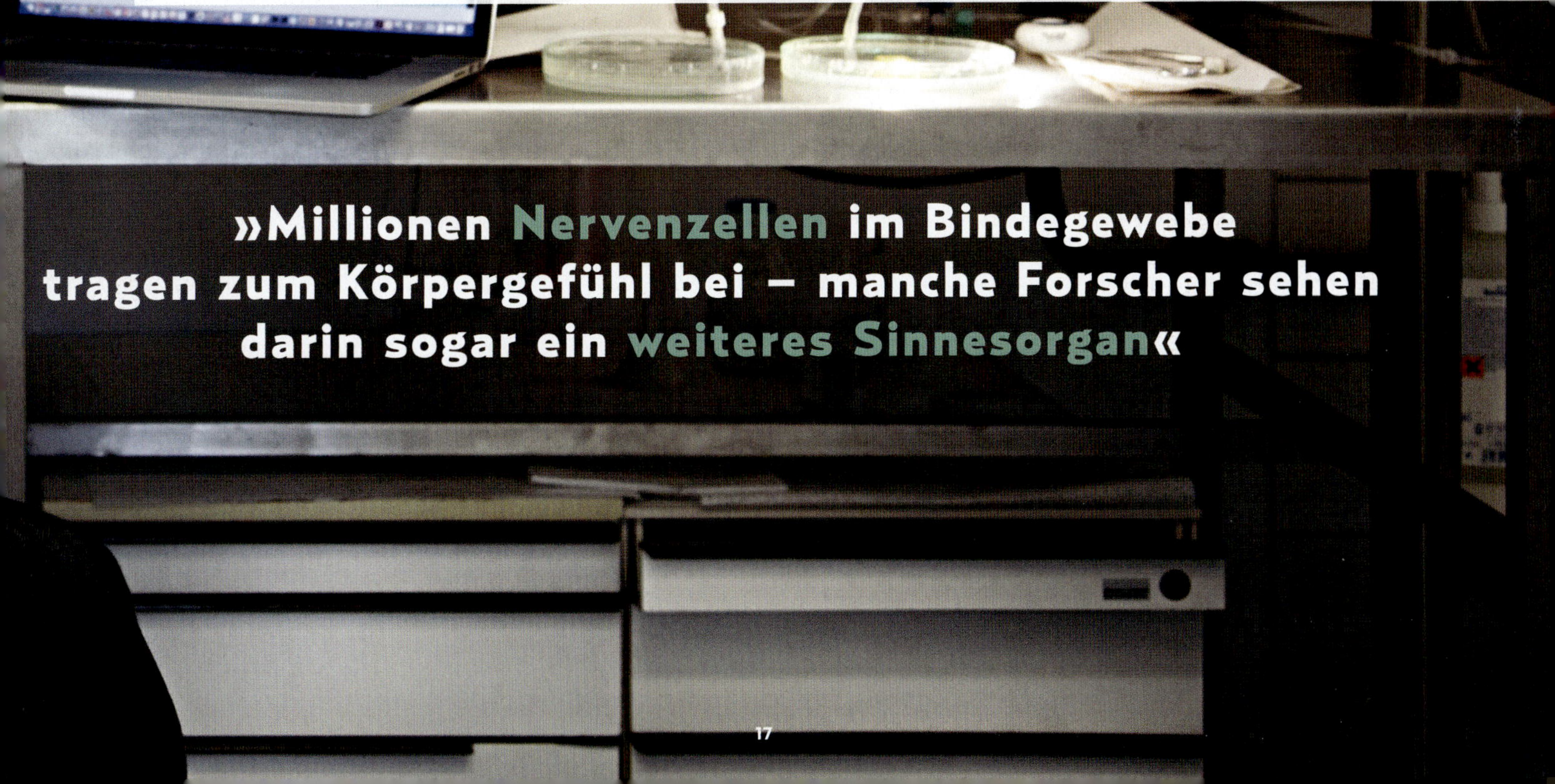

»Millionen Nervenzellen im Bindegewebe tragen zum Körpergefühl bei – manche Forscher sehen darin sogar ein weiteres Sinnesorgan«

Die *Macht* der Gedanken

Prof. Dr. Claudia Witt, Komplementärmedizinerin, Zürich

Erwartungen und Überzeugungen wirken auf unsere Gesundheit, sagt Claudia Witt: Sie erforscht, wie Körper und Geist einander beeinflussen – wie etwa der Glaube an die Wirksamkeit einer Akupunktur Schmerzen zu lindern vermag

Körper und Psyche des Menschen sind untrennbar miteinander verbunden, weil sie auf- und miteinander wirken. Jahrhundertelang hat die Medizin sie aber als getrennte Sphären betrachtet – und auch so behandelt. Doch seit einigen Jahren zeigen Studien immer deutlicher, dass der Kopf einen immens großen Einfluss auf Gesundheit und Heilungsverläufe hat. Umgekehrt hat auch der Körper erstaunliche Macht über die Psyche. Wir beginnen gerade erst, das ganze Ausmaß zu begreifen.

Mich hat vor über zehn Jahren eine große Studie zur Akupunktur neugierig gemacht. Um die Wirksamkeit dieser Therapie zu überprüfen, setzten wir bei zufällig zugeteilten Patienten mit chronischen Schmerzen die Nadeln entweder an richtige oder falsche Punkte. Das Ergebnis war verblüffend: Beide Behandlungen waren ähnlich wirksam.

Wir sahen aber auch, dass Patienten mit hohen Erwartungen an die Wirksamkeit der Akupunktur mehr Schmerzreduktion hatten. In nachfolgenden Studien verabreichten US-Kollegen Testpersonen ganz offen Placebos, Menschen nahmen also Pillen im Wissen ein, dass es nicht mehr als Zuckerkügelchen waren.

Aber auch hier war ein positiver Effekt messbar.

All dies bestätigte uns in der Annahme: Die Erwartungen eines Patienten haben einen wesentlichen Einfluss auf das Therapieergebnis – im Positiven, aber auch im Negativen. Ein eher furchtsamer Mensch, der aufmerksam den Beipackzettel liest, wird mit einiger Wahrscheinlichkeit häufiger von den Nebenwirkungen betroffen sein – nur, weil er sie fürchtet. Die Symptome dieses sogenannten Nocebo-Effektes sind nicht eingebildet, sondern gehen auf reale Prozesse im Körper zurück.

Wie genau die zustande kommen, können wir bislang allerdings noch nicht erklären.

Gesichert hingegen ist: Ärzte sollten dies berücksichtigen, wenn sie ihre Patienten gut behandeln wollen. Denn der Nocebo-Effekt lässt sich durch gute Aufklärung reduzieren. Es ist daher wichtig, dass Ärzte gegenüber ihren Patienten in den Minuten, die sie ihnen widmen können, die richtigen Worte wählen, die Klarheit schaffen, nicht Verunsicherung.

An der Universität Zürich bieten wir unseren Medizinstudierenden Seminare zu Placebo und Nocebo-Effekten an. Hier lernen sie, Risiken positiv zu formulieren. Nicht zu sagen: Es besteht ein fünfprozentiges Risiko. Sondern zu betonen, dass in 95 Prozent der Fälle nichts geschieht.

Denn die gewählten Worte und der Kontext, in dem sie gesprochen werden, haben Wirkung – auf Psyche und Körper.

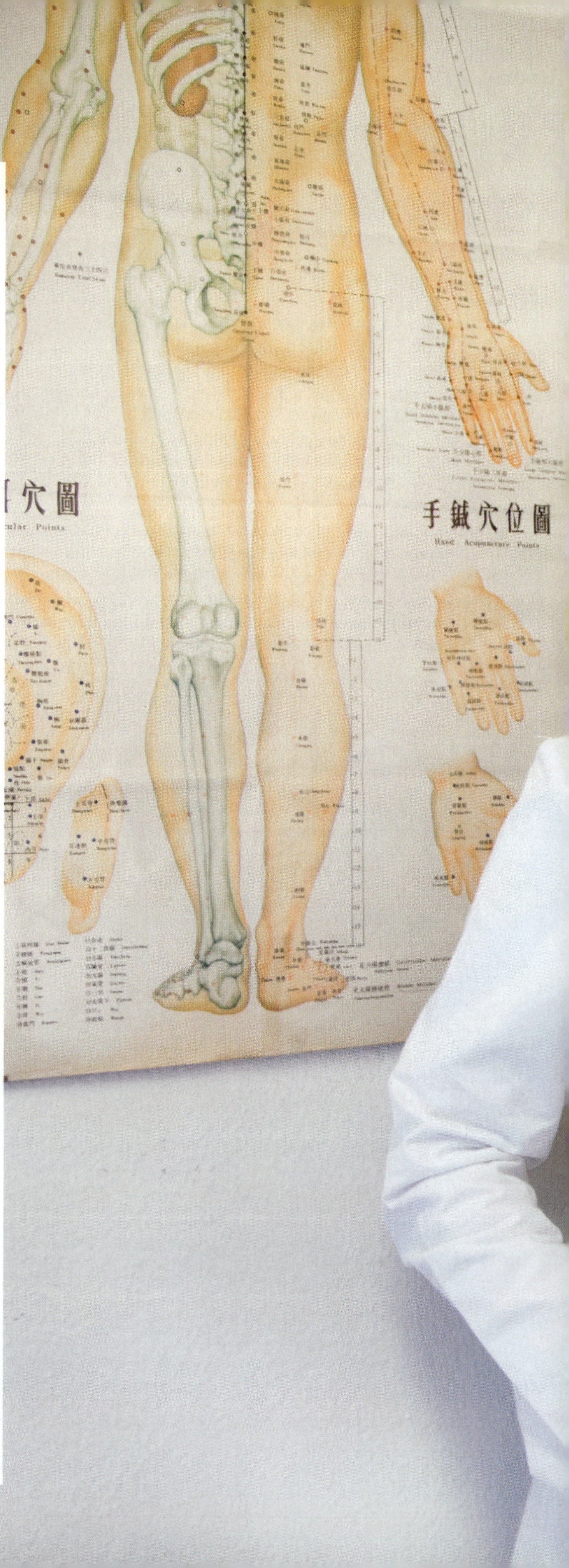

»Angst kann krank machen – unsere Psyche löst reale Effekte im Körper aus«

»Darmkeime wirken sich auf Immunsystem, Nerven und innere Organe aus«

Das innere Ökosystem

Prof. Dr. Dirk Haller, Mikrobiologe, München

Rund 1500 Arten von Mikroorganismen siedeln in unserem Darm. Dirk Haller erforscht, wie sie uns über ihr komplexes »Supergenom« beeinflussen – und wie ihre Zusammensetzung uns formt

Als ich vor 20 Jahren erste Vorträge dazu hielt, welchen Einfluss das Mikrobiom, also die in unserem Darm lebenden Mikroben, auf uns haben, wurde ich ausgelacht. Es gab damals so gut wie keine Studien zum Thema. Mir erschien es immer unlogisch, dass dieses Ökosystem in uns – das am dichtesten besiedelte der Welt übrigens – nichts mit unserem Körper, unserem Wohlbefinden zu tun haben sollte.

Die vergangenen zehn Jahre haben mich und Kollegen bestätigt. Mehr noch: Mittlerweile ist das einstige Desinteresse in einen Hype umgeschlagen. Rund 44 000 Publikationen sind zuletzt darüber erschienen, fast die Hälfte davon in den vergangenen beiden Jahren.

Die neuen Erkenntnisse verdanken wir vor allem neuen Möglichkeiten, das komplexe Supergenom der Mikroben entschlüsseln und die dabei gewonnenen Daten mithilfe der Bio-Informatik verarbeiten zu können. Wir gehen heute davon aus, dass bis zu 1500 verschiedene Darmbakterien-Spezies in uns wohnen. Die besitzen rund zehn Millionen Gene, deren Aktivität die unserer körpereigenen Gene beeinflusst. Auch durch ihre Stoffwechselprodukte, die über den Darm Immunsystem, Nerven, Energiehaushalt sowie innere Organe wie Herz und Leber beeinflussen, wirken sich die Mikroben auf den Körper aus – im Guten wie im Schlechten.

Wir erkennen etwa, dass Entzündungen oder Krebserkrankungen oft mit spezifischen Veränderungen in der Bakterienzusammensetzung im Darm einhergehen. Oder dass Menschen mit Diabetes davon profitieren, wenn man ihnen den Stuhl anderer transplantiert.

Auch wenn uns noch viele Fakten verborgen sind, scheint eines klar: In falscher Mischung können Darmkeime Krankheiten auslösen. Manche Mediziner wollen dies zum Ausgangspunkt neuartiger Therapien nutzen und durch die Gabe spezieller Bakterien Leiden heilen.

Mir geht das zum Teil allerdings zu schnell. Natürlich sind viele Zusammenhänge extrem spannend – doch Korrelationen sind nun mal keine Kausalitäten. Und eines sollten wir aus der humanen Genomforschung gelernt haben: Der DNS-Code allein kann die komplexe Biologie nicht erklären. Wir haben 20 Jahre gebraucht, um festzustellen, dass das Mikrobiom uns formt und beeinflusst. Nun brauchen wir sicher noch einmal so lange, um zu verstehen, wie genau dies geschieht.

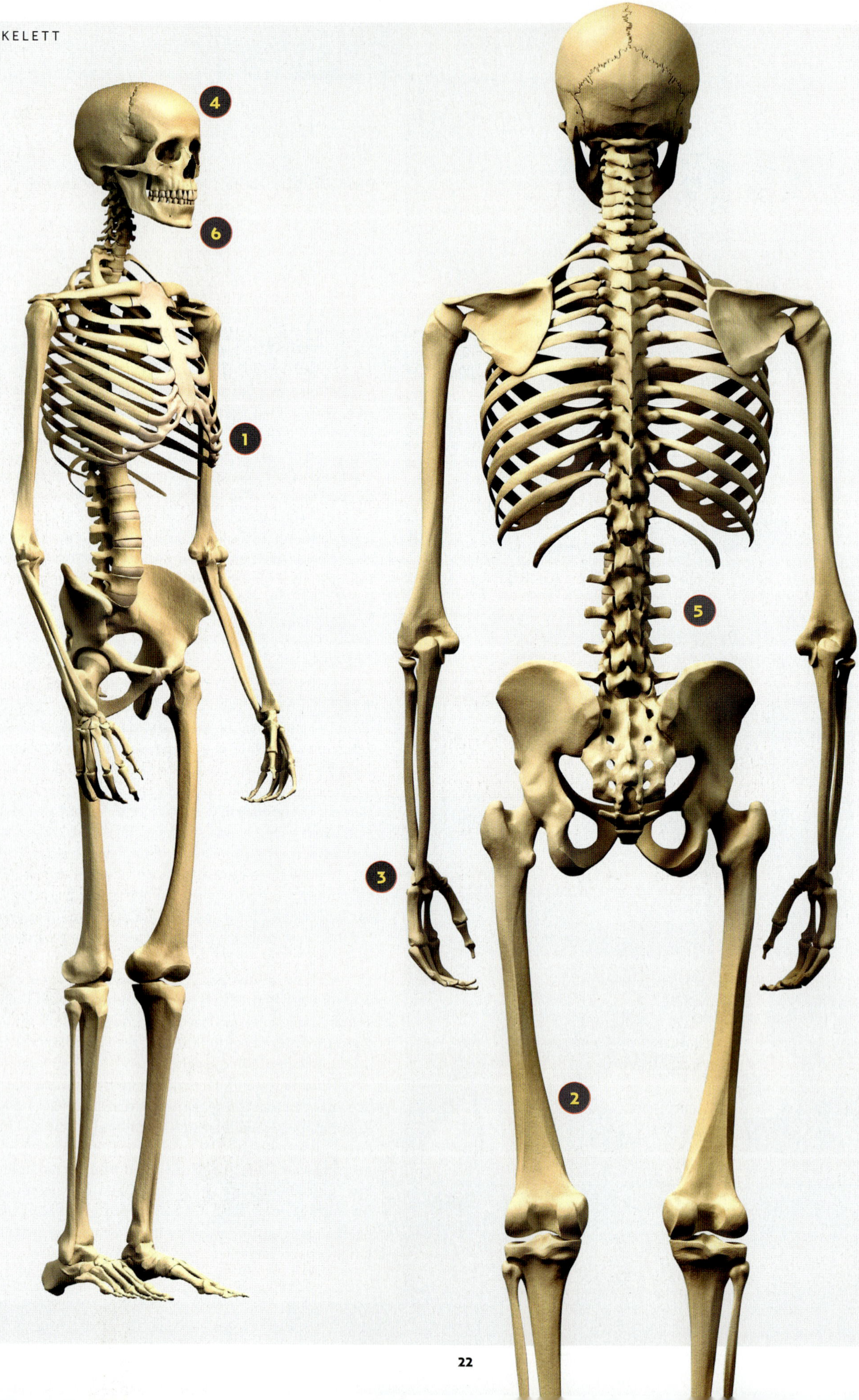
4
6
1
5
3
2

Unser wundersames Gerüst

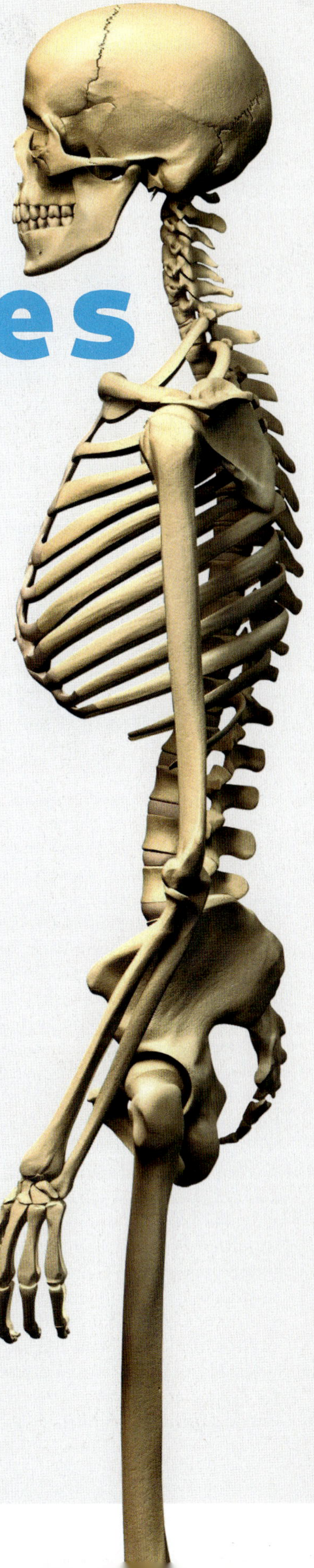

Die mehr als 200 Knochen unseres Skeletts geben dem Körper Form und Halt, ermöglichen komplexe Bewegungen und schützen die weichen Organe. Erst mit dem Alter lässt ihre Stabilität langsam nach – doch dagegen lässt sich einiges tun

TEXT: UTE EBERLE

DIE VIELFALT DER GEBEINE

Mediziner unterscheiden sechs Knochenarten: flache wie die Rippen (1), lange in Armen und Beinen (2), kurze Knochen, etwa in der Handwurzel (3). Zudem luftgefüllte Knochen, die Hohlräume aufweisen, zum Beispiel das Stirnbein (4), in Sehnen eingebettete »Sesambeine« wie die Kniescheibe (nicht dargestellt) sowie unregelmäßige Knochen, etwa die Wirbel (5) oder der Unterkiefer (6).

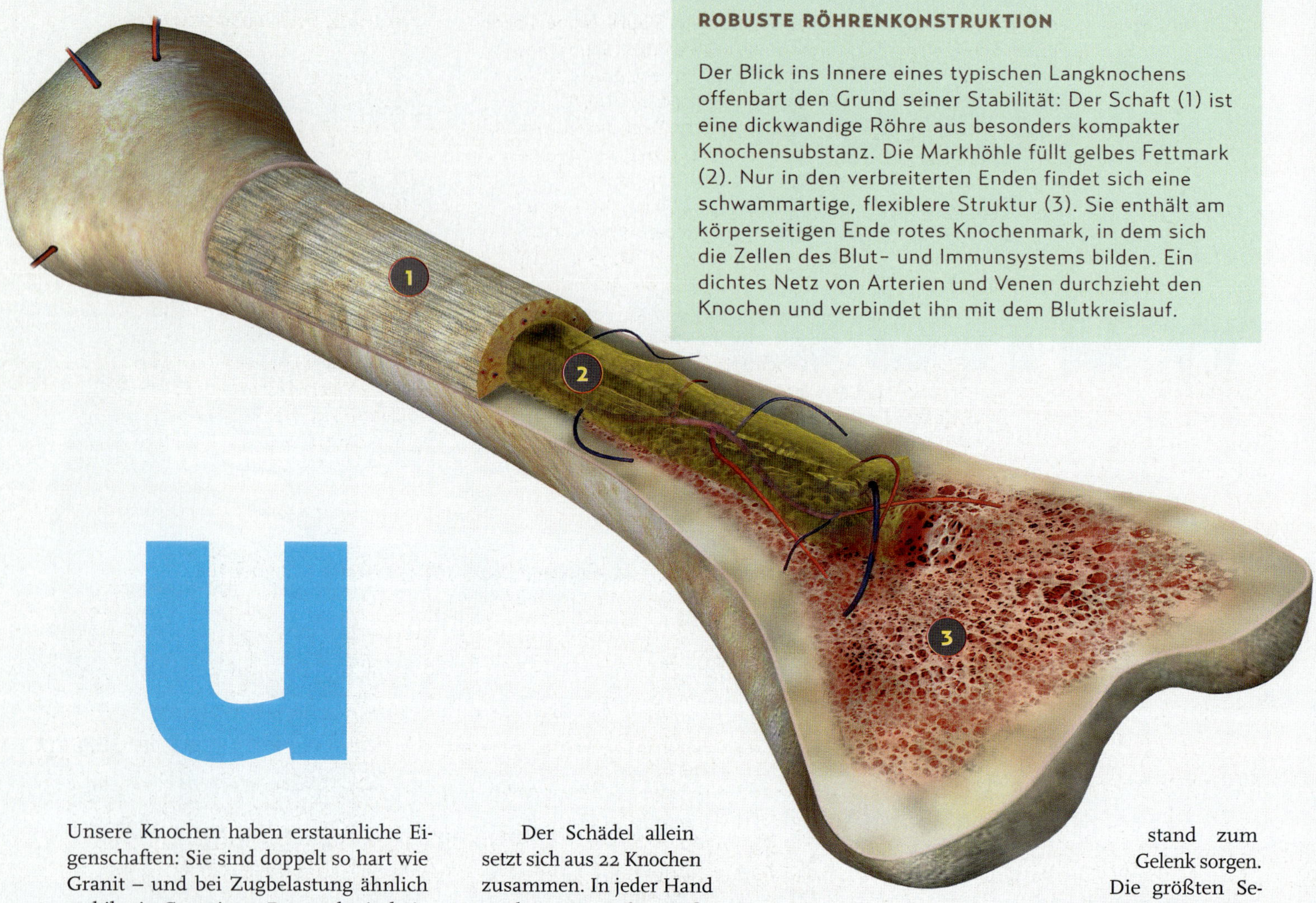

ROBUSTE RÖHRENKONSTRUKTION

Der Blick ins Innere eines typischen Langknochens offenbart den Grund seiner Stabilität: Der Schaft (1) ist eine dickwandige Röhre aus besonders kompakter Knochensubstanz. Die Markhöhle füllt gelbes Fettmark (2). Nur in den verbreiterten Enden findet sich eine schwammartige, flexiblere Struktur (3). Sie enthält am körperseitigen Ende rotes Knochenmark, in dem sich die Zellen des Blut- und Immunsystems bilden. Ein dichtes Netz von Arterien und Venen durchzieht den Knochen und verbindet ihn mit dem Blutkreislauf.

Unsere Knochen haben erstaunliche Eigenschaften: Sie sind doppelt so hart wie Granit – und bei Zugbelastung ähnlich stabil wie Gusseisen. Dennoch sind sie leichter als Stahl und so elastisch wie Eichenholz. In unserem Körper kommen sie in höchst vielfältiger Form vor. Manche sind kleiner als ein Reiskorn, andere ausladend wie ein Rohrstock.

Alle geben uns Halt, aber sie sind kein totes Gewebe, wie oft angenommen – sondern ein hochdynamisches System samt Blutgefäßen und Nerven, das sich ein Leben lang erneuert und den Lebensbedingungen des Individuums anpasst.

Dabei ist nicht einmal die Zahl der Knochen bei jedem gleich. Die häufig genannte Zahl von 206 ist eher eine Art Mittelwert. Bei manchen setzt sich das Skelett nur aus 204 Knochen zusammen, bei anderen sind es mehr als 210. Denn manche Menschen haben beispielsweise mehr Knochen in den Händen oder Füßen (da nicht wie bei anderen im Laufe des Lebens miteinander verwachsen), andere verfügen über zusätzliche Rippen.

Der Schädel allein setzt sich aus 22 Knochen zusammen. In jeder Hand stecken 27, in jedem Fuß sogar 28. Das Rückgrat besteht aus 24 beweglichen Wirbeln sowie Kreuz- und Steißbein.

Mediziner sortieren die Bestandteile des Skeletts in sechs Kategorien:

- die flachen Knochen, die nicht sehr dick sind, aber breit; zu ihnen gehören die Rippen;
- die langen Knochen (oder Röhrenknochen) in Armen und Beinen;
- die kurzen Knochen, die meist etwas kantig sind. Zu dieser Gruppe zählen etwa die Handwurzelknochen;
- die luftgefüllten Knochen, die Hohlräume aufweisen, so das Stirnbein;
- die unregelmäßigen Knochen, die so verwinkelt sind, dass sie sich keiner anderen Kategorie zuordnen lassen, etwa die Wirbel oder der Unterkiefer;
- die Sesambeine; dabei handelt es sich meist um Kügelchen, die in Sehnen eingebettet sind und so für einen Abstand zum Gelenk sorgen.

Die größten Sesambeine sind die Kniescheiben.

Ohne all diese Skelettteile wäre der Körper des Menschen ein formloser Haufen, könnte sich nicht in gewohnter Manier bewegen.

Die Knochen – und die Gelenke, die sie verbinden – bilden jene Hebel, an denen die Muskeln ziehen, um Körperglieder in immer neue Positionen zu bringen. So wirken allein etwa 63 Knochen mit, wenn der Mensch einen einzigen Schritt tut. Die Knochen schützen uns aber auch, indem sie sich wie ein Schild um empfindliche Organe legen, etwa das Gehirn.

Die Struktur der Knochen besteht aus einem Verbund von Kristallen eines harten Kalziumphosphatsalzes, die sich um biegsame Kollagenfasern ordnen (das sind Bündel bildende Eiweiße).

Dieser Verbund lagert sich entweder eng und kompakt zusammen, oder er enthält winzige Lücken, die ihn unter dem Mikroskop wie einen Schwamm aussehen lassen. In diesen Freiräumen wie auch im hohlen Kern (den etwa die großen Röhrenknochen aufweisen) befindet sich Knochenmark.

Auf der Außen- und der Innenseite überziehen dünne Bindegewebsschichten – die Knochenhäute – große Teile des Gebeins. Sie liefern Nährstoffe aus dem Blutkreislauf an das Knochenmark.

Diese besondere Konstruktion macht die Knochen leicht: Das Skelett macht nur rund 14 Prozent unseres Körpergewichts aus.

Und es ist durchaus nicht so, dass manche Personen deshalb mehr Pfunde auf die Waage bringen, weil ihre Knochen besonders „schwer" ausfallen. Vielmehr verhält es sich umgekehrt; ist ein Körper massig, legen auch die Knochen an Substanz zu, weil sie mehr Stützarbeit leisten müssen.

Knochen können enormen Kräften widerstehen: In Experimenten hielten Schädeldecken eine Belastung von mindestens 235 Kilogramm aus, bevor sie brachen. Theoretisch könnten sich also drei normal gebaute Menschen auf den Kopf eines Kameraden stellen, ohne ihm zu schaden.

e

Es mag erstaunen, aber seinen Knochen verdankt es der Mensch auch, dass er hören und sprechen kann. In seinem Rachen fixiert das kleine, hufeisenförmige Zungenbein den Kehlkopf, die Halsmuskeln und den Mundboden genau so, dass der Rachen eine große Fülle von Lauten formen kann.

Forscher haben diese besondere Anordnung bisher nur noch bei einer anderen Spezies gefunden, den Neandertalern – die vermutlich neben dem *Homo sapiens* die Einzigen waren, die ebenfalls eine Sprache mit komplexen Lauten entwickelten.

Ein ähnlich gebogenes, noch viel kleineres Knöchelchen sitzt in jedem Ohr. Dieser sogenannte Stapes (seine Form ähnelt einem Steigbügel, lat. *stapes*) ist nur rund drei Millimeter groß und damit der kleinste Knochen im Körper.

Er ist mit dem Trommelfell verbunden und so winzig und leicht, dass er vibriert, sobald Schallwellen ins Ohr dringen. Auf diese Weise übertragen sich die Schwingungen der Außenwelt in den Körper, werden dann letztendlich zum Gehirn geleitet, das die Vibrationen in Töne umsetzt.

Auch biochemisch spielen Knochen eine wichtige Rolle: Sie speichern beispielsweise Kalzium, das der Körper benötigt, um das Blut gerinnen zu lassen, den Herzschlag zu regulieren und Ner-

SCHUTZ UND KOPFSTÜTZE

Unser Gehirn wird durch flächige Knochen, vor allem Stirn- (1), Schläfen- (2), Scheitel- (3) und Hinterhauptbein (4), rundum geschützt. Am Jochbogen (5) setzt einer der Kaumuskeln an, die Ober- (6) und Unterkiefer (7) enorme Beißkraft verleihen. Der Schädel balanciert komplett auf dem »Atlas« genannten ersten Halswirbel (8), der wiederum, verbunden durch ein spezielles Gelenk, vom zweiten Halswirbel »Axis« (9) getragen wird.

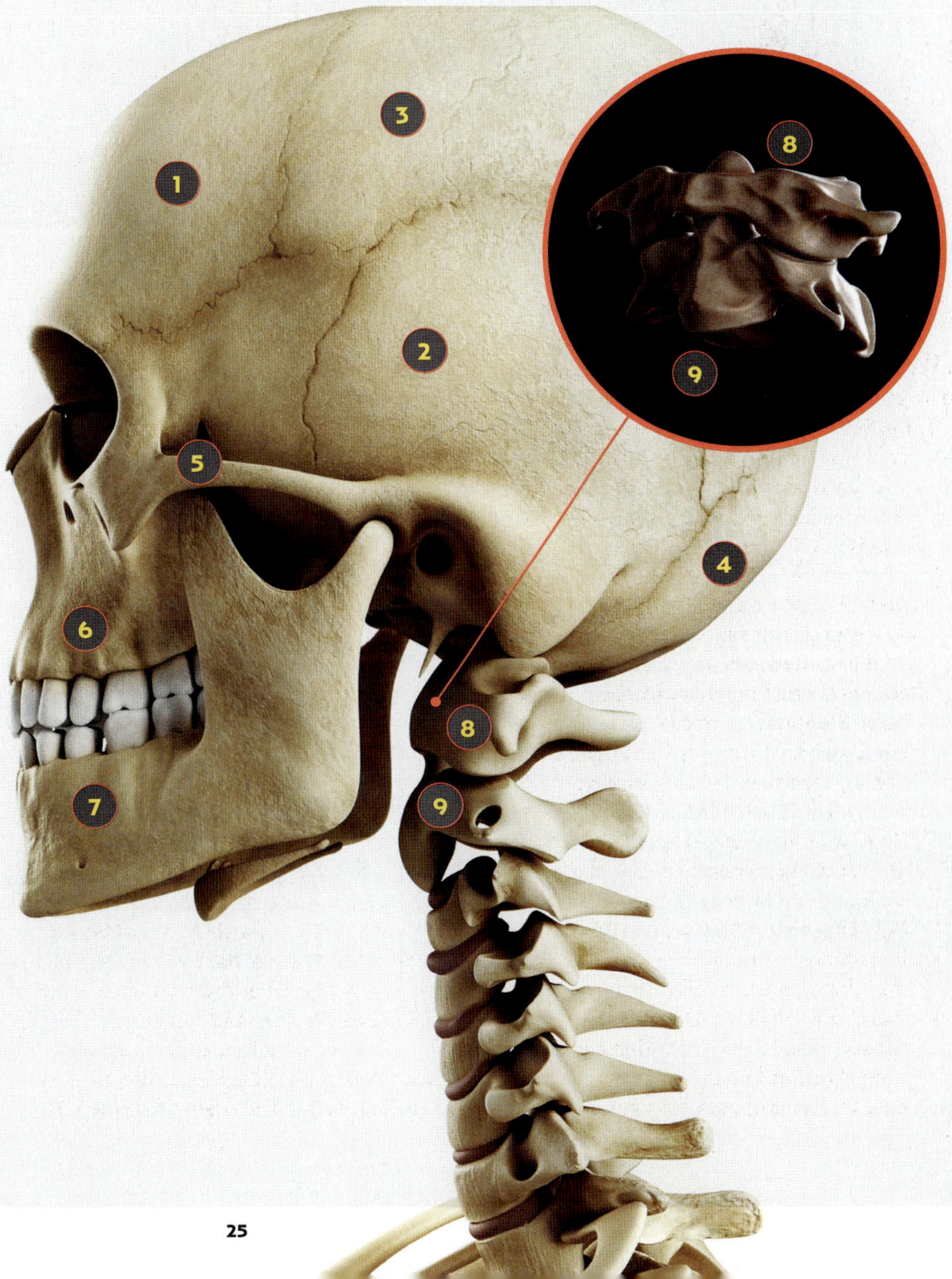

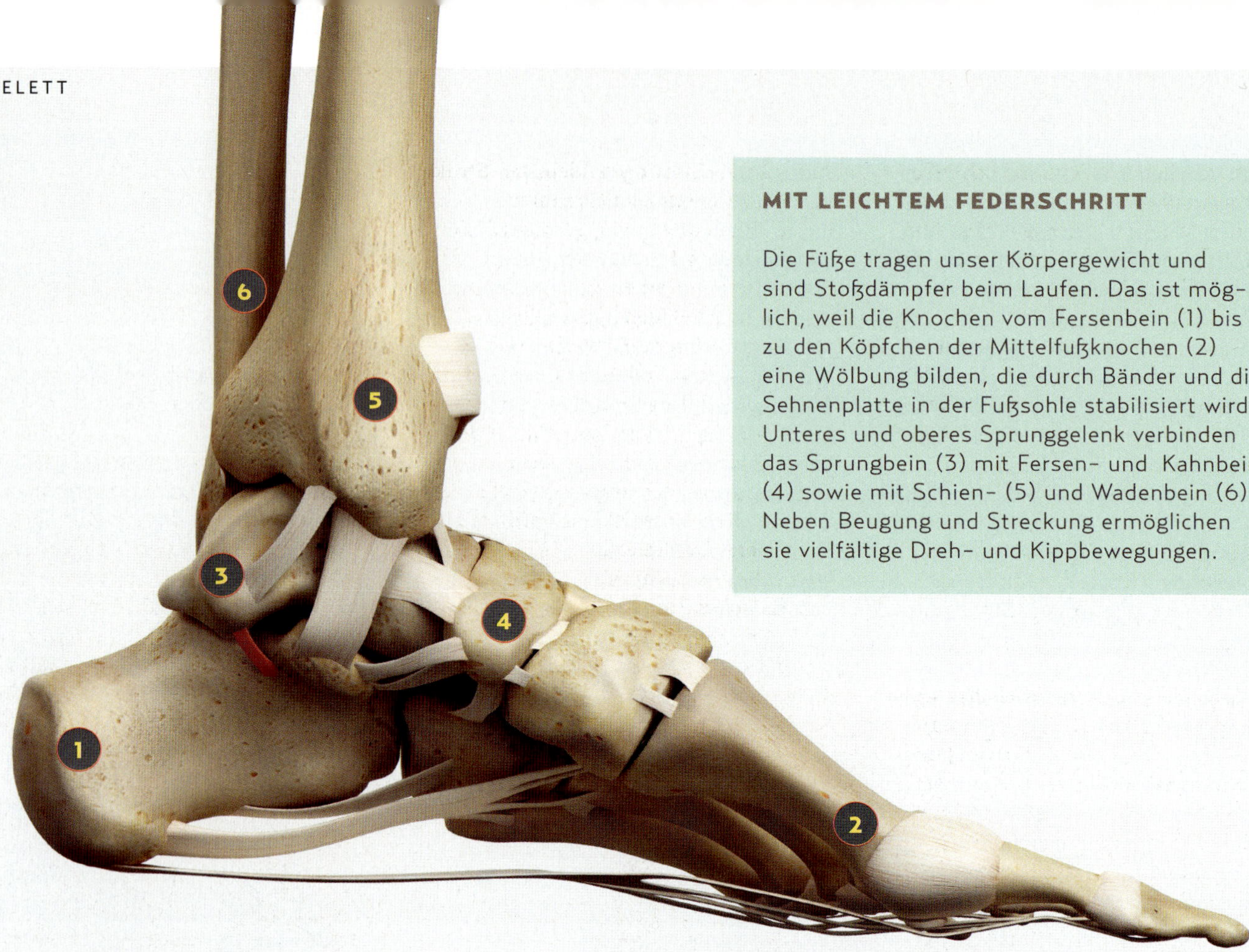

MIT LEICHTEM FEDERSCHRITT

Die Füße tragen unser Körpergewicht und sind Stoßdämpfer beim Laufen. Das ist möglich, weil die Knochen vom Fersenbein (1) bis zu den Köpfchen der Mittelfußknochen (2) eine Wölbung bilden, die durch Bänder und die Sehnenplatte in der Fußsohle stabilisiert wird. Unteres und oberes Sprunggelenk verbinden das Sprungbein (3) mit Fersen- und Kahnbein (4) sowie mit Schien- (5) und Wadenbein (6). Neben Beugung und Streckung ermöglichen sie vielfältige Dreh- und Kippbewegungen.

vensignale weiterzuleiten. In das Gebein sind bis zu 1,5 Kilogramm dieser Substanz eingelagert.

Braucht der Körper Kalzium und ist die letzte Mahlzeit schon eine Weile her, kann er sich die nötige Menge aus den Knochen borgen; nimmt er das Mineral später mit der Nahrung auf, wird das Reservoir wieder aufgefüllt.

Die Zellen der Knochen produzieren zudem ein Hormon namens Osteokalzin, das hilft, den Blutzuckerspiegel und die Fetteinlagerung zu regeln. Und das in den Knochen eingelagerte rote Mark bringt in jeder Sekunde gut zwei Millionen rote Blutzellen hervor. Damit entspringt ein zentraler Bestandteil der überlebenswichtigen Körperflüssigkeit direkt dem Gebein.

Aus wie vielen Knochen ein Mensch besteht, ist nicht nur individuell unterschiedlich – die Anzahl ändert sich auch im Lauf des Lebens. Babys werden mit mehr als 300 Knochen geboren, da manche von ihnen (etwa Unterkiefer und Teile des Beckens) zu diesem Zeitpunkt noch aus mehreren Teilen bestehen, die erst über die Jahre zusammenwachsen.

Gleichzeitig streckt sich das Skelett bis zum frühen Erwachsenenalter. Im Verlauf dieses Prozesses vermehren sich in bestimmten Knorpelzonen (den Epiphysenfugen), Zellen, die sich vergrößern und schließlich absterben.

EIN **OBERSCHENKELKNOCHEN** KANN MEHR ALS **800 KILOGRAMM** TRAGEN

Ist dies geschehen, wird der Knorpel durch Knochengewebe ersetzt. Dazu scheiden knochenbildende Zellen, die Osteoblasten, Substanzen in das zunächst noch weiche Gewebe aus, wodurch die Knochen letztlich verkalken.

Auch nach abgeschlossenem Wachstum ändert sich das Skelett fortwährend, der Körper baut permanent Knochensubstanz ab und wieder auf. Er unterhält dafür spezialisierte Zellkolonnen.

Jede dieser Kolonnen wird angeführt von einer Vorhut aus Osteoklasten; diese vergleichsweise großen Zellen besitzen fingerförmige Auswüchse und zersetzen Knochenmaterial. Sie furchen Tunnel in die Knochen, die anschließend von den Osteoblasten wieder gefüllt werden.

Um ein Bild zu gebrauchen: Viele dieser kleineren Zellen arbeiten quasi wie selbstlose Maurer – sie errichten um sich herum Wände aus Knochensubstanz und schließen sich dabei selber ein. Nur einige winzige Kanäle nach außen halten sie offen, über die sie mit anderen Zellen kommunizieren und Nährstoffe austauschen.

Rund eine Million dieser Abriss- und Bautrupps sind ständig im Skelett unterwegs, so auch im Ober- oder Unterschenkelknochen, und jeder von ihnen arbeitet sich täglich um etwa einen vierzigstel Millimeter voran.

Auf diese Weise erneuert sich das gesamte menschliche Skelett in einem Turnus von etwa zehn Jahren (die Knorpelflächen der Gelenke – etwa der Knie – bleiben von diesen Erneuerungsarbeiten allerdings unberührt).

Die Fähigkeit zur Selbstregulation nutzt der Körper, wenn Knochen beschädigt werden und etwa brechen. Das geschieht häufig dann, wenn auf eines der Glieder Kräfte aus einer ungewohnten Richtung wirken. Beispielsweise ist ein Oberschenkelknochen darauf ausgelegt, dass ein Mensch von einer Mauer springt, selbst wenn der Knochen bei der Landung stark gestaucht wird.

Messungen haben gezeigt, dass ein Oberschenkelknochen entlang seiner Längsachse eine Last von mehr als 800 Kilogramm aushält. Er könnte also gewissermaßen das Gewicht eines kleinen Pkw tragen.

Verdreht sich das Bein aber, etwa weil beim Wintersport ein Ski seitlich davonrutscht und der Fuß im Stiefel festsitzt, bricht der Oberschenkelknochen bereits ab einer Last von knapp 14 Kilogramm – kaum mehr als das Gewicht einer Kiste Mineralwasser.

Auch chronische Überlastung kann Knochen brechen lassen – etwa wenn ein Jogger oft über den Punkt hinaus läuft, an dem seine Muskeln ermüden. Sie federn die Tritte dann nicht mehr ab, sondern geben die Erschütterungen an die Knochen weiter. Das stete Durchrütteln kann zu Zerstörungen kleinster Strukturen des Skelettmaterials führen.

Erhalten die nicht genügend Zeit, sich wieder zu schließen, bevor der Mensch erneut laufen geht, vergrößern sich die entstandenen Spalte mitunter, bis der Knochen bricht (Ermüdungsbruch).

Damit eine Fraktur heilt, muss der Arzt das betroffene Glied in der anatomisch richtigen Position ruhigstellen – entweder mit einem Gips- oder einem Kunststoffverband, mitunter auch per Orthese. Dieses medizinische Hilfsmittel stabilisiert das Gelenk, es ist aber zugleich flexibel nachjustierbar und ermöglicht so wohldosierte Belastungen, sprich ein Training der Muskulatur.

Bei einem Bruch bildet sich durch die Verletzung des Gewebes zunächst ein

EXTREM BEWEGLICH

Maximale Flexibilität zeichnet die Schulter aus: Das Hauptgelenk (1, hier unter Bändern verborgen) zwischen Oberarmknochen (2) und Schulterblatt (3) erlaubt dem Arm Bewegungen in fast jede Richtung. Das Schulterdach (4), ein Fortsatz des Schulterblatts, bildet mit dem Schlüsselbein (5) das Schultereckgelenk (6). Stabilisiert wird das Schulterblatt jedoch einzig durch die umgebende Muskulatur; daher ist es auch selbst überaus mobil.

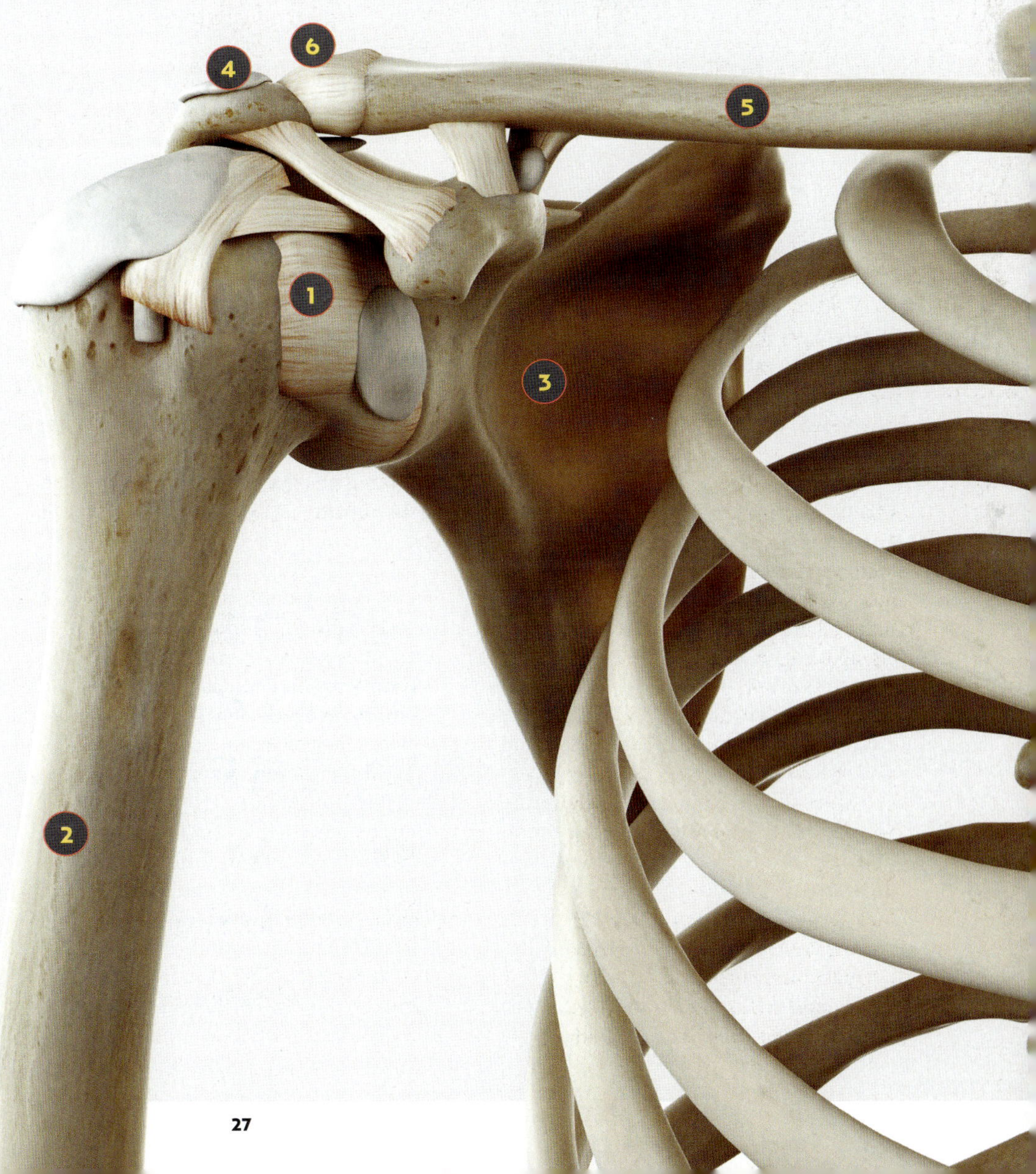

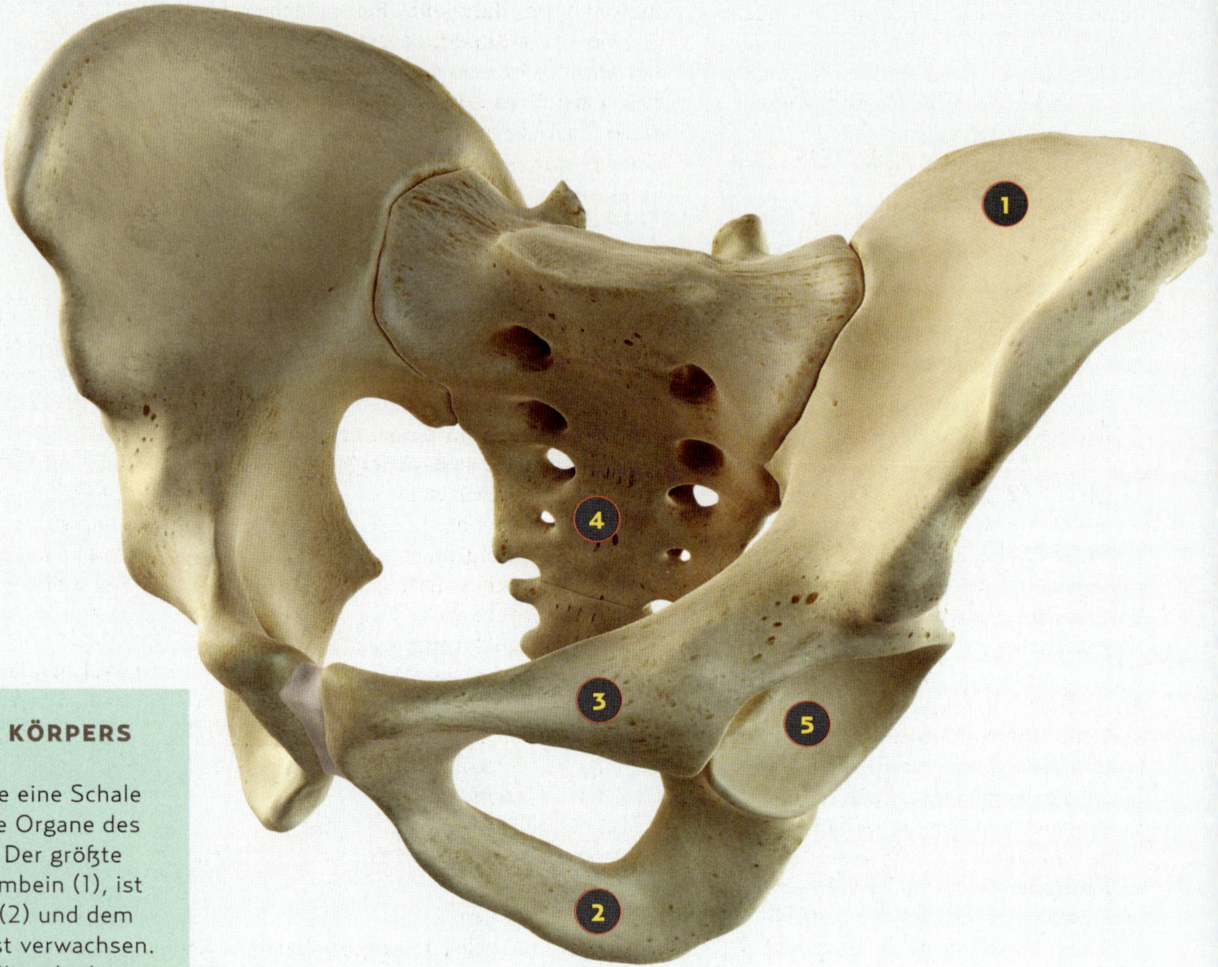

DIE WIEGE DES KÖRPERS

Das Becken ist wie eine Schale geformt, in der die Organe des Unterleibs liegen. Der größte Knochen, das Darmbein (1), ist mit dem Sitzbein (2) und dem Schambein (3) fest verwachsen. Über die straffen Iliosakralgelenke ist es mit dem Kreuzbein (4) verbunden, dem unteren Teil der Wirbelsäule. An der Hüftgelenkpfanne (5) setzt der Gelenkkopf des Oberschenkels an: So verbindet das Becken die Beine mit dem Rumpf und ermöglicht den aufrechten Gang.

Bluterguss rund um die Bruchstelle. Bindegewebszellen gelangen in den Spalt zwischen den Knochenfragmenten und füllen ihn mit Bindegewebe.

Über die folgenden Wochen und Monate härtet das Material dann aus – und der Knochen ist wieder belastbar. Anfangs ist er um die gebrochene Stelle noch verdickt, doch im Laufe von ein bis zwei Jahren geht sein Umfang auf das normale Maß zurück.

Am schnellsten heilen glatte Brüche am Schlüsselbein oder am Finger, sie müssen oft nur drei bis vier Wochen lang ruhig gehalten werden. Langwieriger sind Frakturen an einem Gelenk, die zuweilen mehrere Monate brauchen, bis sie überstanden sind.

Ist ein Bruch kompliziert oder hat ein starker Aufprall einen Knochen in viele Fragmente zersprengt, müssen Ärzte diese Trümmerfraktur operieren und die einzelnen Stücke in ihre korrekte Position bringen, ehe sich der Körper selber heilen kann.

Mit fortschreitendem Alter lässt die Regenerationsfähigkeit des Skeletts aber nach, Brüche heilen langsamer. Zudem fällt es den Knochen aufbauenden Osteoblasten mit den Jahren zunehmend schwer, mit den Tunnel fräsenden Osteoklasten mitzuhalten und das abgebaute Gewebe vollständig zu ersetzen. Daher beginnen Menschen bereits von ihrem 40. Geburtstag an nach und nach Knochensubstanz zu verlieren. Das heißt: Ihr Skelett wird weniger dicht – und damit brüchiger.

b

Besonders stark trifft der Abbau Frauen in den ersten fünf bis zehn Jahren nach der Menopause: Die sinkende Produktion des Hormons Östrogen bewirkt, dass Zellen, die Knochen abbauen, länger leben als die Knochensubstanz bildenden Zellen. Das führt neben dem normalen altersbedingten Verlust zu einer noch größeren Abnahme der Knochendichte.

In der Regel büßen Frauen in dieser Lebensphase rund drei Prozent Skelett-

Implantate

Knochen aus dem Drucker

Mit Hightech wollen Ärzte neuartigen Knochenersatz erschaffen

Schon lange ersetzen Mediziner beschädigte Knochenpartien durch Implantate – seit einiger Zeit zunehmend auch durch passgenaue, mit 3-D-Druckern hergestellte Ersatzteile. Doch Gebilde aus Metall, Keramik oder Kunststoff haben diverse Nachteile: So sind sie weniger flexibel als natürliche Knochen, lösen zuweilen Wucherungen aus und verschleißen mit der Zeit. Vor allem bei Kindern müssen sie häufig ersetzt werden, da sie nicht mitwachsen.

Deshalb arbeiten Forscher daran, per 3-D-Druck Implantate aus knochenähnlichem Material herzustellen, in das körpereigene Zellen einwandern können. Die sollen den Ersatz mit natürlichem Gewebe füllen und nach und nach durch echte Knochensubstanz ersetzen.

Noch weiter geht das sogenannte Bioprinting: Bei diesem Ansatz sollen mit dem Trägermaterial gleich auch lebende Zellen und Nährsubstanz gedruckt werden. Gelingt dies, ließen sich womöglich selbst große Knochenverluste einst vollständig reparieren.

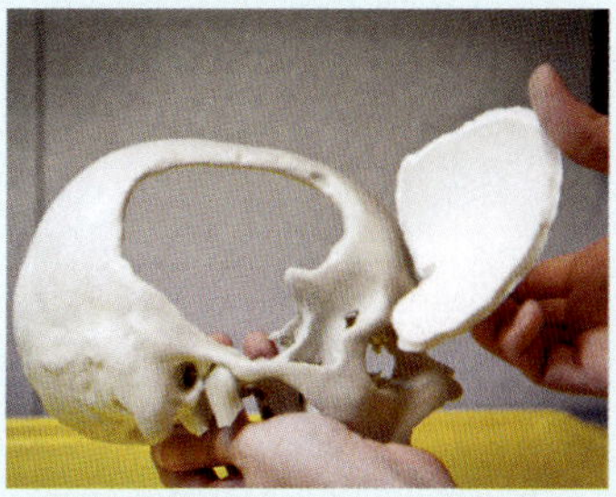

Forscher erzeugen mit 3-D-Druckern Implantate aus knochenähnlichem Material, hier ein Schädelfragment

substanz pro Jahr ein. Bei manchen Frauen und Männern beschleunigt sich der normale Prozess des altersbedingten Knochenabbaus noch weit über das normale Maß hinaus: Sie entwickeln eine Osteoporose – ein Leiden, von dem in Deutschland mehr als sechs Millionen Menschen betroffen sind.

Bei den Erkrankten dünnen die Knochen so gravierend aus, dass sie überaus zerbrechlich werden. In extremen Fällen kann es vorkommen, dass schon ein heftiger Nieser eine Wirbelkörperfraktur auslöst. Oder dass das Handgelenk bricht, wenn es bei einer unbedachten Drehung an die Tischkante stößt. Wegen solcher Brüche leiden die Betroffenen oft permanent unter Schmerzen.

Es ist bislang nicht geklärt, wieso manche Menschen Osteoporose entwickeln und andere nicht. Die genetische Veranlagung spielt vermutlich eine Rolle, ebenso wie die Lebensführung. Wer beispielsweise raucht, viel Alkohol konsumiert oder nicht genügend mit Vitamin D versorgt ist, erhöht sein Risiko, das Leiden zu entwickeln.

Das heißt im Umkehrschluss aber auch: Der Einzelne kann durchaus einiges tun, um einem krankhaften Skelettabbau vorzubeugen.

Dazu zählt eine ausreichende Versorgung mit Vitamin D sowie Kalzium. Das ist vor allem in Milchprodukten enthalten, in Gemüsen wie Grünkohl und Spinat – und selbst ein Liter eines kalziumreichen Mineralwassers kann einen guten Teil des Tagesbedarfs decken.

Vor allem aber ist eines entscheidend gegen Osteoporose: Bewegung. Kaum etwas hat mehr Einfluss auf das Skelett, denn Knochen bauen sich auf, wenn sie gefordert werden – und ab, wenn dies nicht geschieht.

Wie folgenschwer Inaktivität ist, zeigte eine Studie an jungen Männern, die 17 Wochen lang bettlägerig waren. In dieser Zeit verloren sie fast 1,5 Prozent ihrer Mineraldichte im Skelett.

In manchen zentralen Regionen wie der Wirbelsäule und im Oberschenkel baute der Körper sogar bis zu vier Prozent ab. Binnen weniger Monate büßten diese Männer dort ähnlich viel Knochensubstanz ein wie Frauen in den Wechseljahren innerhalb eines ganzen Jahres.

Um die Knochen stark zu halten, empfehlen Experten daher, dass Erwachsene vom mittleren Lebensalter an mindestens drei bis fünf Stunden pro Woche Sport treiben oder anderweitig körperlich aktiv sein sollten.

Ideal sind schnelles Gehen, Treppensteigen, Seilhüpfen oder Tanzen. Aber auch schnelle, stoßartige Bewegungsabläufe wie beim Squash und Tennis helfen den Knochen. Diese Sportarten belasten zwar die Gelenke, aber gleichzeitig biegen und stauchen sie das Gebein unmerklich. Der Körper reagiert auf diese Reize, indem er die Knochen verstärkt.

Unser Skelett ist eben alles andere als ein statisches, totes Gebilde. Das Knochengerüst ist ein hochkomplexes und lebendiges System, das auf Reize reagiert, das imstande ist, sich selbst zu heilen.

Ein System, das ständig im Wandel ist und das uns in die Lage versetzt, unseren Körper von einer Stelle zur anderen zu bewegen – um uns viele Jahrzehnte lang sicher durchs Leben zu tragen •

AUF EINEN BLICK

Flexibiliät

Ihr Aufbau aus Kalzium und Kollagen macht Knochen belastbar, aber auch biegsam und leicht.

Stoffwechsel

Im Skelett werden Hormone und Blutzellen gebildet, zudem dient es als Mineralstoffspeicher.

Regeneration

Die Knochensubstanz wird ständig auf- und abgebaut. So erneuert sie sich alle zehn Jahre – bei Brüchen sogar schneller.

Schwund

Knochen bauen ab 40 Jahren ab, wenn sie nicht gefordert werden. Dagegen helfen: Bewegung, kalziumreiche Lebensmittel, Vitamin D.

UTE EBERLE, Jg. 1971, lebt und arbeitet in Baltimore, USA.

Das Geheimnis unserer Kraftpakete

Milliarden winziger Motoren arbeiten in unseren Muskeln und befähigen uns zu vielerlei Bewegungen. **Doch Muskeln sind weit mehr als bloße Mobilmacher: Sie stärken unser Immunsystem und halten uns gesund**

Text: **Ralf Berhorst**

Illustrationen: **Bryan Christie**

MOBILMACHER

Ganz gleich, ob der Trapezmuskel (1, hier nur links dargestellt), der darunterliegende Rautenmuskel (2) oder der Deltamuskel (3) über dem Schultergelenk: Sämtliche Muskeln können blitzschnell aus Nährstoffen gewonnene Energie in Bewegung umwandeln und sich dadurch zusammenziehen

2
3

S

Sie überspannen fast sämtliche Knochen. Sie umhüllen den Magen, den Darm, die Blase. Jedes Blutgefäß ist von ihnen umkleidet. Alle Haare auf unserer Haut sind mit einem verbunden. Ja: Ohne Muskeln kommt kein einziger Teil unseres Körpers aus. Die Zunge ist ein Muskel, das Herz ebenfalls. Selbst im Auge sorgt ein kleiner Muskel dafür, dass sich unsere Pupille weitet oder verengt. Zusammen machen sie rund ein Drittel oder sogar die Hälfte unseres Körpergewichtes aus.

Und sie sind der Inbegriff für Bewegung. Denn Muskeln beschleunigen uns auf bis zu 45 km/h. Sie ermöglichen es, Lasten von mehr als 200 Kilogramm zu stemmen. Sie lassen uns springen und turnen, klettern und schwimmen. Ohne sie wäre der Mensch zum Stillstand verdammt, wären wir zu keiner noch so kleinen Regung imstande. Wir könnten weder lächeln noch atmen, weder sprechen noch kauen oder schlucken.

Forscher haben die Muskeln bis in die Moleküle hinein untersucht und ergründet, was genau geschieht, wenn sich ihre Zellen verformen und Anspannung erreichen. Sie studieren, wie sich Krafttraining auf ihre Größe auswirkt, und versuchen zu entschlüsseln, wie unsere Gene das Muskelwachstum steuern.

Je mehr sie herausfinden, desto deutlicher wird: Muskeln sind keine biomechanischen Maschinen – also schlichte Befehlsempfänger, deren einzige Aufgabe darin besteht, die Kommandos des Gehirns zu befolgen. Vielmehr erteilen sie selber Befehle an andere Organe. Setzen unentwegt Signalstoffe frei. Schütten Hunderte spezieller Moleküle aus und kommunizieren so mit dem Rest des Körpers, mit der Leber, der Bauchspeicheldrüse, dem Immunsystem.

Um Muskeln und ihre mannigfache Wirkung auf andere Organe des Körpers zu untersuchen, konzentrieren sich die Forscher vor allem auf vier Bereiche:

- Anatomie. Wie sind Muskeln aufgebaut?
- Koordination. Wie werden Bewegungen präzise abgestimmt?
- Wachstum. Wie stärken wir unsere Körpermotoren?
- Heilkraft. Wie entfalten Muskeln positive Effekte?

Mit allen Geweben unseres Körpers sind die Muskeln verbunden, nehmen gar Einfluss auf unser Gehirn. Sie steuern eine derart verblüffende Vielzahl von Prozessen, dass manchen Experten die Muskulatur als komplexestes Organsystem nach dem Gehirn erscheint.

Wer dieses System verstehen will, wer erfassen will, was uns mobil macht, der muss sich in die Welt des Allerkleinsten begeben. In eine sonderbare Welt, in der denkbar winzige Motoren im Verbund Kraft erzeugen. Und nichts Geringeres erschaffen als: Bewegung.

I.
Die Anatomie der Kraftpakete

Weshalb sich Milliarden Moleküle verschieben müssen, damit wir ein Kilo Gewicht heben können

Mit bloßem Auge ist das Geheimnis unserer Kraft nicht erkennbar. Es offenbart sich erst, wenn man Muskeln Schritt für Schritt in ihre Bestandteile zerlegt.

Skelettmuskeln etwa – also jene mehr als 600 Kraftpakete, die Knochen miteinander verbinden – sind als Ganzes von einer Faszie umgeben, einer Schicht aus straffem Bindegewebe, durchzogen von Kapillaren und Nervenbahnen. Sie umhüllt je nach Muskel Hunderte oder gar Tausende von Faserbündeln, die bis zu einem Millimeter dick sind (siehe Illustration Seite 38). In jedem dieser Bündel liegen, wiederum eng gepackt und von einer Bindegewebsschicht zusammengehalten, Dutzende haarfeine, bis zu 15 Zentimeter lange Stränge, jeder nochmals von Bindegewebe umhüllt. Diese „Muskelfasern“ sind die Zellen der Skelettmuskulatur. Sie enthalten eine große Menge an noch dünneren „Myofibrillen“ – und die schließlich bergen die eigentlichen Mobilmacher: etliche Milliarden spezieller Eiweißmolekülfäden (Filamente).

Diese Molekülfäden besitzen eine eindrucksvolle Eigenschaft: Zwar liegen auch sie dicht an dicht, doch vermögen sie sich ineinander zu verschieben und auf diese Weise zusammenzuziehen – gleichsam wie Teleskopstangen.

Schickt das Gehirn einen Nervenimpuls zum Muskel, geschieht Erstaunliches: Die Molekülfäden beginnen ruckartig ineinanderzugleiten. Zwar bewegt sich jeder einzelne nur um Zehntausendstel eines Millimeters. Aber die winzigen Bewegungen summieren sich: mit der Folge, dass sich die Muskelfasern zusammenziehen, sich die Faserbündel verkürzen.

Und der gesamte Muskel kontrahiert.

Da Skelettmuskeln über Sehnen und Bänder etwa an Gelenken und Knochen befestigt sind, entsteht so aus Myriaden von Mikro-Manövern etwas Makroskopisches, Sichtbares: eine Bewegung.

Wir ballen etwa die Faust, winkeln die Beine an, neigen den Kopf. Milliarden Molekülfäden müssen sich verschieben, damit unser Arm das Gewicht von einem Kilogramm aufheben kann. Und nach dem gleichen Prinzip läuft auch ein

IM NOTFALL VERFÜGEN WIR ÜBER EINE KRAFT-RESERVE

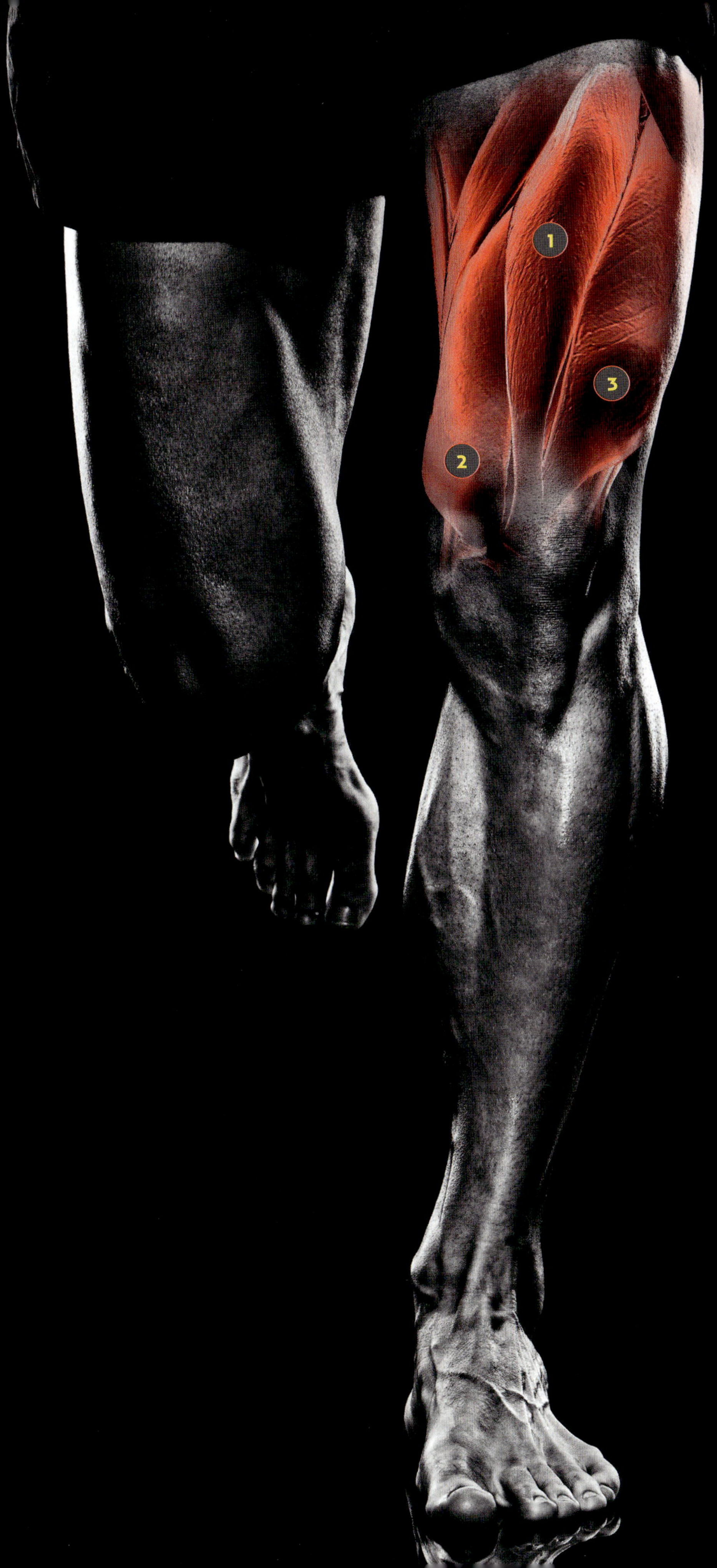

ZUSAMMENSPIEL

Bei den allermeisten Bewegungen arbeiten gleich mehrere Muskeln im Verbund. Allein 40 der Bio-Motoren sind nötig, um ein Bein zu heben und es vorwärtszusetzen – darunter der gerade Oberschenkelmuskel (1), der innere Schenkelmuskel (2) sowie der äußere Schenkelmuskel (3)

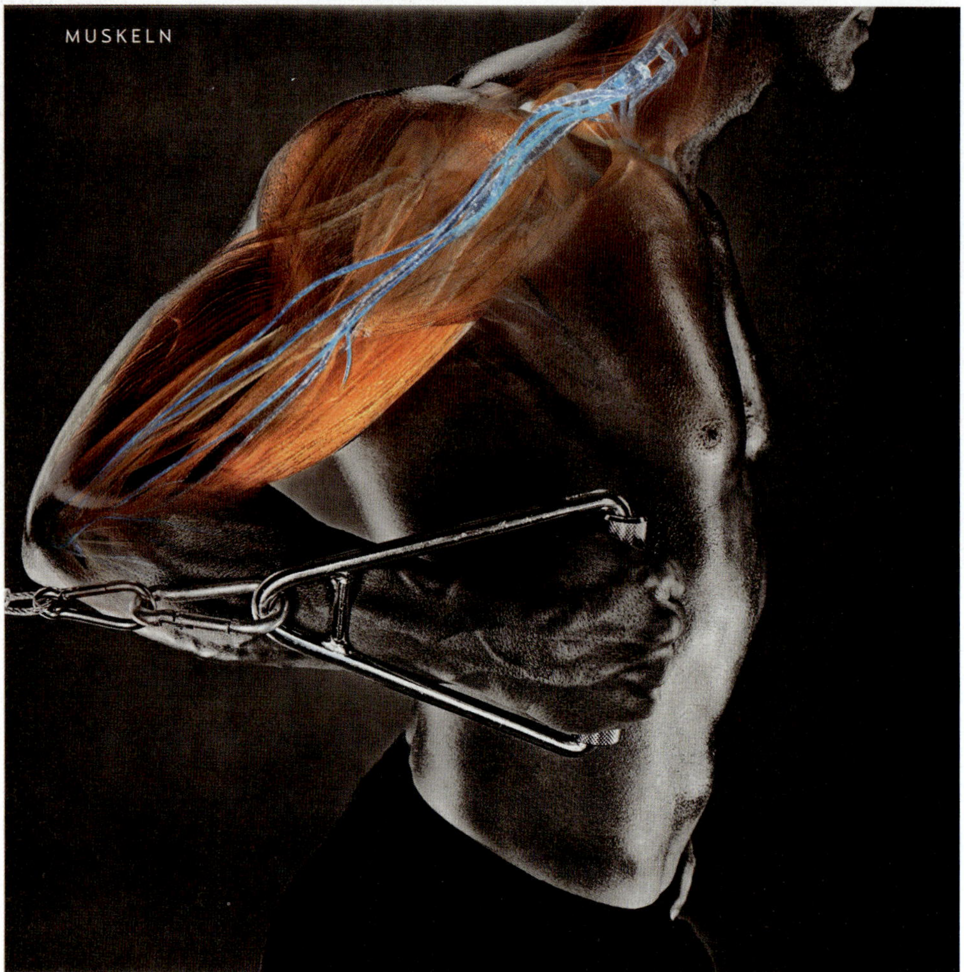

VON NERVEN GESTEUERT

Sobald das Gehirn entscheidet, einen Muskel (etwa im Oberarm) zu kontrahieren, schickt es ihm über Nervenstränge (blau) Signale. Folge: Die Muskelfasern (rot) verkürzen sich

weiterer, unmittelbar lebensnotwendiger Vorgang ab: Ebenfalls Milliarden Molekülfäden geraten jedes Mal in Bewegung, wenn unser Herz schlägt.

Es ist stets diese vereinte Aktion, die unsere Muskeln antreibt. Und da bestimmte Muskelfasern besonders schnell reagieren, vermögen Menschen auch zu springen oder zu sprinten.

Ausgelöst werden die Muskelbewegungen durch Nervenimpulse. Das Gehirn sendet diese Signale über Nervenbahnen an die jeweils angesteuerten Muskeln, wo sie dafür sorgen, dass die Molekülfäden ineinandergleiten.

Je nachdem, ob eine Bewegung grob ist oder feinmotorisch, steuern unterschiedlich viele Nervenzellen über ihre langgezogenen Fortsätze die beteiligten Muskeln. In den mächtigen Wadenmuskeln etwa dirigiert ein Neuron rund 2000 Muskelfasern. Wo es hingegen auf äußerst präzise Bewegungen ankommt, ist eine Nervenzelle nur für eine Handvoll Muskelfasern zuständig – etwa bei den winzigen Muskeln am Auge.

An den meisten Bewegungen unseres Körpers sind stets mehrere Muskeln beteiligt. Ein Handgriff etwa erfordert das Zusammenspiel von Dutzenden Muskeln; 34 Beweger mobilisieren allein die Hand samt den fünf Fingern, neun davon den Daumen. Für einen einzigen Schritt sind noch mehr Mobilmacher erforderlich, von der Hüftmuskulatur bis zu den Zehen. Und beim Lachen kommen mehr als 100 Muskeln zum Einsatz.

II. Die Koordination und Versorgung der Körpermotoren

Weshalb selbst Stillsitzen Schwerstarbeit ist und wie sich Muskeln zuweilen ihrer eigenen Versorgung berauben

Sämtliche Bewegungen erfordern eine überaus komplexe Abstimmung, denn jede Muskelaktivität muss dosiert und den jeweiligen Umständen angepasst werden. Heben wir mit den Händen ein Blatt Papier auf, ergreifen wir ein Buch, stemmen einen Medizinball in die Höhe? Laufen wir über einen steinigen Waldweg, über den Strand oder einen Tennisplatz?

Was immer wir tun – fortwährend geben hochempfindliche Sensoren in Muskeln, Sehnen und Bändern dem Gehirn Rückmeldung, ob die Kontraktion der Kraftpakete ausreichend ist; die Schaltzentrale justiert sie dann durch weitere Nervenimpulse notfalls neu.

Keine Sekunde unseres Lebens vergeht, ohne dass sich Gehirn und Muskulatur abstimmen. Schon bei vermeintlichem Stillstand, etwa bei reglosem Aufrechtsitzen, verrichtet der Körper Schwerstarbeit: Muskeln in Rücken, Bauch, Hüfte, Schulter und Nacken ziehen sich zusammen, halten Rumpf und Kopf aufrecht und in der Balance. Das Zwerchfell – der wichtigste Atemmuskel – und die Zwischenrippenmuskeln lassen uns Luft ein- und wieder ausatmen.

Jederzeit ist das Muskelsystem in der Lage, reflexartig auf Gefahren zu reagieren, etwa den Arm von einer heißen Fläche wegzureißen, ein Bein in Sekundenbruchteilen zur Flucht zu strecken. In Momenten der Todesangst vermag der Organismus gar ein Maximum an Kraft

AUF VERLETZUNGEN REAGIERT EIN MUSKEL RAFFINIERT

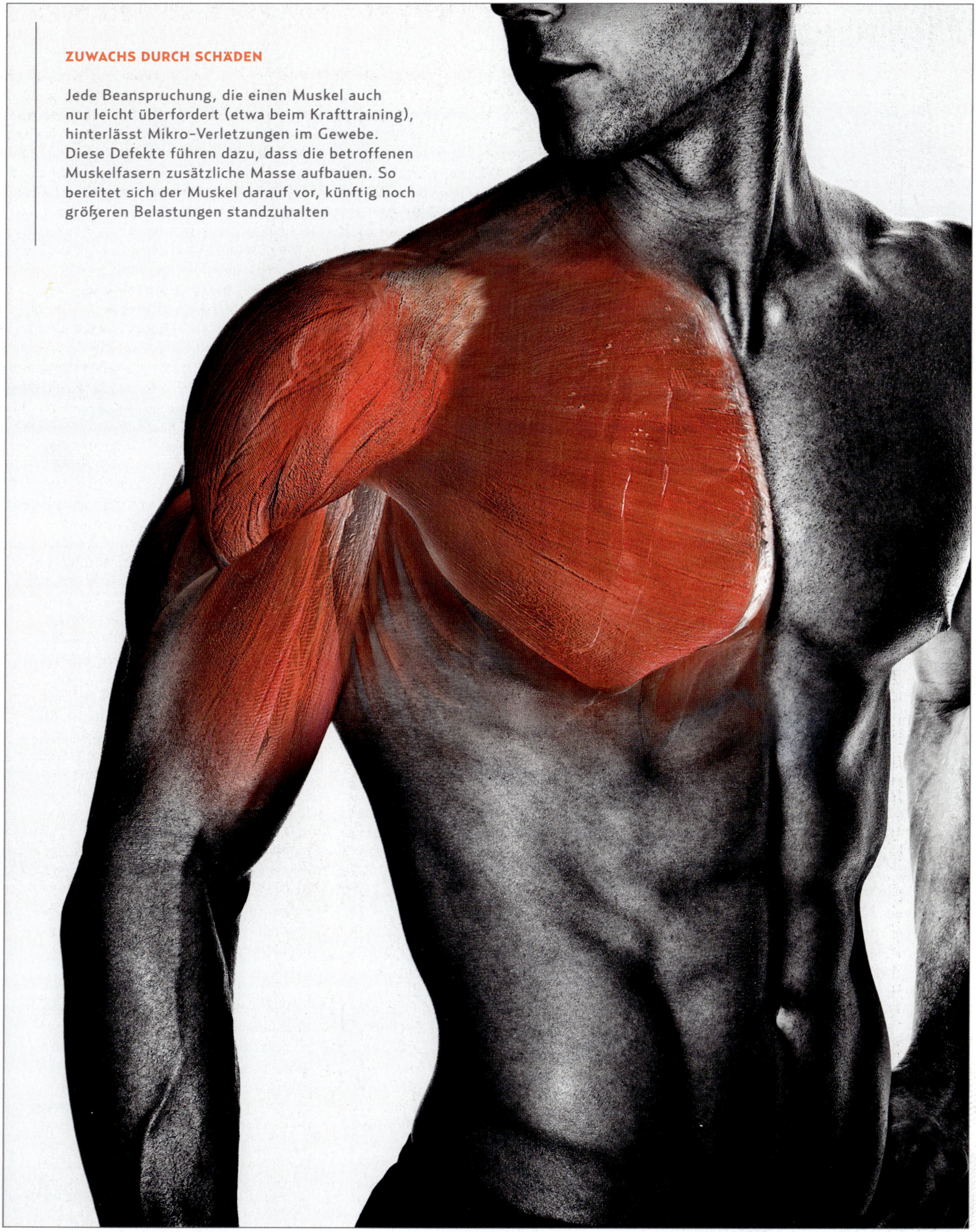

ZUWACHS DURCH SCHÄDEN

Jede Beanspruchung, die einen Muskel auch nur leicht überfordert (etwa beim Krafttraining), hinterlässt Mikro-Verletzungen im Gewebe. Diese Defekte führen dazu, dass die betroffenen Muskelfasern zusätzliche Masse aufbauen. So bereitet sich der Muskel darauf vor, künftig noch größeren Belastungen standzuhalten

MOLEKÜLE, DIE BEWEGEN

Ein Skelettmuskel setzt sich aus Faserbündeln (1) zusammen, die wiederum etliche Muskelfasern (2) umfassen. Diese Stränge, die Zellen des Muskelgewebes, enthalten die nur Tausendstelmillimeter dicken Myofibrillen (3). Die wiederum bestehen aus zahllosen aneinandergereihten Paketen von winzigen Molekülfäden, den Myosin- (4) und den Aktin-Filamenten (5). Sie sind die eigentlichen Krafterzeuger: Auf ein Nervensignal hin schieben sich die Filamente aufgrund komplexer biochemischer Prozesse ineinander und verkürzen die Fibrille. Geschieht dies gleichzeitig in Abertausend Einheiten, verkürzt sich auch der ganze Muskel

zu mobilisieren, ein Drittel mehr als gewöhnlich – eine Reserve, die nur im Notfall zur Verfügung steht.

Doch ganz gleich, um welche Form der Bewegung es sich handelt: Stets stellen die Muskeln den Körper vor eine Herausforderung. Denn jede noch so kleine Kontraktion braucht Energie, die nach Bedarf in Form energiereicher Nährstoffe angeliefert werden muss. Zum einen sind das Fettsäuren, die etwa über den Blutstrom herangeschafft werden. Zum anderen Zucker, der zum Teil in den Muskeln selbst als Vorrat gespeichert wird.

Damit Muskeln die in den Nährstoffen gebundene Energie nutzen können, muss mit dem Blut eine weitere Substanz herbeitransportiert werden: Sauerstoff.

SCHON IM SITZEN VERRICHTEN WIR SCHWERSTARBEIT

In einer hochkomplexen Reaktion mit dem Atemgas setzen die Zellen diese Energie frei; umgangssprachlich nennt man diesen Vorgang „Verbrennung". Die Muskeln „verbrennen" gleichsam Fettsäuren oder Zucker. Bei moderater Anstrengung ist das kein Problem. Die meisten Menschen können stundenlang wandern, ohne zu ermüden. Doch wenn wir viel Kraft aufwenden, etwa über Minuten ein schweres Gewicht stemmen, ergibt sich eine physiologische Schwierigkeit.

Schon wenn der beanspruchte Muskel nur 15 Prozent seiner Maximalkraft für die statische Haltearbeit aufwendet, drückt er die eigenen Blutgefäße zusammen. Muss er aber mehr als die Hälfte seiner Höchstleistung aufbringen, schneidet er sich selbst die Transportwege vollständig ab – und damit die Versorgung.

Nun kommt es rasch zu einem Engpass. Der Nachschub an Nährstoffen aus dem Blut stoppt. Und vor allem: Dem Muskel geht der Sauerstoff aus. Er kann jetzt nur noch auf seine eigene Energiereserve zurückgreifen – die im Muskelgewebe gespeicherten Zuckerverbindungen – und schaltet auf ein Notprogramm: Er nutzt fortan eine chemische Reaktion, mit der er die Energie aus dem Zucker auch ohne Sauerstoff gewinnt.

Das hat Nachteile: Zum einen ist die Energieausbeute ohne Sauerstoff weitaus geringer. Zum anderen entsteht bei dieser Zuckerverwertung Laktat, ein Stoff, der im Muskel brennende Schmerzen verursacht und, wenn er nicht schnell genug abgebaut werden kann, dazu führt, dass die Muskelzelle ihren Dienst ganz einstellt. Sie aktiviert gewissermaßen eine Notbremse: Denn würde sich immer mehr Laktat ansammeln, käme es zur Zerstörung der Eiweißmoleküle.

Für eine gewisse Dauer also kann etwa ein Gewichtheber trotz der starken Beanspruchung seine Muskeln weiter anspannen. Doch nach wenigen Sekunden höchster Anstrengung bewahrt sich der Körper selber vor Schaden.

Komplexer als bei statischer Kraftarbeit sind die Vorgänge bei dynamischen Belastungen, denn in der Bewegung können sich die Muskeln immer wieder kurz erholen. Doch schon beim Laufen mit mittlerer Intensität beginnen manche Muskelzellen, auch die Energiegewinnung ohne Sauerstoff und unter Bildung von Laktat zu nutzen. Deren Anteil steigt bei höheren Belastungen – denn die Kapazität des Herz-Lungen-Systems, Sauerstoff bereitzustellen, ist zusehends ausgeschöpft. Ab einer gewissen Schwelle vermögen besonders beanspruchte Muskeln nur noch auf den Laktat-Weg zurückzugreifen. Dann kann sich, etwa gegen Ende eines Sprints über 400 Meter, so viel Laktat in den Zellen sammeln, dass sie sich quasi selbst abschalten – die Beine werden schwer, der Läufer bricht ein.

III.
Das Wachstum der Mobilmacher

Weshalb Schäden im Muskelgewebe ihren Nutzen haben und wie sich unsere Kraftpakete stärken

Belastungen unserer Muskeln hinterlassen Spuren im Gewebe. Einzelne Muskelfasern oder sogar ganze Bündel können reißen, ebenso die Bindegewebshüllen. Vor allem aber nehmen zahlreiche Eiweißmolekülfäden im Inneren Schaden, was zu Entzündungen führt.

Zu derartigen Mikro-Verletzungen kommt es nicht nur bei völliger Erschöpfung. Jede Aktivität, die einen Muskel nur leicht überfordert, hat solche Defekte zur Folge, und wir alle kennen das schmerzhafte Phänomen: Muskelkater.

Der Körper braucht mehrere Tage, um die lädierten Stränge zu reparieren. In dieser Zeit ist der Muskel nicht voll belastbar, doch leichte Beanspruchung fördert die Regeneration des Gewebes, weil sie die Durchblutung anregt.

Dass unsere Kraftpakete derart empfindlich sind selbst bei leichten Überforderungen, mutet fast wie ein biologischer Fehler an, wie eine Schwäche des Systems Muskel. Doch das Gegenteil ist der Fall.

Denn der Muskel bessert nun keineswegs nur die entstandenen Schäden aus. Vielmehr reagiert er geradezu raffiniert auf die Verletzung, bereitet sich darauf vor, dass er künftig vergleichbaren oder gar noch größeren Belastungen standhalten muss. Dazu stellt er in seinem Inneren neue, zusätzliche Eiweißmolekülfäden her: jene mikroskopisch kleinen Motoren, die sich ineinanderschieben können und deren Gesamtheit die Kraft des Muskels bestimmt.

Bei diesem Vorgang nimmt nicht etwa die Anzahl der Muskelfasern zu – die ist genetisch festgelegt und von Geburt an bis zum Erwachsenenalter gleich. Vielmehr werden in den Muskelzellen neue Myofibrillen angelegt und mehr Mo-

DIE KNOCHENBEUGER

Mehr als 600 Skelettmuskeln verbinden in unserem Körper Teile des Knochengerüsts – etwa der **dreiköpfige Armmuskel** (»Trizeps«, 1), der **große Gesäßmuskel** (2) oder der **zweiköpfige Wadenmuskel** (3). Sie sorgen dafür, dass wir Knochen gegeneinander und damit Teile des Körpers zu bewegen vermögen, dass wir zum Beispiel einen Arm beugen oder strecken können

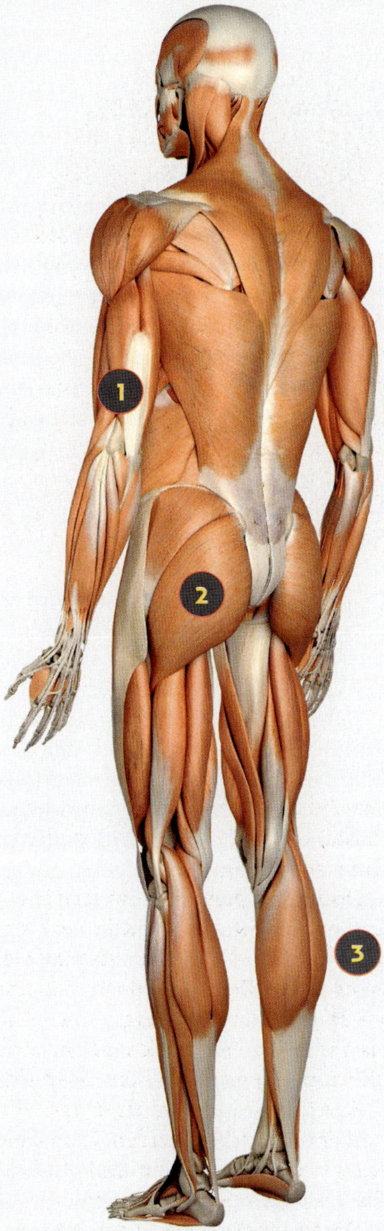

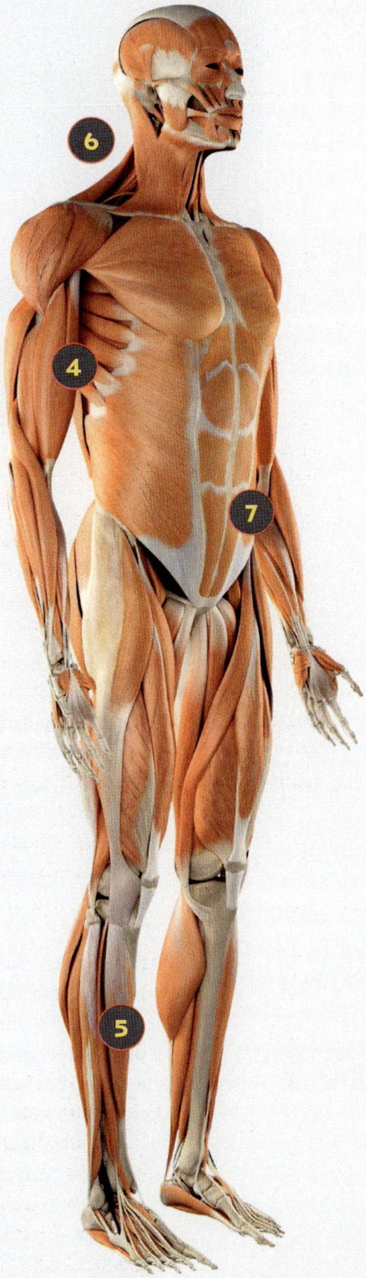

UNTER ANSPANNUNG

Während wir manche Muskeln wie den **zweiköpfigen Armmuskel** (»Bizeps«, 4) oder den **vorderen Schienbeinmuskel** (5) nur zeitweise anspannen, sind andere Kraftpakete permanent aktiv – etwa die im Nackenbereich (6), die unseren Kopf stützen. Manche Muskeln sind durch Zwischensehnen aus Bindegewebe unterteilt, zum Beispiel der **gerade Bauchmuskel** (7)

lekülfäden in die vorhandenen eingelagert. Auf diese Weise nimmt der gesamte Muskel an Umfang zu und kann bei der nächsten Belastung mehr Kraft entfalten.

Der Muskel überkompensiert also seine Einbußen: Er schafft Verstärkung für die Zukunft. Manche Forscher sprechen sogar davon, dass er „lernfähig" ist.

In der Zeit nach einer Überbeanspruchung wirft der Muskel die Eiweißsynthese an – also die Vermehrung der kontraktilen Fädchen. Er beginnt sofort, mehr Masse aufzubauen. Allerdings anfangs so geringfügig, dass der Zuwachs kaum sichtbar ist. Erst nach einigen Wochen kontinuierlichen Trainings legt ein Muskel an Querschnitt merklich zu und kann nun mehr Kraft als zuvor entfalten.

Zudem verbessert sich auch die Koordination jener Muskeln, die an der entsprechenden Regung beteiligt sind – also ihre Ansteuerung durch die Nervenzellen.

Denn bei jeder Bewegung, sei es ein Sprung beim Volleyball oder der Aufschlag beim Tennis, müssen die Mobilmacher stets perfekt zusammenwirken.

Da sie ihre Kraft nur dann entfalten, wenn sie sich zusammenziehen, gibt es viele Muskeln, die komplementär arbeiten: die sogenannten Strecker und Beuger. Wenn etwa der Bizeps an der Vorderseite des Oberarms kontrahiert, beugt er den Unterarm im Ellenbogengelenk. Um diesen wieder zu strecken, muss sich hingegen der Trizeps an der Rückseite des Oberarms zusammenziehen.

Wer beispielsweise eine schwere Hantel vor die Brust zieht und im Zuge dessen die Arme anwinkelt, nutzt für die eigentliche Kraftentfaltung den Bizeps, zugleich aber auch den Trizeps, der die Bewegung kontrolliert und gegebenenfalls abbremst. Zudem treten zahlreiche Muskeln in Aktion, um die Schulter, wo der Bizeps ansetzt, zu stabilisieren. Und noch weitere sorgen dafür, unerwünschte Kipp- oder Drehbewegungen der beteiligten Gelenke zu vermeiden.

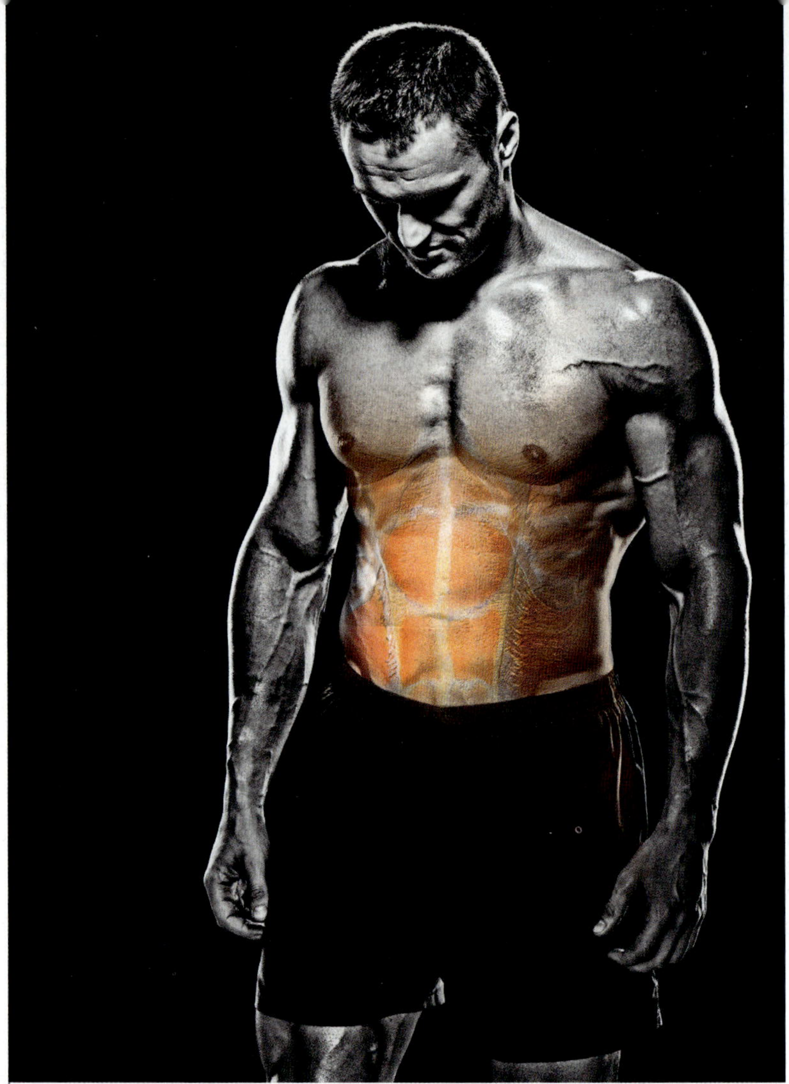

WIE DER BAUCH DEN RÜCKEN STÜTZT

Für die Stabilität des Bewegungsapparates sind gerade die **Bauchmuskeln** enorm wichtig. Richtig trainiert, stärken sie den Rumpf und beugen so Kreuzschmerzen vor

MUSKEL-TRAINING STIMULIERT AUCH DAS GEHIRN

Sportmediziner gehen davon aus, dass bis zu 40 Prozent des Leistungszuwachses im Training auf ein verbessertes Zusammenspiel der synchron arbeitenden Muskeln zurückgeht.

Sie haben noch einen weiteren, verblüffenden Effekt beobachtet: Wer nur eine Extremität trainiert, etwa den linken Arm, verzeichnet schon bald auch einen Kraftgewinn auf der anderen Seite – der rechte Arm wird ebenfalls stärker.

Der Grund dafür ist bislang noch unbekannt; Forscher vermuten aber, dass der Organismus auf diese Weise versucht, die Symmetrie des Körpers wiederherzustellen.

Wie lange und wie intensiv ein Mensch trainieren muss, um Muskelmasse aufzubauen, hängt von zahlreichen individuellen Faktoren ab. So spielt etwa das Geschlecht eine Rolle: Frauen brauchen in der Regel mehr Training, um an Kraft zu gewinnen. Auch das Alter macht einen Unterschied: Junge Menschen bauen schneller Muskeln auf als ältere. Vor allem aber bestimmt das individuelle Erbgut darüber, wie rasch ein Mensch an

Kraft gewinnt: Wie gut sich die Körpermotoren trainieren lassen, ist nach Schätzungen von Wissenschaftlern zu bis zu 70 Prozent genetisch festgelegt.

Das bedeutet: Zwei Menschen gleichen Geschlechts und gleichen Alters, beide bei guter Gesundheit, können das gleiche Trainingsprogramm absolvieren – mit völlig unterschiedlichem Ergebnis.

So gibt es „Low Responders", die sich noch so sehr verausgaben und dennoch eher spärlich oder äußerst langsam an Muskelmasse gewinnen. Dagegen benötigen „High Responders" tendenziell nur wenige Trainingseinheiten, um ihr Muskelvolumen erheblich zu steigern.

IV.
Die Heilkraft der Mobilmacher

Weshalb Muskeln unser Immunsystem stärken und wie sie das Wachstum von Nervenzellen im Gehirn anregen

Wer seine Muskeln fordert, der baut aber nicht nur Kraftreserven auf, sondern macht seinen Körper auch noch auf ganz andere Weise fit: Denn die Mobilmacher beeinflussen Prozesse im Organismus, die den Körper gesund halten und Krankheiten vorbeugen. Daher ist es prinzipiell sinnvoll, über möglichst viel Muskelmasse zu verfügen und sie fit zu halten.

Forscher haben Tausende unterschiedliche Eiweiße identifiziert, die die Muskeln bei ihrer Arbeit freisetzen und in den Blutstrom speisen – darunter hormonähnliche Substanzen, mit denen unsere Muskeln Informationen in den Körper entsenden. Dabei gilt: je mehr Muskelmasse und Muskelbeanspruchung, desto mehr der wichtigen Signalstoffe können freigesetzt werden.

Diese Substanzen haben vielerlei Wirkung: Unter anderem verbessern sie die Effizienz des Immunsystems. Damit die Körperabwehr beispielsweise Eindringlinge eliminieren kann, müssen Abwehrzellen in den Alarmzustand versetzt werden. Dies übernehmen die muskulären Signalstoffe: Sie übermitteln Botschaften von einer Immunzelle zur nächsten und alarmieren so nach und nach das gesamte Immunsystem. Damit ist der Körper in der Lage, Krankheitserreger besonders rasch abzutöten.

Die Eiweiße aus den Muskeln dringen bis in die Leber vor und kurbeln dort die Verwertung von Zuckern an, was vor Übergewicht schützt. Indirekt beeinflussen die Signalstoffe zudem die Muskeln selbst: Sie erwirken in der Leber die Synthese eines bestimmten Moleküls, das wiederum in den Muskelzellen die Bildung neuer Molekülfäden begünstigt.

Ähnlich wirken die Signaleiweiße auf die Fettspeicher des Körpers – dort leiten sie gleichsam die Selbstauflösung der Vorräte ein; das Fett vermindert sich. Sie greifen vor allem jene Fettdepots an, die die Bildung von Tumoren begünstigen. Zugleich machen sie sich als Gegenspieler jener Fettzellen dienstbar, die Entzündungen und Arteriosklerose fördern.

Die Signalstoffe regen auch die Bildung von Insulin in der Bauchspeicheldrüse an und helfen so, Zucker effizient zu verwerten. Zudem lagern die Muskeln selber Zuckermoleküle als Energiereserve ein, entziehen jene so dem Stoffwechsel und entlasten das Insulin beim Abbau des Blutzuckers. Ein Effekt, der wahrscheinlich Diabetes vorbeugt.

Selbst für den Aufbau des Skeletts sind die Stoffe nützlich. So unterstützen sie im Wachstumsprozess die Bildung von Knochengewebe. Und schließlich stimuliert Muskelarbeit gar die Bildung von Nervenzellen und Synapsen im Gehirn.

Galten Muskeln bis vor wenigen Jahren noch als in sich abgeschlossenes, höchst simples System, das auf Anweisung des Gehirns seine Arbeit verrichtet, erkennen die Wissenschaftler nun: Unsere Muskulatur ist über Signalbotenstoffe mit sämtlichen anderen Organen des Körpers verbunden, vermag autonom Befehle zu erteilen und steuert mannigfaltige Vorgänge im Organismus.

Sie kommuniziert mit anderen Organen und Geweben, etwa mit der Bauchspeicheldrüse, den Knochen, der Lunge. Und sogar mit dem Gehirn. Natürlich geschieht all dies nicht bewusst und absichtsvoll, sondern unwillkürlich.

Das Gehirn bestimmt zwar, ob sie sich in Bewegung setzen oder ruhen, doch stellen die Muskeln autonom Signalproteine her, die im gesamten Körper ihre Wirkung entfalten und Organe und Gewebe beeinflussen – unabhängig von der Denkzentrale.

Die Muskeln und all die erstaunlichen Prozesse, die mit ihrer Steuerung, ihrem Wachstum und der heilsamen Wirkung auf unseren Körper zusammenhängen, sind noch längst nicht bis ins Letzte erkundet.

Eines ist jedoch sicher: Damit die Mobilmacher ihre positive Wirkung optimal entfalten, müssen sie nicht nur in Bewegung bleiben – sie müssen auch immer wieder dazu gebracht werden, neue Masse hervorzubringen.

Denn es gilt, den gleichzeitig stattfindenden Abbau von Muskelgewebe auszugleichen – ein natürlicher Prozess, der in der zweiten Lebenshälfte das Übergewicht gewinnt, wenn wir nicht durch Muskelaufbau gegensteuern.

Zwar nimmt die Trainierbarkeit der Muskulatur ab einem Alter von Mitte 20 jedes Jahr ein wenig ab. Wer den Umfang seiner Muskeln erhalten will, muss sie also später weitaus mehr fordern als in seiner Jugend.

Doch es gibt eine überaus tröstliche Nachricht: Muskelfasern verlieren niemals ihre Fähigkeit, an Masse zuzulegen. Intensives Training wirkt daher bis ins hohe Alter. Und so können wir von der wunderbaren Heilwirkung unserer Kraftpakete ein Leben lang profitieren ●

AUF EINEN BLICK

Anatomie

Muskelfasern enthalten Verbände von winzigen Molekülfäden, die sich zusammenziehen können und dadurch Kraft erzeugen.

Koordination

Über Nervenfasern und Sensoren stehen Gehirn und Muskulatur permanent im Austausch darüber, ob die Kontraktion der Kraftpakete ausreicht.

Wachstum

Reparaturprozesse nach einer Überlastung sorgen dafür, dass sich der Querschnitt des betreffenden Muskels vergrößert.

Heilkraft

Je besser Muskeln trainiert sind, desto mehr heilsame Signalstoffe produzieren sie.

Vom Greifen und Begreifen

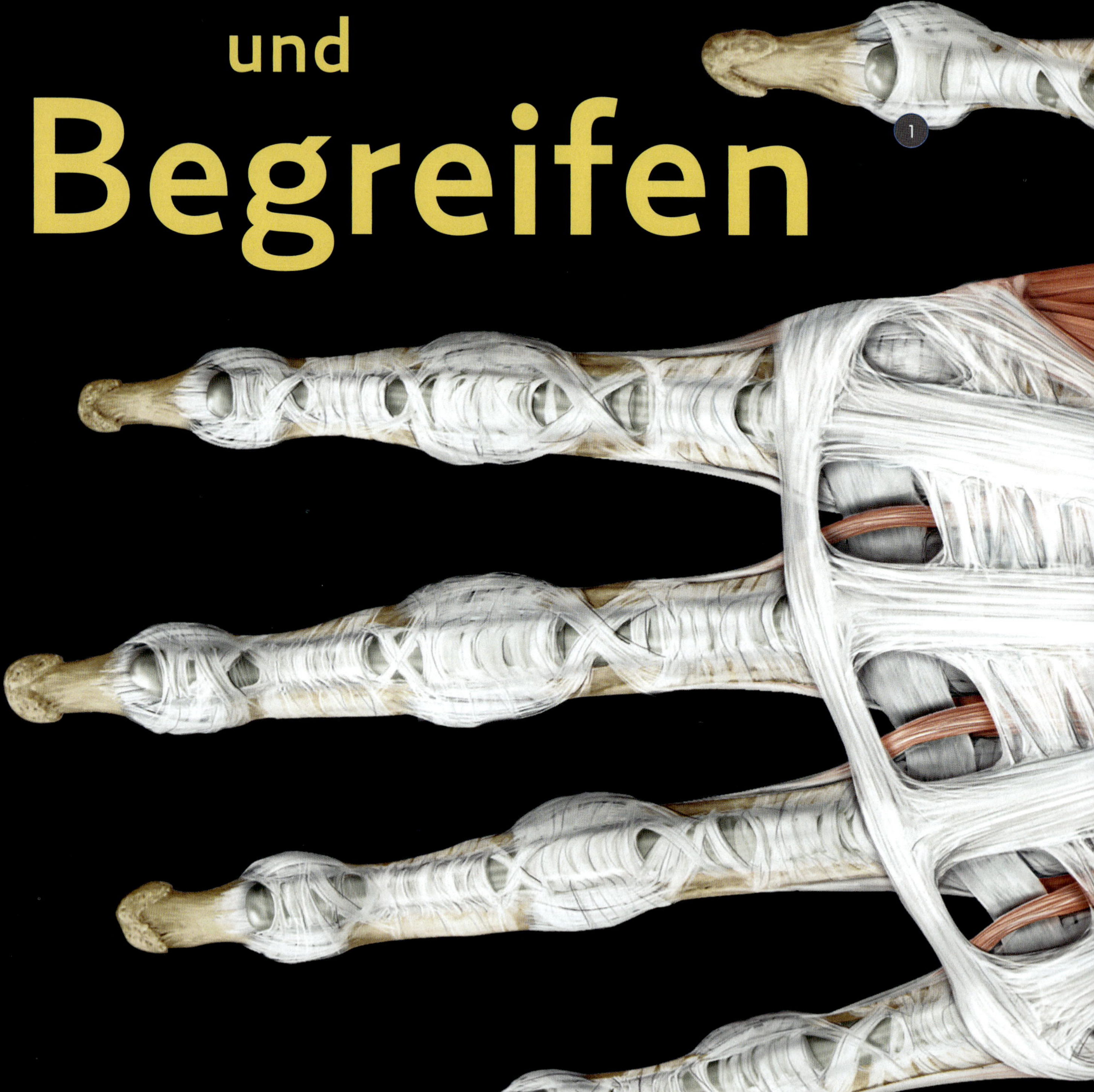

Dank ihrer 27 Knochen und mehr als 30 Gelenke ist die menschliche Hand extrem beweglich. Gesteuert wird sie durch feste Bänder (1), Muskeln (2) und Sehnen (3), die teilweise im Unterarm verankert sind

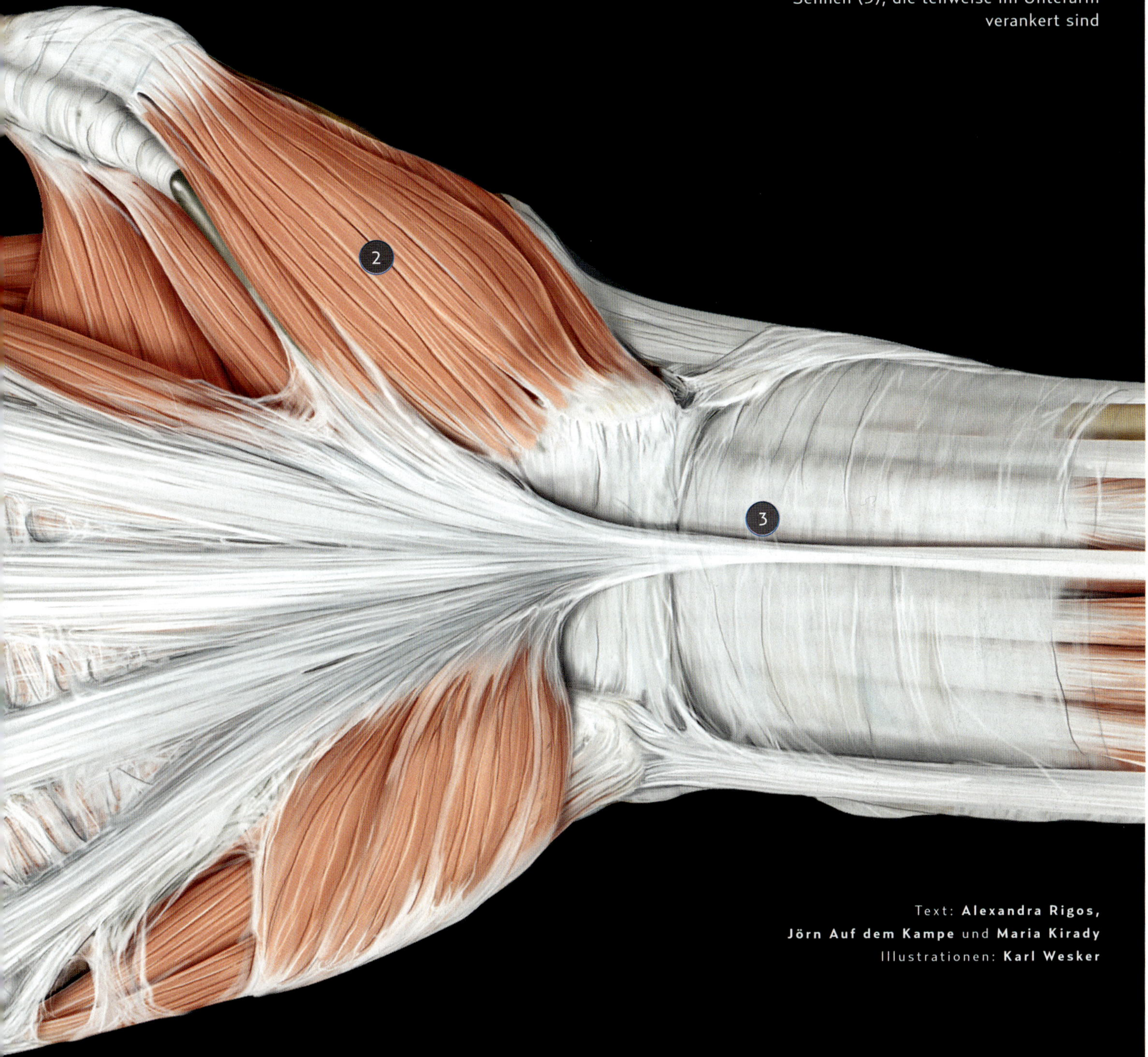

Text: **Alexandra Rigos, Jörn Auf dem Kampe** und **Maria Kirady**
Illustrationen: **Karl Wesker**

Mal präzise agierend, mal kraftvoll zupackend, mal zart fühlend: Die Hand ist das flexibelste Körperorgan des Menschen. Kein anderes Wesen verfügt über ein vergleichbar raffiniert konstruiertes Greifinstrument

E

Ein erfahrener Arzt kann allein durch Abtasten eine Erkrankung der inneren Organe diagnostizieren. Ein Goldschmied formt sein Metall mit geschickten Hammerschlägen zu filigranen Kunstwerken. Und ein geübter Geigenspieler vermag seinem Instrument durch virtuos geführten Bogen singende Laute zu entlocken.

Es sind äußerst komplexe Handlungen, denn sie erfordern Konzentration, sensibles Fingerspitzengefühl und ein Höchstmaß an Feinmotorik. Und wie durch ein Wunder ist nur der Mensch dazu in der Lage. Denn von allen Lebewesen verfügen nur wir über ein derart hochraffiniertes Werkzeug, mit dem sich zugleich feinfühlig tasten, präzise manövrieren und kraftvoll zupacken lässt: unsere Hand.

Zwar haben auch Tiere Greifwerkzeuge: Ein Papagei kann mit den Zehen eine Nuss aufnehmen und zum Schnabel führen; ein Koalabär vermag mit erstaunlichem Geschick nach Eukalyptusästen zu angeln. Schimpansen schaffen es gar, Blätter und Zweige herbeizuschaffen, um sich in luftiger Höhe ein Schlafnest zu bauen.

Doch kein Tier kann mit leichtem Pinselstrich ein lebensechtes Porträt auf eine Leinwand bannen; mit der Pinzette filigrane Bauteile in das Räderwerk einer Uhr einfügen oder seine Finger mit wohldosierter Kraft über eine Klaviertastatur gleiten und sowohl ein brausendes Stakkato wie auch ein gefühlvolles Pianissimo erklingen lassen.

Aber weshalb sind gerade unsere Greifwerkzeuge so konstruiert, dass sie sich für so vielfältige Zwecke einsetzen lassen? Wie sind sie einst entstanden? Und warum ist unsere Fingerfertigkeit nicht angeboren, sondern muss im Laufe des Lebens mühsam trainiert werden?

Um diese Fragen zu beantworten, haben Wissenschaftler Abertausende Jahre alte Fossilien analysiert, die Gliedmaßen von Menschen und Tieren verglichen, und sie haben genau beobachtet, wie Kinder zum ersten Mal lernen, ihre Hände zu gebrauchen. Dabei stellten sie fest, dass insbesondere drei Faktoren unsere Hand zu einem einzigartigen Wunderinstrument machen:

Die Hand verschaffte unseren Vorfahren einen evolutionären Vorteil

- Ein kompliziertes anatomisches Gerüst aus vielen kleinen Knochen, Sehnen, Bändern und Muskeln sorgt dafür, dass die Hand mal fest, mal flexibel ist und ihre Form passgenau an unterschiedliche Gegenstände anpassen kann;
- Tast- und Sinneszellen machen sie zu einem höchst sensiblen Organ, signalisieren dem Gehirn ihre Position im Raum und geben uns Rückmeldung über das Ergebnis unserer Handlungen;
- und schließlich braucht es ein leistungsfähiges Gehirn, um das Zusammenspiel von Muskeln und Sinneszellen, von Bändern und Knochen, von Augen und Nerven zu koordinieren.

Nur wenn all diese Bedingungen erfüllt sind, können wir unser Greifinstrument zielsicher steuern und unsere täglichen Aufgaben bewältigen.

Wer genauer verstehen will, weshalb die Hand so einmalig und so flexibel ist, sollte mit der Summe ihrer Teile beginnen: Insgesamt mehr als ein Viertel aller Knochen eines Erwachsenen befinden sich allein in seinen beiden Greifwerkzeugen.

Eine einzelne Hand besteht dabei aus 27 Knochen, lässt sich an mehr als 30 Gelenken biegen und wird von 34 Muskeln gesteuert. Jeder Finger ist aus drei kleinen Knöchelchen aufgebaut, nur der Daumen besitzt lediglich zwei Glieder. Hinzu kommen je fünf Mittelhand- und acht Handwurzelknochen, die wegen ihrer ungewöhnlichen Form Namen wie Mondbein, Kahnbein oder Erbsenbein tragen.

Kompliziert verflochtene Sehnen und Bänder verbinden die Handknöchel-

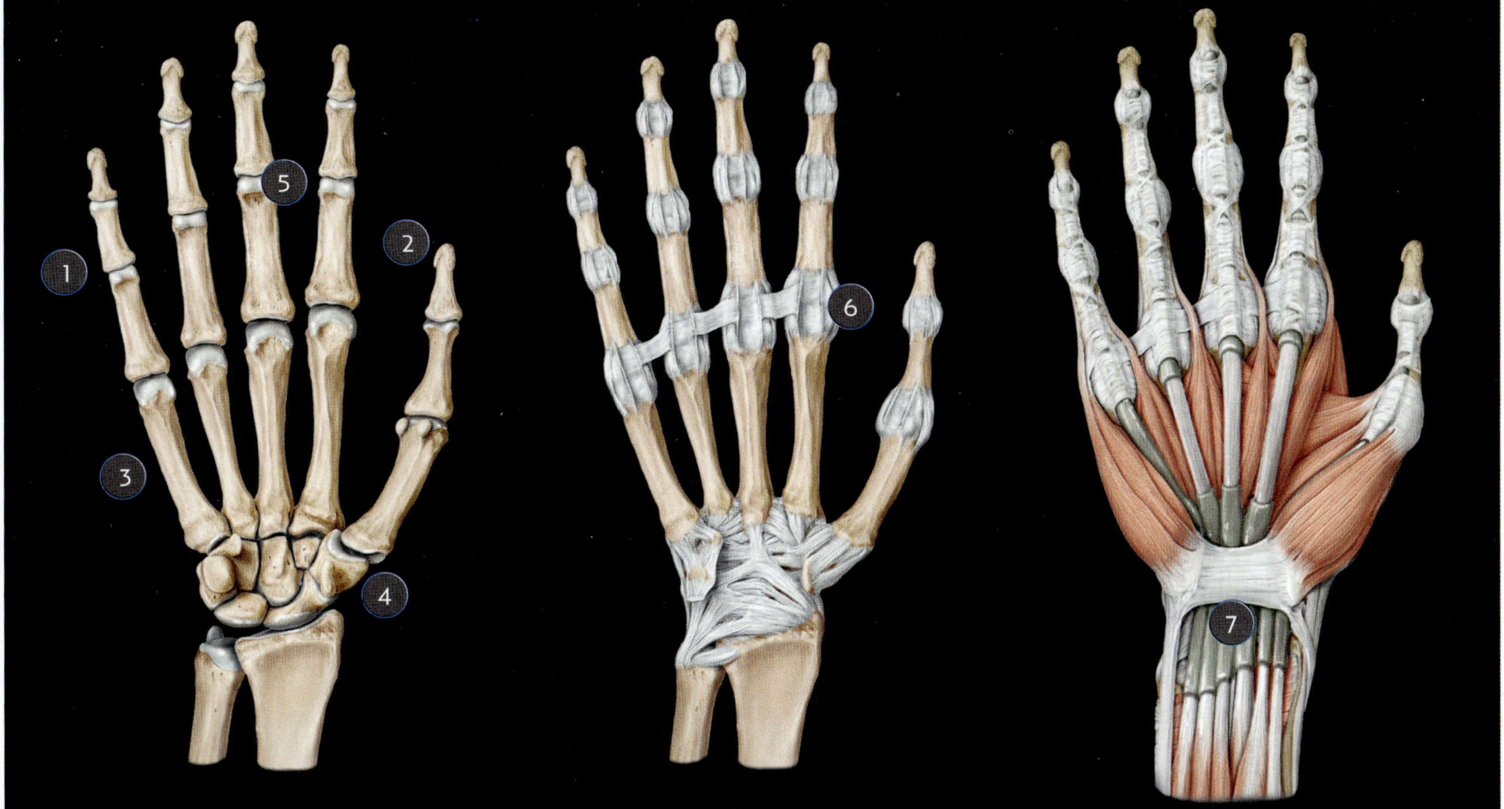

Meisterkonstruktion aus Knochen, Sehnen, Bändern, Muskeln

Selbst eine kräftige Männerhand ist im Grunde ein feingliedriges Gebilde: Jeder Finger besteht aus drei Knöchelchen (1), nur der Daumen (2) hat lediglich zwei Glieder. Hinzu kommen fünf längliche Mittelhandknochen (3) und acht kompakte Handwurzelknochen (4). Gelenke (5) zwischen den Mittelhand- und Fingerknochen erlauben uns sowohl das Spreizen der Finger als auch das Krümmen und Strecken des gesamten Fingers. Ein Geflecht aus Bändern verbindet die Handknöchelchen untereinander (6). Es sorgt dafür, dass die Finger extrem beweglich und dennoch stabil bleiben, und zahlreiche Sehnen übertragen die Kraft von den Muskeln auf die Knochen. Etliche davon verlaufen durch den Karpaltunnel (7) – einen Kanal zwischen den Handwurzelknochen und einem Bindegewebsstrang auf der Handinnenseite. Zwischen den Sehnen verbirgt sich der Mittelarmnerv, der unter anderem die Muskulatur des Daumens steuert.

chen miteinander, aber auch mit den Unterarmknochen und den Muskeln. Sie sorgen dafür, dass die Finger extrem beweglich und dennoch stabil bleiben, und übertragen die Kraft von den Muskeln auf die Knochen.

Der Clou an dieser Konstruktion aber ist: Die Muskeln, die die Finger bewegen und ihnen Kraft geben, sitzen größtenteils nicht in der Hand, sondern erstrecken sich im Unterarm.

Sie sind über Sehnen mit den Gliedern verbunden, ziehen an ihnen wie Seile: die einen, um Mittelhand oder Finger zu krümmen, die anderen, um sie zu strecken. Die meisten jener Muskeln befinden sich also weit entfernt von den jeweiligen Teilen der Hand, die sie bewegen.

Wie ein Marionettenspieler, der an langen Fäden seine Puppen tanzen lässt, können wir durch abwechselnden Zug an den Sehnen unsere Finger derart flink über die Tastatur eines Klaviers gleiten lassen, dass eine Melodie erklingt.

Zudem sind die Glieder der menschlichen Hand so flexibel, dass sich selbst Ring- und kleiner Finger zum Daumenballen hin krümmen lassen. Wenn wir etwa die Muskeln über lange Sehnen an der Unterseite der Finger anspannen, können wir eine erstaunliche Kraft aufbringen; die Hand zur Faust ballen oder ihre vielleicht wichtigste Funktion ausführen: den Griff.

D

Denn nur, wer fest zupacken kann, vermag von den Dingen Besitz zu ergreifen, etwa Nahrung horten, sich ein Nachtlager bauen oder Werkzeuge gebrauchen. Dank der Beweglichkeit unserer Hand vermögen wir Gegenstände in nahezu jeder beliebigen Form zu umschließen. Eine schützende Hornhaut und Schweiß aus speziellen Drüsen an der Handinnenseite verleihen unserem Greifwerkzeug zudem Belastbarkeit und Haftung. Dazu sorgt eine Sehnenplatte in der Handfläche für die nötige Robustheit und Stabilität.

Ein Tennisspieler etwa umfasst seinen Schläger derart kraftvoll und geschickt, dass er den Ball beim Aufschlag mit bis zu 260 km/h punktgenau ins gegnerische Feld zu schmettern vermag.

Ein Schimpanse, obwohl uns in vielerlei Hinsicht körperlich überlegen, könnte dagegen noch nicht einmal einen Hammer sicher genug halten, um damit einen Nagel gerade in die Wand zu schlagen. Seine Fingerglieder besitzen nicht die notwendige Flexibilität, um ein Instrument präzise zu führen.

Dem Menschen aber ermöglicht der Griff die effektive Handhabe von Schlag- und Hiebwaffen: Fähigkeiten, die unseren Urahnen einst einen gewaltigen Vorteil in der Evolution verschafft haben müssen. So konnten sie beispielsweise mit spitzen Stöcken und Steinen Tiere erlegen oder sich gegen Angreifer zur Wehr setzten.

Mehr noch: Die Hand kann nicht nur fest zupacken. Sie ist zugleich auch ein perfektes Werkzeug für filigrane Feinarbeiten. Das verdanken wir ihrem hervorstechendsten Merkmal – dem Daumen.

Knochenfunde legen nahe, dass schon Menschenaffen vor rund 27 Millionen Jahren in der Lage waren, einen der außen liegenden Finger weit abzuspreizen und den anderen gegenüberzustellen. Diese Primaten beherrschten bereits die gefühlvolle Berührung von Daumen und Zeigefingerspitze: den Pinzettengriff.

Doch zur Meisterschaft brachte die Fähigkeit abermals der Mensch. Denn im Gegensatz zu den Affen ist unser Daumen fast genauso lang wie der Zeigefinger. Dadurch bilden beide zusammen eine perfekte Zange, die durch die flachen Fingernägel zusätzlich stabilisiert wird und sich extrem präzise steuern lässt.

Noch dazu ist unser Daumen rundum so beweglich, dass er auch jeden anderen Finger zu berühren vermag. Nur deshalb können wir etwa mit den Fingern schnipsen, eine Nadel einfädeln, uns die Schnürsenkel binden oder Stift und Pinsel richtig halten.

Unseren Vorfahren muss der Pinzettengriff einst eine völlig neue Dimension des Werkzeuggebrauchs eröffnet haben: So erwarben sie etwa nach und nach die Fähigkeit, mithilfe von scharfkantigen Steinsplittern genaue Schnitte zu setzen, um Beute zu zerteilen oder Holz anzuspitzen. Mit der Entwicklung des aufrechten Ganges konnten unsere Ahnen ihre frei werdenden Hände dauerhaft gänzlich anderen Aufgaben widmen, die nichts mit der Fortbewegung zu tun hatten.

Schließlich ermöglichten ihnen die erweiterten Fähigkeiten der Hand auch Tätigkeiten, die nicht mehr nur dem unmittelbaren Überleben dienten: etwa Metall zu Schmuck zu formen, Musikinstrumente zu erschaffen oder raffinierte Stickereien anzufertigen. Aus Materialbearbeitung wurde Handwerk. Aus Handwerk wurde Kunst.

Doch selbst das beste Allzweckwerkzeug ist nichts ohne jemanden, der es führt. Die genialsten Einsatzmöglichkeiten verpuffen ohne eine übergeordnete Instanz, die all die winzigen Muskeln und Sehnen präzise steuert. Um ihre flexible Hand immer gewandter nutzen zu können, brauchten die Frühmenschen deshalb noch etwas: ein leistungsfähiges Gehirn.

Und so entwickelten sich im Laufe der Evolution parallel mit den Einsatzmöglichkeiten unserer Hand auch die Kapazitäten unseres Denkorgans weiter.

Mit anderen Worten: Schaltkreise im Gehirn gestalteten sich um und ordneten sich neu. Das Denkorgan nahm enorm an Volumen zu. Und damit wiederum das Vermögen, die Hand noch geschickter einzusetzen, um immer komplexere Werkzeuge anfertigen, immer filigranere Tätigkeiten ausführen zu können.

> **Hand und Hirn** sind durch eine **neuronale Schnellstraße** verbunden

Aber auch die Hand selbst sammelte gewissermaßen zunehmend wertvolle Informationen, die sie an das Gehirn weiterleitete: Der Tastsinn wurde immer sensibler. So drängen sich auf einem Quadratzentimeter Haut der Fingerkuppe mehrere Hundert druckempfindliche Sinneszellen – weitaus mehr als etwa am Oberarm. Mit unseren Fingerkuppen können wir sogar noch Strukturen erspüren, die nur 0,001 Millimeter Höhe messen (siehe Seite 76).

Nicht nur die Stärke, auch die Art der Berührung können wir unterscheiden: Vier Typen von Tastkörperchen, die jeweils ein wenig unterschiedlich auf Reize reagieren, sorgen dafür, dass wir ein Streicheln anders wahrnehmen als ein Zwicken oder einen Händedruck.

Manche Sinneszellen etwa registrieren besonders gut einen punktuellen, anhaltenden Druck, während andere besser auf schnell wechselnde Berührungsreize wie Vibrationen ansprechen.

Aus dem Zusammenspiel der verschiedenen Tastempfindungen leitet das Gehirn eine Vorstellung des berührten Objekts ab. Zusätzlich erhält es Meldungen von Temperatur- und Schmerzrezeptoren an den Händen, die das Bild vervollständigen.

Dank dieser Feinfühligkeit kann ein Blinder die Welt mit den Händen begreifen, zum Beispiel einen metallischen Türknauf von einer groben Mandarine unterscheiden. Und wenn er gelernt hat, die für Blinde entwickelte Brailleschrift zu entziffern, vermag er mit seinen Fingern

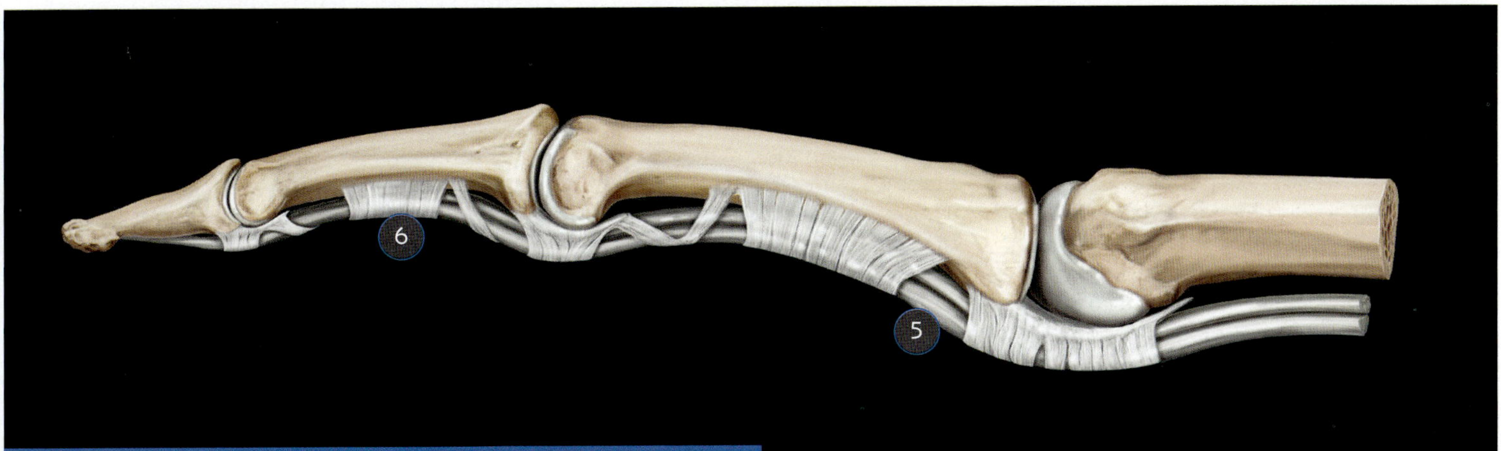

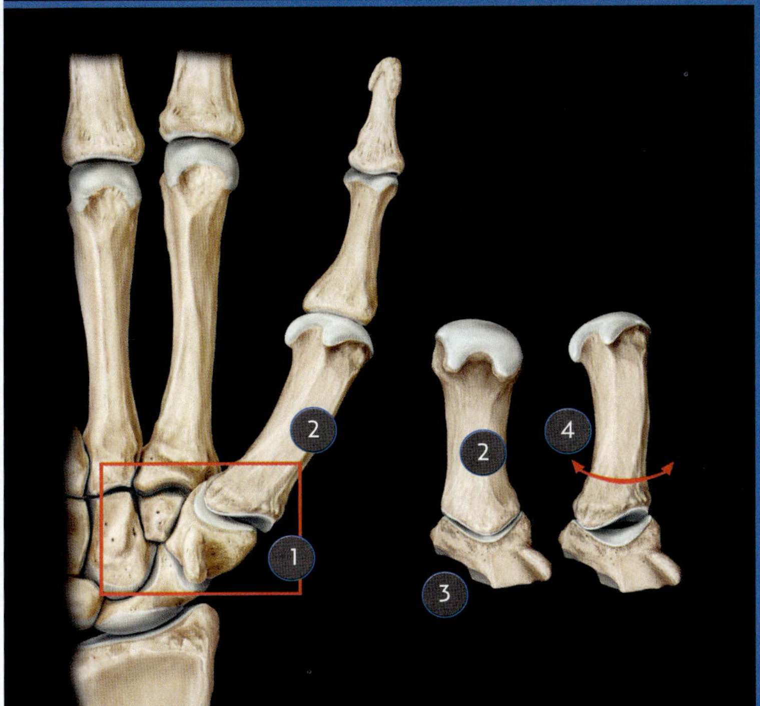

Der drehbare Daumen

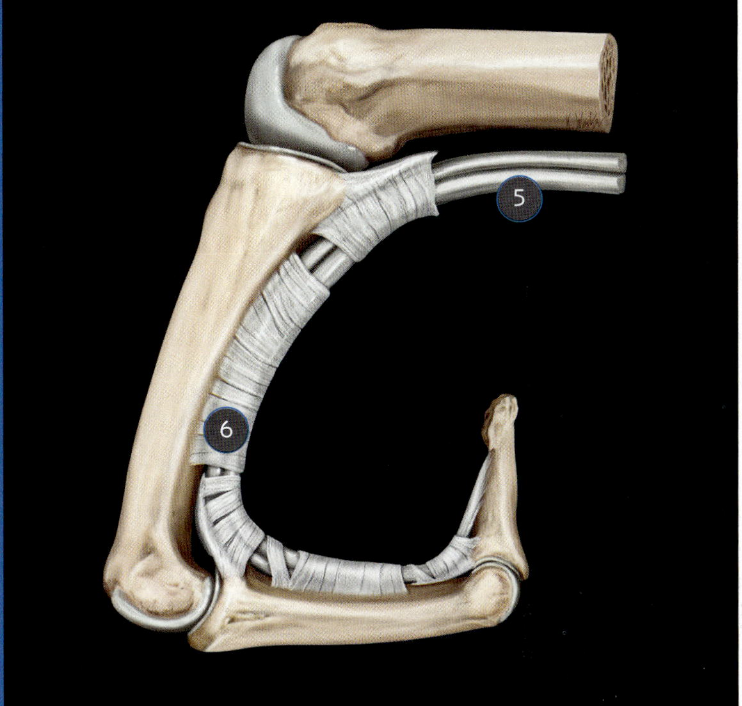

Der beugbare Finger

Die Vielseitigkeit der menschlichen Hand verdanken wir nicht zuletzt der besonderen Mobilität des Daumens. Die vermittelt das Daumensattelgelenk (1), das den Daumen-Mittelhandknochen (2) mit einem Handwurzelknochen (3) verbindet und Drehbewegungen zulässt (4). Dadurch vermag der Daumen jeden anderen Finger zu berühren – eine Voraussetzung für präzise Greifmanöver.

Jeder einzelne Finger ist über Sehnen (5) mit Beugemuskeln im Unterarm verbunden. Kontrahieren diese, ziehen sie an den unten am Finger verlaufenden Sehnen und krümmen ihn. Ringförmig und kreuzförmig angeordnete Bänder (6) halten die Sehnen am Knochen. In den Gelenken sorgt Knorpelmasse dafür, dass die Knochen sich ohne allzu viel Reibung gegeneinander bewegen können.

sogar ähnlich rasch zu lesen wie andere mit den Augen.

Neben dem Tastsinn benötigt das Gehirn weitere Informationen, um die Aktionen der Hände optimal zu steuern: Es muss wissen, wo im Raum sich die Hand gerade befindet, wohin sie sich bewegt und wie die Finger zueinander stehen.

Deshalb enthalten die Muskeln unserer Hand spezielle Messfühler, die jede Dehnung oder Stauchung registrieren und zudem ermitteln, wie schnell sich ihr Zustand ändert. Die Daten werden zum Gehirn gesandt, das daraus die Stellung der Gelenke und damit letztlich die Position der gesamten Hand sowie ihre Bewegungsrichtung und -geschwindigkeit errechnet. So kann zum Beispiel ein Kletterer ohne hinzusehen nach einer Felskante langen und sich emporziehen.

Doch nicht immer reicht das Tastempfinden aus, damit wir unsere Hände so präzise steuern können, wie wir wollen. In zahlreichen Lebenssituationen,

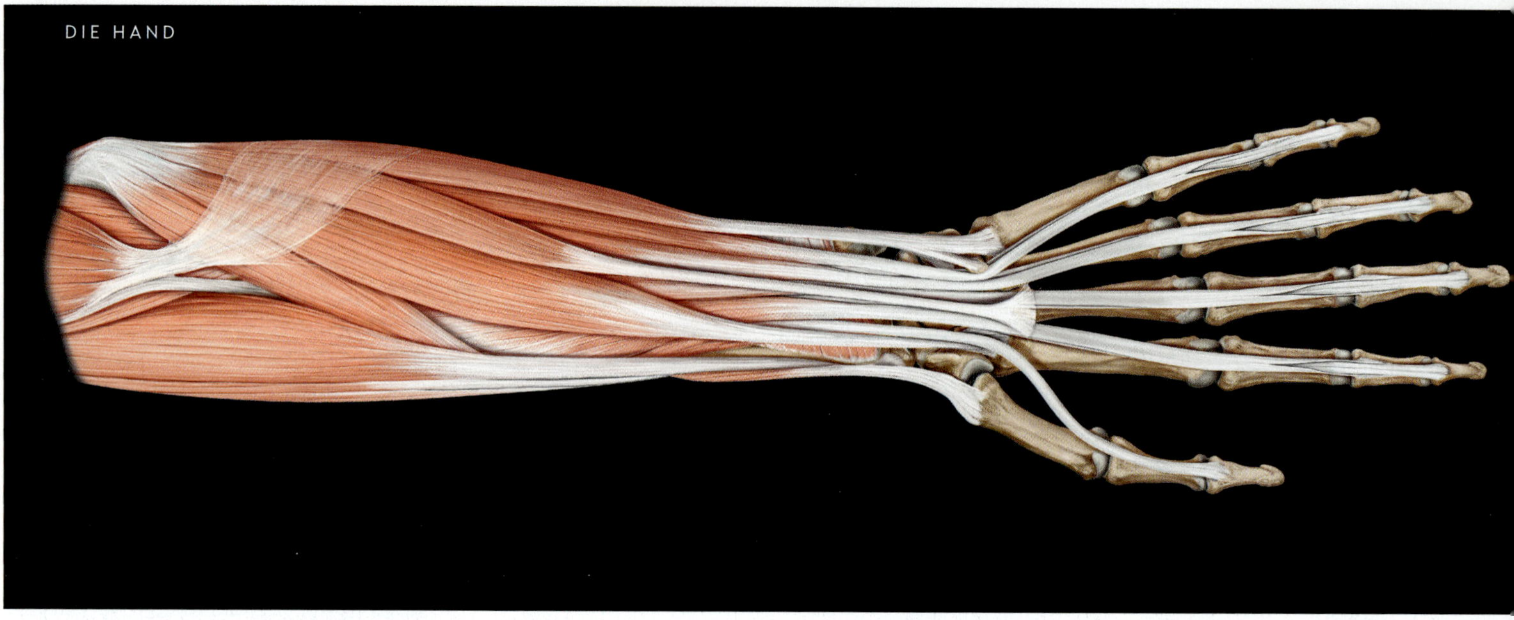

etwa beim Sport, benötigen wir weitere Informationen über unsere Umwelt – und die liefern vor allem die Augen.

Bei Ballspielen ist es etwa entscheidend, den Gegner zu beobachten und die Bewegung des Spielgeräts genau zu verfolgen – nur dann gelingt es, die eigene Hand binnen Sekundenbruchteilen so zu positionieren, dass wir einen Ball fangen oder einen Tennisschläger zum Return führen können.

Unser Auge ist dabei das Sinnesorgan, das uns die mit Abstand meisten Informationen über die Welt um uns herum liefert: Rund 90 Prozent aller Umwelteindrücke werden optisch gewonnen.

Die Flugkurve eines Tennisballs zu erkennen, dann blitzschnell den Arm und die Hand so zu lenken, dass der Tennisschläger im exakt richtigen Moment an der genau richtigen Stelle im Raum steht und den Ball trifft, ist eine enorm anspruchsvolle Aufgabe.

Den Schlag dann auch noch so auszuführen, dass der Ball im gegnerischen Spielfeld landet und weder im Netz noch außerhalb: Das alles grenzt schon fast an ein Wunder.

Vor allem, wenn man bedenkt, dass der Mensch die Fähigkeit, visuelle Wahrnehmungen und Bewegungssteuerung in Einklang zu bringen, nicht von Geburt an beherrscht, sondern erst mühsam erlernen muss.

Wenn ein Baby erstmals versucht, nach seinem Kuscheltier zu angeln, wenn es minutenlang gebannt die Bewegung der eigenen Hand verfolgt oder mit der Rechten nach der Linken greift, ist es dabei, die Koordination von Auge und Hand zu schulen. Ehe es ihm gelingt, einen rasch heranfliegenden Ball routiniert zu fangen, muss es mehrere Jahre lang üben, damit die Hand in Sekundenbruchteilen Informationen an das Hirn übermittelt, das dann wiederum Impulse an die Muskeln sendet, die die Hand lenken.

Unsere Fingerkuppen erspüren Strukturen von 0,001 Millimeter Höhe

Dazu sind die Muskeln der Hand über eine Art neuronale Schnellstraße direkt mit jenem Teil des Großhirns verbunden, der die „willentlichen", also von uns beabsichtigten Bewegungen steuert (andere Körperteile, etwa die Beine, werden dagegen in der Regel über eine mehrstufige Befehlskette manövriert, an der weitere Hirnzentren und auch das Rückenmark beteiligt sind). Zugleich wird die Hand über Hochgeschwindigkeitsbahnen mit jenem Hirnareal verknüpft, das die Tastwahrnehmungen verarbeitet.

All diese Hirnregionen sind auch untereinander verschaltet und dabei höchst plastisch, wie Forscher herausgefunden haben. Sie reagieren überaus flexibel darauf, auf welche Weise und wie intensiv wir unsere Hände bewegen.

Wenn wir beispielsweise das Werfen üben, vernetzen sich Nervenzellen in den entsprechenden Bereichen des Denkorgans stärker, und das Hirngeflecht nimmt an Volumen zu.

Gute Werfer beim Baseball etwa sind in der Lage, dem Geschoss durch Fingerdruck und Bewegung des Handgelenks beim Loslassen eine Drehung zu geben. Die kann den Ball je nach Drehrichtung beschleunigen oder verlangsamen oder gar eine Kurve fliegen lassen – und ihn so für den Fänger unkalkulierbar machen.

Mithin kräftigt das Training der Hände nicht nur die Muskeln und dehnt die Bänder, sondern verändert auch die Struktur des Gehirns.

Das verschafft uns einen riesigen Vorteil. Denn ohne diese Formbarkeit

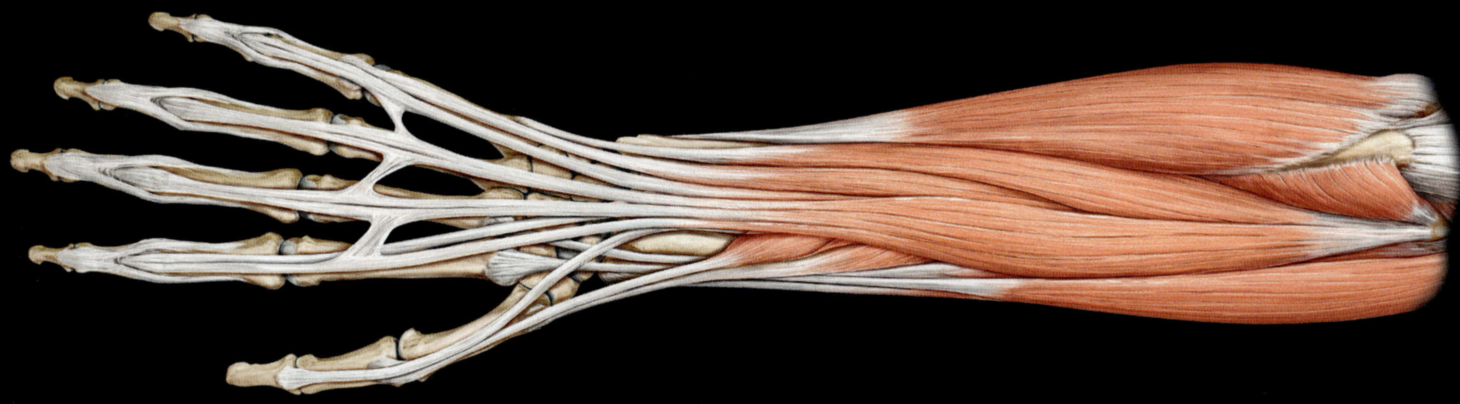

Wie die Kaft in die Hand kommt

Der größte Teil der Muskelmasse, die dem Greiforgan Kraft verleiht, liegt nicht in der Hand, sondern im Unterarm. Die Kraftpakete sind über Sehnen mit den Handknochen verbunden, ziehen an ihnen wie Seile – die einen, um Mittelhand oder Finger zu beugen, die anderen, um sie zu strecken. Die meisten Muskeln sitzen also weit entfernt von den jeweiligen Teilen der Hand, die sie bewegen. Erst diese anatomische Besonderheit ermöglicht jene filigrane Konstruktion der Hand, die schlank gebaute Finger mit einer enormen Kraft ausstattet. Der deutlich kompaktere Daumen wird zudem noch durch einen Muskel bewegt, der direkt an seiner Basis sitzt und überhaupt erst das Greifen ermöglicht (dazu trägt auch der kleine Finger bei, der ebenfalls durch einen zusätzlichen Muskel, außen an der Handfläche, zur gegenüberliegenden Seite gezogen werden kann). Selbst filigrane Arbeiten sind der Hand dadurch möglich.

wären Menschen nicht in der Lage, ihr Präzisionsorgan zu derart vielfältigen Höchstleistungen zu führen, sich auf bestimmte Tätigkeiten zu spezialisieren.

Indem wir das wundersame Zusammenspiel zwischen Muskeln, Knochen, Sehnen und Nervenzellen von klein auf schulen, können wir nicht nur komplexe Bewegungsabläufe im Alltag mühelos bewältigen, sondern es darüber hinaus in Handwerk, Kunst oder Sport zur Meisterschaft bringen.

Erst diese Anpassungsfähigkeit ermöglichte einst auch unseren Vorfahren, unterschiedliche Aufgaben wie Ackerbau, Schmiedekunst oder Weberei untereinander aufzuteilen und einen speziellen Beruf zu erlernen.

Mit ihren Händen haben die Menschen ihre Kultur geschaffen. Ohne die Hand gäbe es keine Schrift, kein technisches Gerät, keine Architektur, keine Chirurgie, keine Uhrmacherkunst. Die Feinmotorik der menschlichen Hand war also nicht weniger als eine der großen Triebfedern des Zivilisationsprozesses.

Doch eines vermögen wir trotz unseres technologischen Fortschritts und unserer Fingerfertigkeit noch nicht: die Hand in all ihrer Perfektion künstlich nachzubauen.

Weder Prothesen noch Roboterhände können es bislang mit unserem Allzweckwerkzeug aufnehmen.

Dabei arbeiten Ingenieure schon seit Jahrzehnten hartnäckig und mit großem Aufwand daran, mechanische Greifwerkzeuge zu bauen, die für monotone Handarbeiten in Fabriken eingesetzt werden können, die manuelle Tätigkeiten in Gefahrengebieten ausführen oder mobil eingeschränkten Menschen bei Alltagshandlungen wie Anziehen, Putzen oder Kochen helfen.

Doch die Erfolge sind bescheiden: Selbst ein Kleinkind verfügt derzeit noch bei etlichen Aufgaben über weitaus mehr Fingergeschick, Präzision und Behändigkeit als die teuerste künstliche Hand.

AUF EINEN BLICK

Greifinstrument

Weil sich Daumen und Finger einander gegenüberstellen lassen, können sie wie mit einer Pinzette kleinste Gegenstände greifen.

Sinnesorgan

Vier Typen von Tastsinneszellen in der Haut ermöglichen den Fingern, die Umwelt bis in feinste Einzelheiten zu erspüren.

Gehirn

Um die komplexen Bewegungen der Hand zu steuern, sind die zuständigen Hirnareale besonders eng vernetzt.

Evolution

Die Geschicklichkeit der Hand beeinflusste die Entwicklung des Denkorgans – und umgekehrt.

7 Fragen
zu **Knochen** und **Muskeln**

Fast jeder hat mit Rücken, Gelenken oder Muskeln Probleme. Linderung können Ernährung und Bewegung schaffen – und zuweilen auch der Glaube

Illustrationen: **Claudia Meitert**

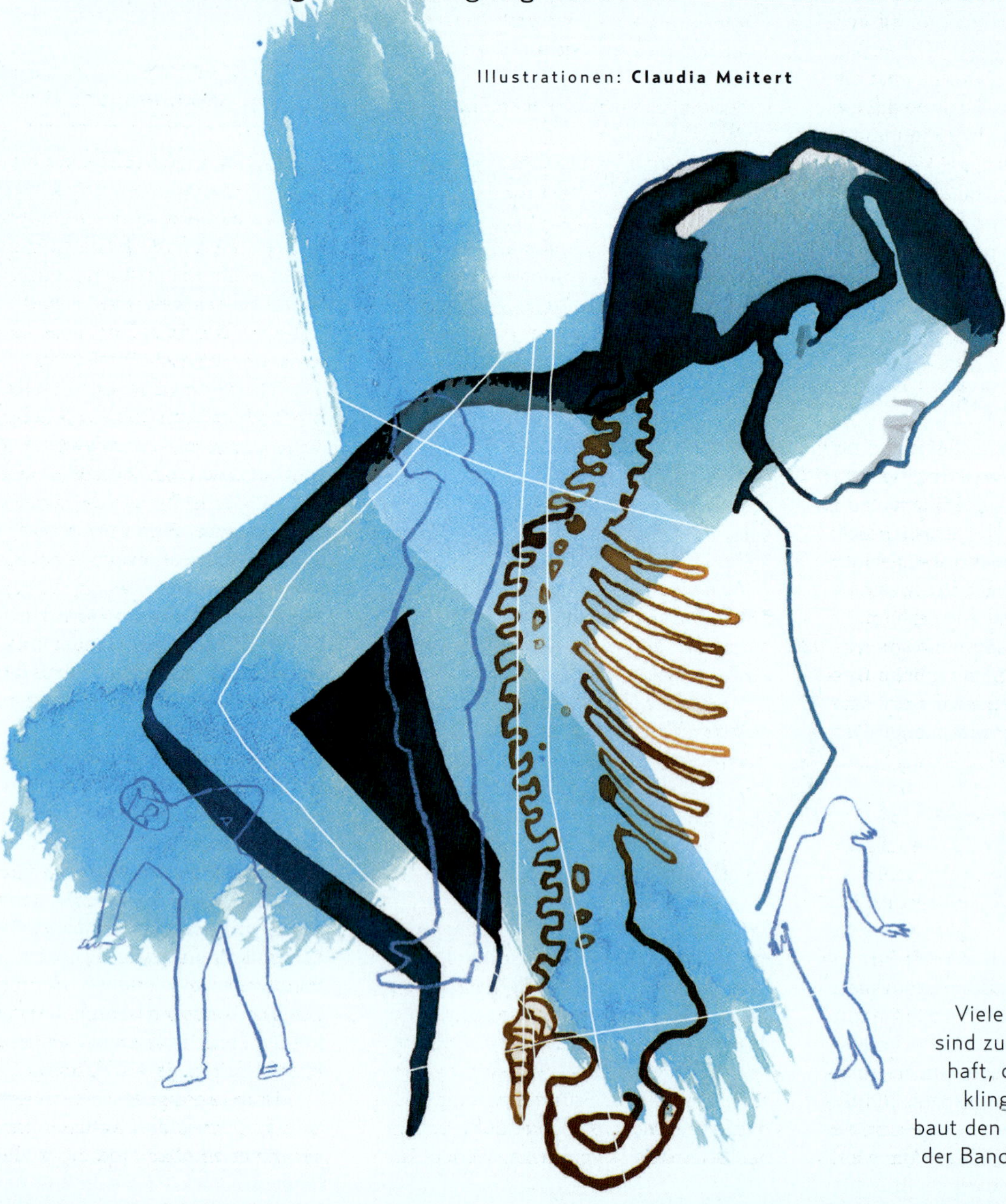

SELBSTHILFE
Viele Bandscheibenvorfälle sind zunächst sehr schmerzhaft, doch die Beschwerden klingen oft ab: Der Körper baut den herausgetretenen Teil der Bandscheibe allmählich ab

(1)

Was hilft bei Osteoporose?

Schätzungen zufolge leiden rund zehn Prozent der Männer und 40 Prozent der Frauen in Deutschland an Osteoporose (Knochenschwund). Bei fortgeschrittener Osteoporose brechen Knochen mitunter schon bei geringen Belastungen.

Gegen Knochenschwund wirken bestimmte Medikamente, zum Beispiel Bisphosphonate. Ganz risikofrei sind die Arzneien jedoch nicht – zu möglichen Langzeit-Nebenwirkungen gehören unter anderem spontane Brüche des Oberschenkelknochens.

Uneingeschränkt positiv wirken hingegen Sportprogramme, die sowohl Muskeln als auch Balance trainieren. Solche Übungen helfen Senioren, Stürze zu vermeiden, die zu gefährlichen Frakturen etwa der Hüfte führen können – und können zudem bereits verlorene Skelettmasse wieder aufbauen.

Besonders gut lässt sich das mit ein paar einfachen Tricks erreichen. So regeneriert sich das Skelett vor allem dann, wenn es auf immer neue Weise gefordert wird. Das heißt: durch Bewegungsabläufe, mit denen es zuvor nicht vertraut war.

Die müssen nicht einmal sonderlich kompliziert sein. Zum Beispiel ist es schon hilfreich, wenn man beim Spazierengehen immer mal wieder ein paar Schritte mit sich überkreuzenden Füßen macht, ein wenig hüpft oder auch mal rückwärts geht.

Bewährt haben sich zudem Programme, die allmählich die Ausdauer beim Laufen und Hüpfen aufbauen.

Auch manche Kraftübungen im Fitnessraum tun Gutes für die Knochen. Daheim oder im Büro kann mit Physiobändern oder Springseilen improvisiert werden. Oder man stemmt volle Getränkekisten vom Boden.

Dabei sollte allerdings auf die richtige Haltung geachtet werden. Ohnehin müssen von Osteoporose gefährdete Menschen aufpassen, auch im Alltag keinen krummen Buckel zu machen, denn das belastet unnötig die Wirbel.

(2)

Kann man Gicht mit der richtigen Ernährung lindern?

Gicht ist eine Stoffwechselkrankheit, deren Auswirkungen auf die Gelenke direkt mit der Ernährung zusammenhängen. Ursache der schmerzhaften Schübe sind Harnsäurekristalle, die in den Gelenken Entzündungen auslösen.

Harnsäure ist ein Abbauprodukt der Purine – das sind Substanzen, die wir vor allem über Nahrungsmittel zu uns nehmen. In besonders großen Mengen kommen sie in rotem Fleisch und daraus hergestellten Produkten vor.

Auch Meeresfrüchte, vor allem Muscheln und Krustentiere, können durch Purine den Harnsäurespiegel von Gichtpatienten erhöhen. All diese Nahrungsmittel sollten sie nur selten und in geringen Mengen verzehren.

Zu den purinarmen Lebensmitteln gehören beispielsweise die meisten Gemüse sowie Getreide und Kartoffeln.

Nahezu oder gar völlig purinfrei sind Milch und Milchprodukte wie Joghurt oder Käse, Fette wie Butter oder Pflanzenöle sowie Eier.

Um eine abwechslungsreiche, ausgewogene Ernährung zu gewährleisten, sind aber auch stärker purinhaltige Gemüsesorten wie Brokkoli oder Spinat und Hülsenfrüchte erlaubt, ebenso ein- bis zweimal pro Woche Fisch, bevorzugt fettarmer Seefisch wie Kabeljau.

Alkohol erschwert das Ausscheiden von Harnsäure. Vor allem Spirituosen sowie das purinreiche Bier erhöhen das Risiko für einen Gichtanfall, Wein schneidet im Vergleich etwas besser ab.

Probleme bereiten auch Getränke mit hohem Fruchtzuckergehalt, also vor allem Säfte und Softdrinks. „Light-Getränke“ ohne Fruchtzucker können dagegen bedenkenlos getrunken werden. Gut geeignet ist fettarme Milch; wer sie regelmäßig zu sich nimmt, kann damit den Harnsäurespiegel sogar senken. Auch Kaffee kann dazu beitragen.

Informationen über den Puringehalt verschiedener Lebensmittel, angegeben in Harnsäure-Äquivalenten, finden Betroffene zum Beispiel bei der Deutschen Gesellschaft für Ernährung.

(3)

Wie entsteht ein Bandscheibenvorfall?

Unsere Bandscheiben liegen als elastische Puffer zwischen den Wirbelkörpern und beginnen früh zu altern. Die steife Außenschicht, der Faserring kann aufreißen. Dann treten Teile des gelartigen Bandscheibeninnern in den Spinalkanal aus, es kommt zu einem Bandscheibenvorfall.

Oft verursacht das keinerlei Beschwerden. Doch können Bandscheibenveränderungen auch äußerst schmerzhaft sein. Drückt zum Beispiel eine vorgefallene Bandscheibe auf die Nervenfasern zwischen zwei Wirbelsegmenten, breiten sich Schmerzen im Versorgungsgebiet des gereizten Nervs aus und strahlen oft in ein Bein oder einen Arm aus.

Die Rückenmuskulatur reagiert auf die Störung, verhärtet sich reflexartig und fühlt sich steif an, jede Bewegung verschlimmert den Schmerz.

Die Wahrscheinlichkeit, dass die Schmerzen von selbst wieder abnehmen, ist recht hoch. Und zwar deshalb, weil der Körper den vorgefallenen Teil der Bandscheibe regelrecht abbaut. Dies dauert in der Regel ein paar Wochen, manchmal allerdings auch deutlich länger. Schmerzmittel, Wärmeanwendungen, vom Physiotherapeuten angeleitete Bewegungsübungen und bandscheibenschonender Sport wie Rückenschwimmen oder Nordic Walking begleiten die Rückbildung.

Ist trotz geeigneter Therapiemaßnahmen nach etwa drei Monaten keine Besserung erkennbar, sind die in die Gliedmaßen ausstrahlenden Schmerzen kaum erträglich, wird oft eine Operation erwogen. Bei starker Beeinträchtigung durch Muskelschwäche oder gar Lähmung auch schon sehr viel früher. Dabei entfernt der Chirurg das ausgetretene Bandscheibenmaterial. Und entlastet so die eingeklemmte Nervenwurzel.

(4)

Wie bekämpft man Muskelkrämpfe?

Viele Hobbysportler nehmen Magnesiumpräparate als Mittel gegen Muskelkrämpfe. Doch bislang konnte eine messbare Wirksamkeit weder bei Vorbeugung noch Behandlung von Krämpfen eindeutig belegt werden.

Auch wie ein Muskelkrampf genau entsteht, ist nicht abschließend geklärt. Vermutlich löst eine fehlgesteuerte Kontrolle von Nerven und Muskeln die belastungsbedingte Verkrampfung aus.

Denn jede Muskelpartie sendet permanent Informationen über ihren Zustand ans Gehirn und erhält im Gegenzug das Signal, sich zu lockern oder anzuspannen. Ermüdet nun etwa ein Wadenmuskel bei starker Beanspruchung, reagieren die muskeleigenen Sinnesorgane auf die vermeintliche Überdehnung mit heftiger Anspannung. Gleichzeitig funktioniert aber, so vermuten Forscher, der normale Regelmechanismus für die Minderung großer Spannung nicht mehr. Die Folge: Der betroffene Wadenmuskel zieht sich schmerzhaft zusammen.

In einem Versuch konnten Forscher diesen Effekt jetzt verhindern: Sie reizten die Waden von Athleten mit Strom (lösten also kurz einen künstlichen Krampf aus) und konnten so für einige Tage echten Krämpfen vorbeugen.

Ist die schmerzhafte Muskelkontraktion jedoch erst einmal eingetreten, hilft es, den entsprechenden Körperteil zu dehnen, bei einem Wadenkrampf etwa den Fuß nach oben zu ziehen. Auch Entlastung, Hochlegen und Wärme sorgen für Besserung.

Dass viele Menschen dennoch von der Heilkraft von Magnesium überzeugt sind, liegt wohl am Placebo-Effekt: Allein der Glaube an die Wirksamkeit einer Therapie verschafft Linderung. Jedenfalls schadet es nicht, das Mittel versuchsweise vorbeugend einzunehmen: In geringen Mengen ist es für gesunde Menschen völlig unbedenklich, und viele Anwender berichten immerhin über eine subjektive Besserung.

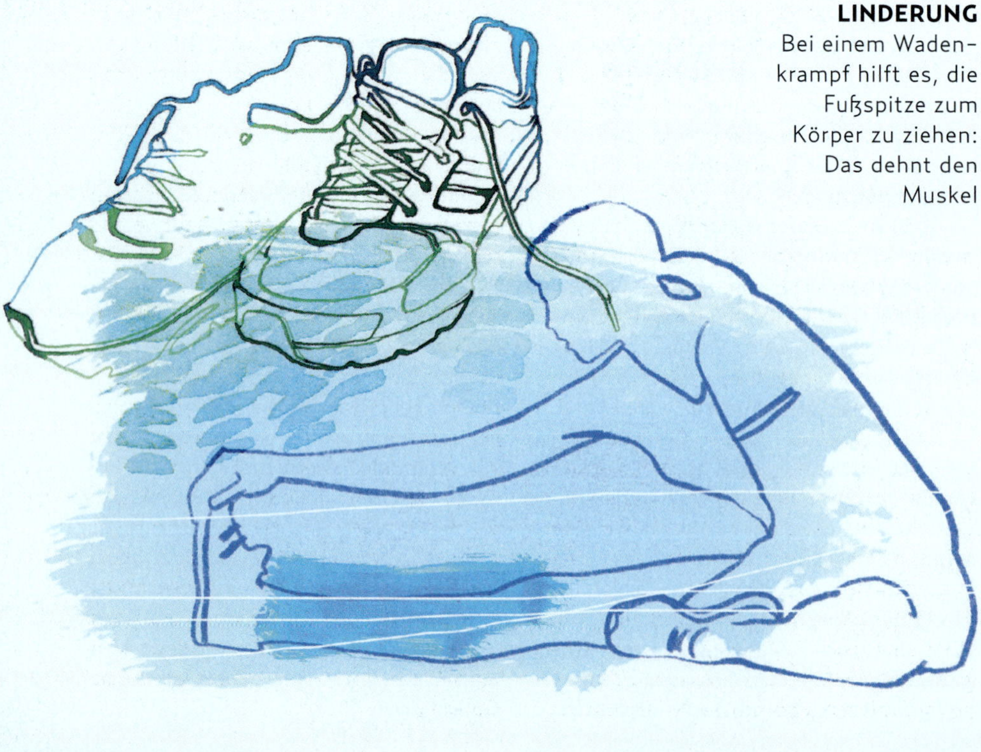

LINDERUNG
Bei einem Wadenkrampf hilft es, die Fußspitze zum Körper zu ziehen: Das dehnt den Muskel

(5)

Was tun, wenn man sich beim Sport verletzt?

Viele Aktive ignorieren kleinere Verletzungen und leichte Schmerzen, weil sie nicht auf ihren Sport verzichten wollen. Doch zum einen können sich leichte Verletzungen verschlimmern, wenn man weiter Sport treibt. Zum anderen gewöhnt man sich schnell falsche Bewegungsabläufe oder eine Schonhaltung an. Das wiederum kann Folgeverletzungen nach sich ziehen.

Ein Mediziner sollte so schnell wie möglich klären, ob beispielsweise ein Knochen gebrochen ist. Der Arzt kann in solchen Fällen die richtigen Schritte einleiten, damit die Heilung möglichst unkompliziert verläuft.

Gleich nachdem ein Gewebe gedehnt, gequetscht oder zerrissen wurde, beginnt der Körper damit, den Schaden selbst zu reparieren. Um den Heilungsprozess zu unterstützen, gilt bei allen Prellungen, Zerrungen und Bänderverletzungen die PECH-Regel (Pause, Eis, Compression, Hochlagern). Der Verletzte sollte mit Sport und anderen Belastungen aufhören. Die verletzte Stelle sollte gekühlt, bandagiert und hochgelagert werden, damit die Schwellung nicht zu stark wird. Gleichzeitig stellt man den betroffenen Körperteil so auch ruhig.

Sobald Bluterguss und Schwellung zurückgehen, helfen vorsichtige aktive und passive Dehnungen, die nötige Beweglichkeit zurückzugewinnen. Bei Bänderverletzungen unterstützen spezielle Orthesen die Heilung. Bis das verletzte Körperteil wieder seine alte Festigkeit zurückgewonnen hat, dauert es mehrere Monate, zuweilen gar ein Jahr.

Im letzten Abschnitt der Heilung, der Remodellierphase, bauen spezielle Zellen

SPORTVERLETZUNGEN
Selbst bei leichtem Schmerz sollte man einen Arzt konsultieren, denn Schonhaltungen können Folgeverletzungen nach sich ziehen

das zuvor provisorische Narbengewebe um, die Bänder und Muskeln werden im Idealfall wieder so stark wie zuvor. Der Athlet kehrt allmählich wieder zu seinem üblichen Trainingsumfang zurück.

(6)

Wie hält man die Faszien geschmeidig?

Das Bindegewebe – die Faszien – umschließt einer Hülle gleich Organe und Muskeln, füllt die Räume zwischen den Organen und bildet so das innere Gerüst des Körpers. Ohne Faszien würde der Mensch in sich zusammenfallen. Die Sehnen, ebenfalls ein Teil der Faszien, übertragen die Kraft der Muskeln auf Knochen und Gelenke.

Das Bindegewebe ist von zahllosen speziellen Messfühlern durchsetzt, die ständig Daten zu Druck, Schmerz und Temperatur an das Gehirn senden. Erst dadurch vermag das Denkorgan etwa Kraft und Richtung von Bewegungen optimal zu steuern.

Ebenso wie Muskeln können auch Faszien verkümmern – etwa aufgrund mangelnder Belastung oder einer dauerhaft falschen Körperhaltung. Die Fasern verlieren dann ihre ursprüngliche Elastizität und verfilzen. Versteift sich das Bindegewebe, drückt es auf darin liegende Nerven und löst so mitunter qualvolle Schmerzen aus. Kreuzschmerzen können zum Beispiel auf eine versteifte Lendenfaszie zurückgehen.

Um die Faszien elastisch zu halten, bieten sich vor allem federnde und schwingende Bewegungen an. Experten empfehlen zudem Gymnastikübungen mit Reifen oder Bällen. Geduld ist wichtig: Ein Effekt setzt erst nach mehreren Monaten ein.

Auch Dehnübungen tragen dazu bei, die Geschmeidigkeit der Fasern zu erhalten. Besonders wirkungsvoll ist es, ganze Faszienbahnen – etwa entlang der Körperseiten oder des Rückens – auf einmal zu beanspruchen.

Außerdem hilft eine spezielle Massagetechnik, das „Rolfing", verfilzte Faserknäuel zu lockern. Dabei erhöhen Therapeuten mit Fingerkuppen oder Knöcheln stetig den Druck auf die betroffenen Stränge und lösen so Versteifungen. Für die Selbstmassage bieten sich feste Schaumstoffrollen an. Ihre genaue Wirkung auf das tiefer liegende Gewebe ist aber noch ungeklärt.

(7)

Wie viel Bewegung ist für Schwangere ratsam?

Viele Frauen, die ein Kind erwarten, vermeiden es, Sport zu treiben. Sie fürchten, zu schnelle oder abrupte Bewegungen könnten ihnen oder dem ungeborenen Kind schaden. Doch diese Annahme ist falsch.

Klar ist natürlich: Werdende Mütter sollten Wettkämpfe sowie Sportarten mit hoher Verletzungsgefahr meiden, also auf Reiten und Klettern, auf Ballspiele in der Mannschaft oder Kampfsport verzichten. Zudem gilt: Wer nicht auf die Warnsignale seines Körpers achtet, etwa Bauchkrämpfe beim Training ignoriert, kann sich und das ungeborene Kind gefährden.

Doch sonst ist körperliche Ertüchtigung in einer komplikationslosen Schwangerschaft nicht tabu. Im Gegenteil: Bewegung ohne Überanstrengung ist für werdende Mütter gesund. Sport wirkt sich auch positiv auf das Ungeborene aus.

Das Training regt den Stoffwechsel der Schwangeren an. So wird das Kind über die Nabelschnur besser mit Nährstoffen und Sauerstoff versorgt.

Allerdings sollte sich eine Schwangere beim Training nicht zu sehr verausgaben. Leichte Sportarten wie Wandern, Joggen, Gymnastik, Schwimmen oder Radfahren in der Ebene eignen sich daher am besten. Frauen, die schon vor der Schwangerschaft sportlich aktiv waren, können zumeist sogar intensivere Anstrengungen gefahrlos wagen, etwa Intervalltraining kombiniert mit Krafttraining.

Und die regelmäßige Bewegung in der Schwangerschaft hat weitere Vorteile: Es kommt seltener zu typischen Schwangerschaftsbeschwerden, die Gewichtszunahme wird kontrolliert, Stress reduziert.

Und: Je aktiver eine werdende Mutter war, desto leichter fällt ihr oft die Geburt •

Wissen sammeln leicht gemacht.

Lesen oder verschenken Sie 4x GEOkompakt mit einer exklusiven Prämie zur Wahl.

> GEOkompakt präsentiert die Grundlagen der Wissenschaft – in leicht verständlicher Sprache, mit aufwendigen Illustrationen und brillanter Fotografie.
>
> Herzlichst [Signatur]

Michael Schaper,
Chefredakteur GEOkompakt

4 x GEOkompakt FÜR 40,– €*
1 Jahr Lesefreude für Sie.

+ **WUNSCH-PRÄMIE ZUR WAHL**
  Zur Begrüßung als Dankeschön.
+ **JEDERZEIT KÜNDBAR**
  Nach Ablauf des 1. Jahres.
+ **KOSTENLOSE LIEFERUNG**
  Wir übernehmen die Versandkosten für Sie.
+ **BILDUNGSRABATT**
  Studenten sparen 40 %.

Anbieter des Abonnements ist Gruner + Jahr GmbH.
Belieferung, Betreuung und Abrechnung erfolgen durch DPV Deutscher Pressevertrieb GmbH als leistenden Unternehmer.

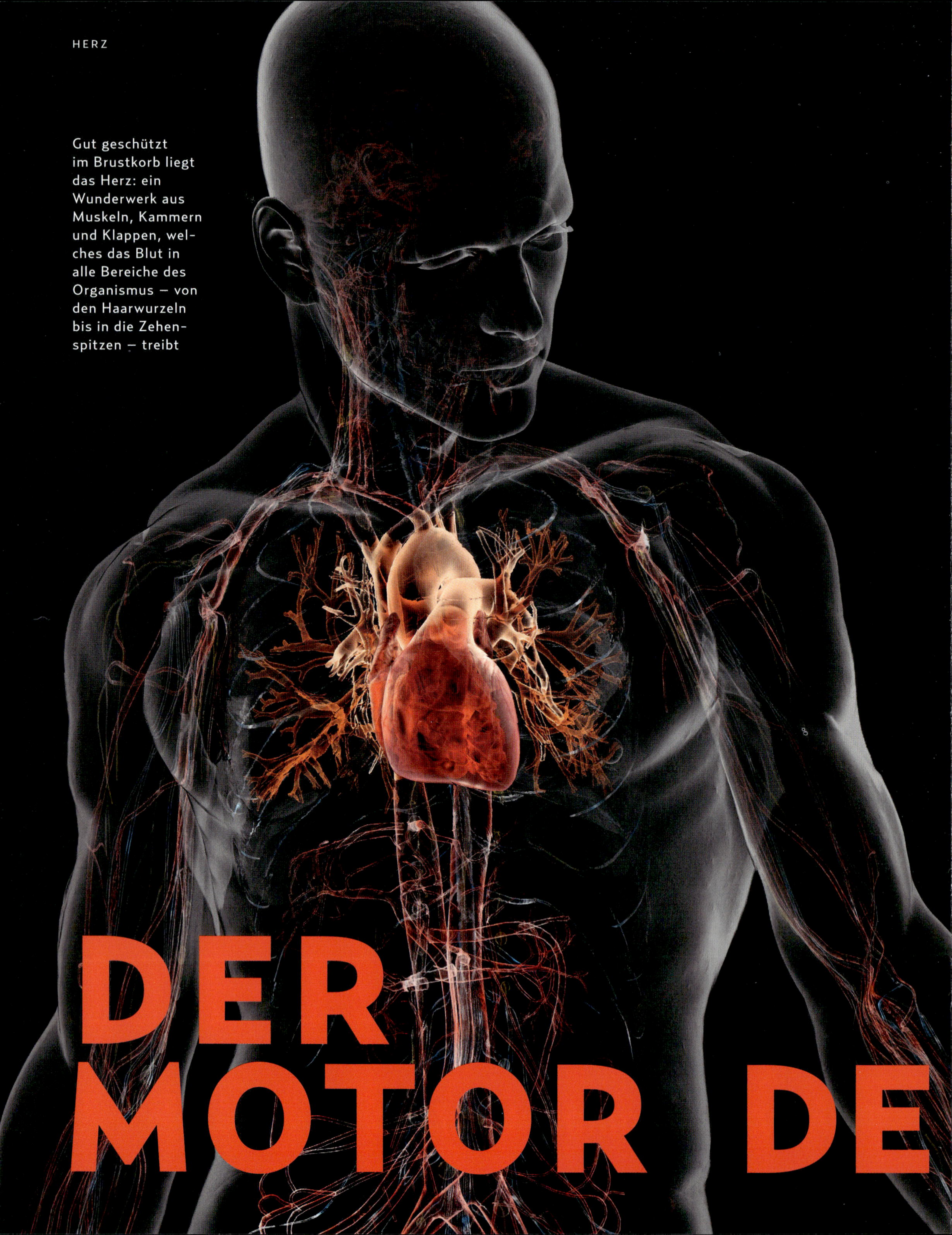

Gut geschützt im Brustkorb liegt das Herz: ein Wunderwerk aus Muskeln, Kammern und Klappen, welches das Blut in alle Bereiche des Organismus – von den Haarwurzeln bis in die Zehenspitzen – treibt

DER MOTOR DE

N

Nüchtern betrachtet ist das Herz ein schlichter Muskel. Eine faustgroße Pumpe. Ohne Blut kaum mehr als 300 Gramm schwer und mit einer Leistungsfähigkeit von gerade einmal 0,0015 PS. Und doch ist das Herz ein natürliches Wunderwerk, allein seine Ausdauer ist überwältigend, seine Zuverlässigkeit übertrifft wohl jeden Motor der Welt.

So wälzt das Organ rund fünf Liter pro Minute bei einem 70 Kilogramm schweren Menschen in körperlicher Ruhe um. Im Laufe eines Menschenlebens summiert sich dies zu einer gewaltigen Leistung: Etwa drei Milliarden Mal hat das Herz eines 80-Jährigen in seinem Leben geschlagen, dabei rund 185 Millionen Liter Blut durch die Adern befördert, um die Zellen mit all dem zu versorgen, was sie benötigen. Niemals durfte es in dieser Zeit ruhen, auch nur das kurzzeitige Aussetzen seines Schlages hätte den Körper unmittelbar in Lebensgefahr gebracht.

Betrachtet man es genauer, so ist das Herz keineswegs simpel konstruiert. Es besteht aus zwei synchron arbeitenden Pumpen, den Herzkammern, die zwei Kreisläufe bedienen, einen kleinen und einen großen.

Die eine Kammer treibt sauerstoffarmes Blut in die Lunge. Dort wird es mit dem eingeatmeten Sauerstoff angereichert und fließt als „frisches" Blut zurück zum Herzen. Dies ist der kleinere, der Lungenkreislauf (siehe Illustration Seite 56).

Im Herzen gelangt das Blut in die zweite Kammer. Die drückt es anschließend in den größeren Kreislauf, den Körperkreislauf. Der Lebenssaft strömt bis in die Spitzen von Zehen und Fingern, wird auch hoch in den Scheitel gedrückt und beliefert alle Zellen der Gewebe mit Sauerstoff, Nährstoffen und weiteren lebenswichtigen Substanzen, wie etwa Hormonen. Im Gegenzug wird es mit dem Abfallprodukt Kohlendioxid und anderen, von den Zellen nicht mehr benötigten Stoffen beladen.

Jetzt ist das Blut „verbraucht" und fließt zurück zur ersten Kammer, um erneut über den kleinen Kreislauf in die Lunge zu gelangen. Mithin entspricht der gesamte Blutkreislauf im menschlichen Körper einer Acht.

Getrennt sind die beiden Herzhälften durch eine Scheidewand, die den rhythmisch kontrahierenden Hohlmuskel zu einer doppelten Pumpe macht. Jede der beiden Hälften ist wiederum unterteilt in den Vorhof und die eigentliche Herzkammer.

Die Vorhöfe saugen gewissermaßen das Blut ins Herz. Das gelingt ihnen, indem sich bei jedem Herzschlag die Herzkammern zusammenziehen, sich dadurch die Vorhöfe ausdehnen und ein Unterdruck entsteht.

Auf diese Weise strömt das Blut für den nächsten Herzschlag in die Vorhöfe ein. Sind die gefüllt, fließt es anschließend weiter in die nach der Kontraktion erschlafften Herzkammern.

Zwischen Vorhöfen und Hauptkammern befinden sich jeweils segelförmige Klappen, die wie Ventile funktionieren. Sie sorgen dafür, dass das Blut aus den Vorhöfen in die Kammern fließen kann, nicht aber wieder zurück. Die Klappen sind filigrane Wunderwerke: Entstanden aus dünnen, glatten und extrem robusten Auswüchsen der inneren Herzhaut, ragen sie wie flatternde Segel in die Öffnung hinein, die Vorhof und Herzkammer ver-

Text: **Dr. Henning Engeln**

Kein Muskel des Menschen leistet mehr: Rund 70 Mal pro Minute pumpt unser Herz Blut durch unseren Körper. Dank seiner ausgeklügelten Konstruktion schlägt das faustgroße Organ in unserer Brust jahrzehntelang ohne jede Pause immer im richtigen Rhythmus – und versorgt uns dabei mit allen wichtigen Nährstoffen

S LEBENS

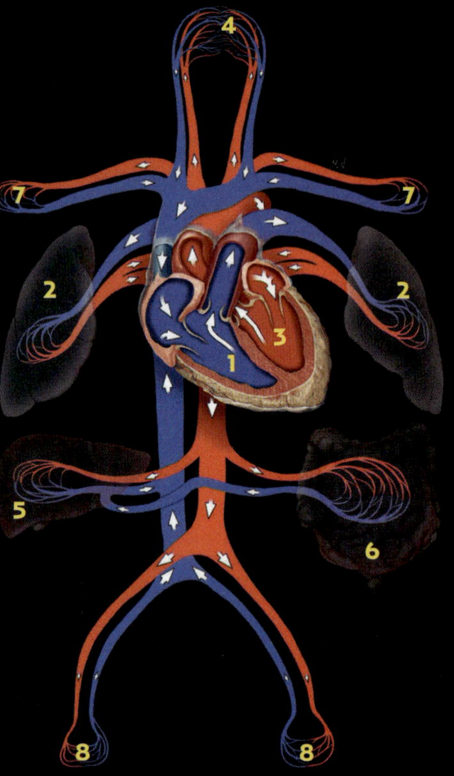

ZWEI KREISLÄUFE

Für die Versorgung unseres Körpers mit frischem Blut treibt unser Herz zwei separate Pumpsysteme an: Die **rechte Herzkammer** (1) dient dem kleineren »Lungenkreislauf« und presst sauerstoffarmes Blut (blaue Blutgefäße) in Richtung der **Lungen** (2). Dort wird es mit dem Atemgas angereichert und fließt als frisches Blut (rote Blutgefäße) zurück in die **linke Herzkammer** (3). Diese befördert das sauerstoffreiche Blut nun über den »Körperkreislauf« weiter in den restlichen Organismus. Durch die »Aorta« genannte Hauptschlagader und anschließende kleinere Blutgefäße (»Arterien«, rot) erreicht die Körperflüssigkeit Organe wie das **Gehirn** (4), die **Leber** (5) und das **Verdauungssystem** (6), aber auch die äußeren Extremitäten wie **Hände** (7) und **Füße** (8). Das dort in den Körperzellen »verbrauchte« Blut fließt dann durch ein zweites System von Blutgefäßen (»Venen«, blau) zurück zur **rechten Herzkammer** (1) – von wo aus es wieder dem Lungenkreislauf zugeführt wird.

bindet. Steigt der Blutdruck im gefüllten Vorhof über den der Kammer, weichen die Segel auseinander und geben den Weg frei für das Blut.

Sobald sich der Kammermuskel zum nächsten Herzschlag zusammenzieht, drückt das Blut auf die Klappen. Dadurch werden die Segel in Richtung Vorhof gebläht. Von Sehnenfäden gehalten, spannen sie sich auf und verschließen den Weg. Der Lebenssaft kann nicht zurück.

Stattdessen treibt der Druck des Herzschlags ihn nun aus der anderen Öffnung der Herzkammer hinaus: Aus der linken Kammer strömt er über die Hauptschlagader in den großen Körperkreislauf. Aus der rechten Kammer gelangt er in die Lungenarterien, die ihn zur Sauerstoffaufnahme weiterleiten. Beim Verlassen des Herzens passieren die beiden Blutströme jeweils ein weiteres Ventil: die Taschenklappen. Sie verhindern, dass das Blut zurückströmt, wenn die Kontraktion endet und die Kammern erschlaffen.

Gut 70 Milliliter – etwas mehr als drei Schnapsgläser – pressen die Herzkammern mit jedem Schlag in die Arterien (das sind alle Adern, die vom Herzen wegführen; Venen sind die Gefäße, die Blut zum Herzen hin transportieren). Das Zusammenziehen unseres Lebensmuskels bei einem solchen Schlag dauert gerade einmal etwa 0,28 Sekunden.

Dabei übt das Herz einen maximalen Druck aus, der sich mit dem Blut wie eine Welle fortpflanzt. Den Wellenkamm kann jeder Mensch als Pulsschlag fühlen, besonders gut am Handgelenk, aber auch an anderen Stellen wie der Halsschlagader oder am Oberarm.

Mediziner bezeichnen das Zusammenziehen des Herzens als „Systole" und den damit verbundenen maximalen Druck als „systolischen Blutdruck". Er ist die treibende Kraft, die das Blut durch die Adern presst. Da die Gefäße sich immer weiter verzweigen, immer kleiner werden, ist eine gewisse Kraft nötig, um das Blut auch in die kleinsten Gefäße zu drücken.

Der systolische Druck liegt normalerweise bei etwa 120 mmHg. (Diese Einheit ist die Abkürzung von „Millimeter Quecksilbersäule"; Hg steht für Quecksilber, lat. *Hydrargyrum*). Das entspricht dem Druck, dem ein Taucher in 1,60 Meter Wassertiefe ausgesetzt ist.

Auf die Systole folgt für einen Zeitraum von etwa 0,58 Sekunden (in Ruhe) die Erschlaffung des Herzmuskels. Diese Phase wird „Diastole" genannt und führt zu einem geringeren Druck: dem diastolischen Blutdruck (meist etwa 80 mmHg).

Permanent durchläuft das Herz solche Abfolgen von Systole und Diastole, rund 70 Mal pro Minute schlägt es bei einem gesunden Erwachsenen in Ruhe. Das reicht bei normaler Belastung aus, um den Körper ausreichend mit Sauerstoff und Nährstoffen zu versorgen.

Auch das Pumporgan selbst muss sich damit beliefern, seine Zellen sind wie die aller anderen Organe auch auf permanenten Nachschub angewiesen. Dazu besitzt es spezielle Versorgungsleitungen: Von der Hauptschlagader, der Aorta, zweigen die beiden großen Herzkranzgefäße ab, deren feine und feinste Verästelungen wie ein Netz den Lebensmotor umschließen, um dessen Funktion aufrechtzuerhalten.

Gefährlich wird es, wenn diese Versorgungsgefäße, die Koronararterien, ihre Aufgabe nicht mehr erfüllen können – etwa weil sie durch Ablagerungen von Fett, Kalk und entzündlichem Gewebe (sogenannte Plaques) in den Gefäßwänden verengt sind. Dann droht eine Unterversorgung und Schädigung des Herzens.

Im schlimmsten Fall verstopft eine solche Leitung, die Zellen in dem entsprechenden Teil des Herzens werden nicht mehr mit Sauerstoff und Nährstoffen beliefert und beginnen abzusterben – es ist zu einem Herzinfarkt gekommen, zur wohl größten Katastrophe, die das Pumporgan treffen kann. Dann helfen nur noch drastische Maßnahmen, um das Herz wieder ausreichend zu versorgen.

n

Normalerweise aber kommt das Organ ausgesprochen gut allein zurecht. Sogar seine Kontraktionen stößt es selbst an. Wird es dem Körper entnommen, etwa bei einem hirntoten Patienten, und werden Sauerstoff sowie Nährstoffe zugeführt, kann das Herz weiterhin regelmäßig schlagen. Denn der lebenswichtige Hohlmuskel besitzt einen eigenständigen kleinen Taktgeber, den Sinusknoten, der die Kontraktionen veranlasst.

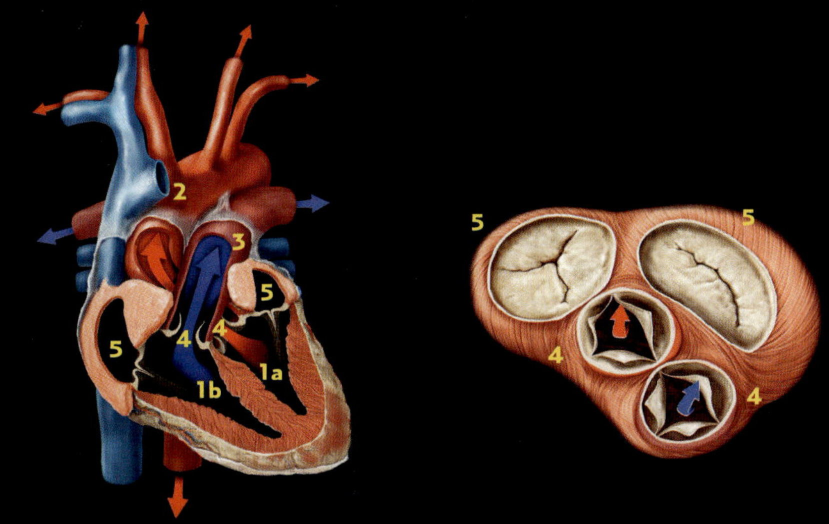

DIE AUSWURFPHASE (SYSTOLE)

Mit jedem Herzschlag zieht sich die Muskulatur der **Herzkammern** (1) zusammen. Die **linke** (1a) pumpt dann etwa 70 Milliliter Blut über die **Aorta** (2) aus dem Herzen hinaus, die **rechte** (1b) ebenso viel über den **Lungenstamm** (3).

Während dieser sogenannten »Systole« (oder Auswurfphase) öffnen sich die beiden **Taschenklappen** (4). Die zwei **Segelklappen** (5) sind dagegen geschlossen, damit das Blut nicht zurück in die Vorhöfe fließt.

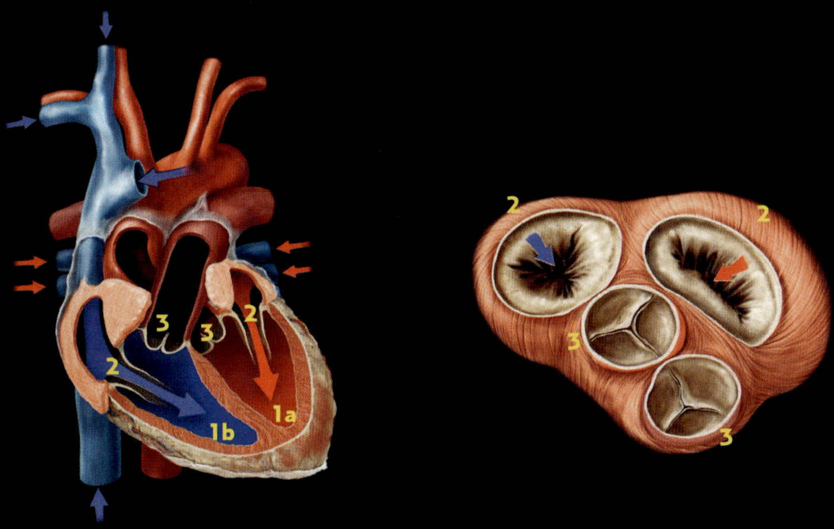

DIE FÜLLUNGSPHASE (DIASTOLE)

Während der **»Diastole«** genannten Füllungsphase entspannen sich die **Herzkammern** (1). Nun öffnen sich die beiden **Segelklappen** (2), und Blut strömt aus den Vorhöfen in die Kammern: Die **linke Herzkammer** (1a) füllt sauerstoffreiches Blut aus dem Lungenkreislauf, die **rechte** (1b) sauerstoffarmes aus dem Körperkreislauf. Die **Taschenklappen** (3) sind jetzt verschlossen, da sonst Blut aus Aorta und Lungenstamm zurückfließen würde.

Dieser Knoten ist ein natürlicher Schrittmacher, der in der Wand des rechten Vorhofs sitzt. Er besteht aus spezialisierten Herzmuskelzellen, die über komplizierte biochemische Prozesse völlig selbstständig 50 bis 80 regelmäßige elektrische Impulse pro Minute erzeugen, von denen jeder einen Herzschlag auslöst.

Ein solcher elektrischer Impuls breitet sich über das gesamte Herz aus. Dies geschieht über Zellen, die in der Lage sind, solche Signale weiterzuleiten, ähnlich wie Nervenzellen im Gehirn.

Trifft der elektrische Impuls nun auf eine Herzmuskelzelle, kontrahiert die und überträgt das Signal auf die nächste Zelle, innerhalb kürzester Zeit wird das gesamte Herz erregt. Perfekt orchestriert, in einer Art Wellenbewegung, ziehen sich zuerst die Vorhöfe, schließlich die Kammern zusammen.

So wird das Blut gezielt immer nur in eine Richtung befördert. Je nachdem, ob wir ruhen oder rennen, muss die Herzleistung an die Bedürfnisse des Körpers angepasst werden. Auch dies geschieht ohne unser bewusstes Zutun, denn die Steuerung wird von einer autonomen, von der willentlichen Steuerung unabhängigen Instanz übernommen: dem vegetativen Nervensystem.

Bei starker körperlicher Aktivität kann dieses Nervengeflecht die Schlagfrequenz auf mehr als 200 pro Minute erhöhen. Auch die bei jedem Herzschlag ausgetriebene Blutmenge ist dann deutlich erhöht. Auf diese Weise vermag das Pumporgan seine Leistung um ein Vielfaches zu steigern: von fünf Litern pro Minute im Ruhezustand auf 25 Liter bei großer körperlicher Beanspruchung.

All diese Leistungen vollbringt das Herz völlig ohne unser bewusstes Zutun. Es beschleunigt seinen Schlag oder vermindert ihn, wenn es nötig ist. Es agiert unabhängig von unserem bewussten Geist und schlägt sogar außerhalb des Körpers weiter.

Für all jene, die große Gefühle und seelische Zustände mit dem Herzen verbinden, mögen solche Fakten ernüchternd, gar mechanistisch erscheinen. Doch tatsächlich ist die Präzision dieses ausgeklügelten Muskels nichts weniger als: ein Wunder der Evolution.

DR. HENNING ENGELN, Jg. 1954, ist Wissenschaftsjournalist in Hamburg.

DER ROTE S IN UNS

Blick in eine Ader mit roten Blutkörperchen: Sie transportieren Sauerstoff zu den Körperzellen. Zudem entsorgt das Blut viele Abfallstoffe, die teils über den Urin ausgeschieden werden

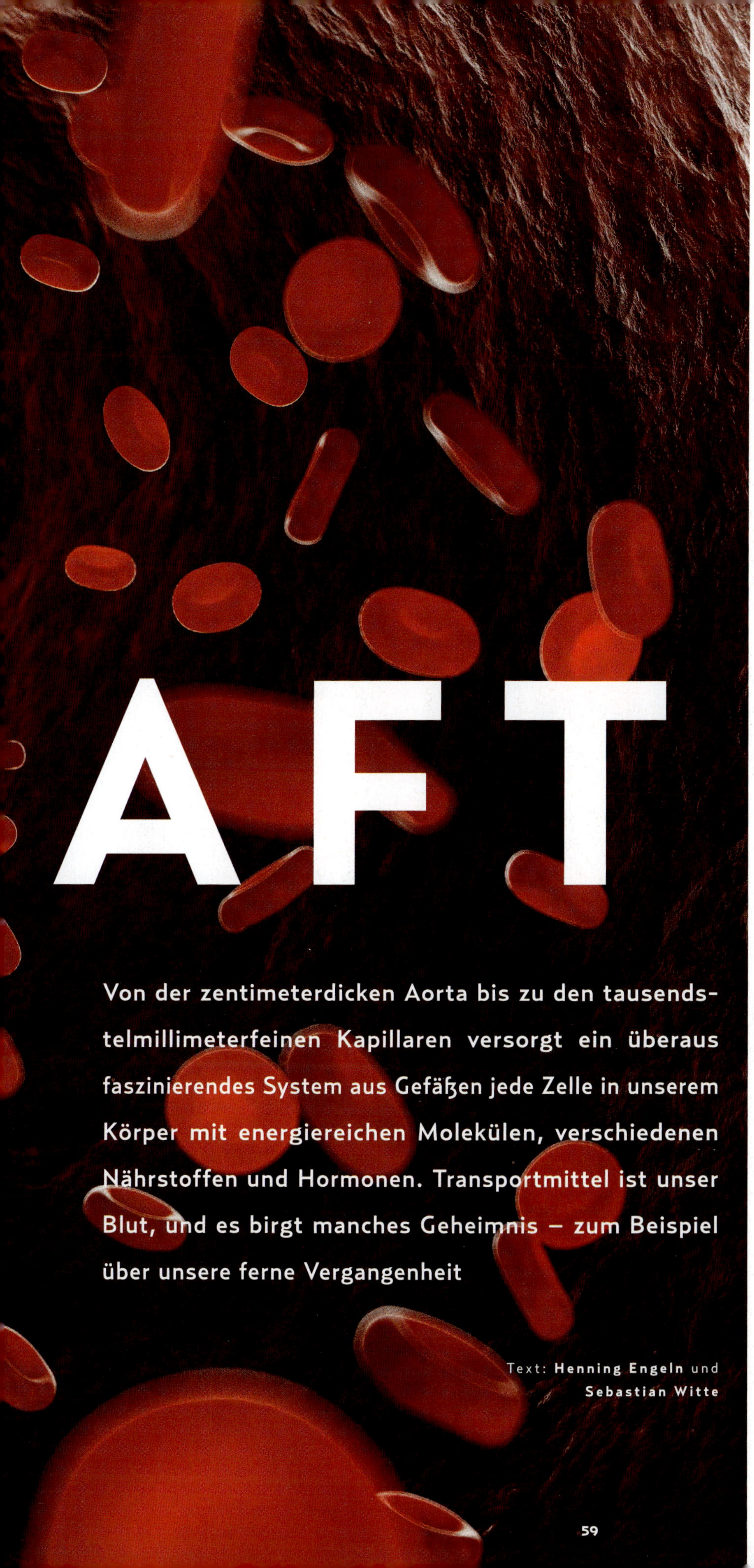

AFT

Von der zentimeterdicken Aorta bis zu den tausendstelmillimeterfeinen Kapillaren versorgt ein überaus faszinierendes System aus Gefäßen jede Zelle in unserem Körper mit energiereichen Molekülen, verschiedenen Nährstoffen und Hormonen. Transportmittel ist unser Blut, und es birgt manches Geheimnis – zum Beispiel über unsere ferne Vergangenheit

Text: **Henning Engeln** und **Sebastian Witte**

Gut 100 000 Kilometer beträgt die Strecke, die ein Reisender zurücklegt, wenn er zweieinhalbmal die Erde umrundet. Und ebenso lang ist das Adersystem eines Menschen, wenn man all seine Gefäße aneinanderreiht, von den bis zu drei Zentimeter dicken Arterien bis zu den hauchfeinen Kapillaren, gerade mal 0,007 Millimeter dick, und damit etwa zehnfach dünner als ein menschliches Haar.

Dass ein Adergeflecht solcher Länge in einem menschlichen Körper Platz findet, ist nur aufgrund einer extremen Verästelung der Gefäße möglich. So fein verzweigt und weitläufig ist dieses System, dass eine Verletzung unserer Haut sofort Blut hervorquellen lässt.

Dies ist das sichtbare Zeichen dafür, dass in unserem Inneren ein umfassendes Versorgungssystem pulsiert, das alle Organe miteinander verbindet.

Das Blut ist für den Körper neben dem Lymphsystem das Transportmittel schlechthin. Ununterbrochen fluten fünf bis sechs Liter durch das Gefäßsystem und bringen beispielsweise verschiedene Nährstoffe aus dem Darm in die Gewebe, versorgen den Organismus mit dem zur Energiegewinnung nötigen Sauerstoff aus der Lunge oder befördern Hormone von den jeweiligen Produktionszentren zu ihren Bestimmungsorten.

Überdies schafft es Kohlendioxid aus den Geweben zurück zur Lunge sowie manch andere Abbauprodukte zu den Nieren, die den Müll dann entsorgen. Auf diese Weise hilft das Blut, ein möglichst gleichbleibendes chemisches Milieu in unserem Organismus aufrechtzuerhalten.

Und damit nicht genug: Es leitet überschüssige Wärme aus dem Körperinneren an die Oberfläche. Und es dichtet zudem, durch seine Fähigkeit zu gerinnen, auch Wunden ab. Darüber hinaus spielt es im Abwehrkampf gegen eingedrungene Krankheitserreger und Fremdstoffe eine wichtige Rolle.

So vielfältig sind die Funktionen des Blutes, dass selbst Wissenschaftler (die dem roten Lebenssaft dank ihrer Forschung immer neue Geheimnisse entlocken) nach wie vor ins Staunen kommen.

Angetrieben wird der Blutkreislauf von einer kräftigen Pumpe: dem Herzen (siehe Seite 54). Damit die Zirkulation nicht ins Stocken gerät, gibt es zwei Sorten von Blutgefäßen: die Arterien (die vom Herzen wegführen) und die Venen (die das Blut zum Herzen transportieren).

Da das Pumporgan die rote Flüssigkeit mit jedem Schlag in die Arterien hineinpresst, müssen die einen erheblichen Druck aushalten. Sie sind daher vergleichsweise komplex aus drei Schichten aufgebaut, die jeweils durch dünne Membranen getrennt sind.

Innen sind die Arterien mit einer glatten Zellschicht ausgekleidet, die das Blut möglichst widerstandsfrei fließen lässt. Die mittlere Schicht enthält vor allem elastische Fasern und Muskelzellen; sie ermöglichen es, die jeweilige Ader zu weiten oder zu verengen und so Blutdruck und Menge der strömenden Flüssigkeit zu regulieren (siehe Grafik rechts).

Die äußere Schicht verhindert, dass die Blutgefäße in die Länge gezogen werden, und verankert sie, stellt also den Kontakt zum umgebenden Gewebe her.

Die Venen sind ähnlich aufgebaut, allerdings sind ihre Wände dünner und weniger muskulös. Überdies enthalten die meisten von ihnen winzige Klappen, die dafür sorgen, dass das Blut ausschließlich in Richtung Herz strömen kann. Da das Blut von unserem Lebensmotor sogar ein wenig angesogen wird, herrscht in den Venen kein starker Druck.

Bei jedem Schlag unseres Herzens ziehen sich dessen beide Kammern zusammen und erzeugen einen kräftigen Druck. Sobald sie das Blut in die großen Arterien pressen, dehnen sich die aus und nehmen die Flüssigkeit auf.

Wenn die Herzkammern kurz darauf erschlaffen und der Druck nachlässt, verschließen sich beim Herzen bestimmte Ventile, die „Taschenklappen", um zu verhindern, dass Blut zurückströmt.

Die wohl **seltenste** Blutgruppe haben nur rund **40 Menschen** weltweit

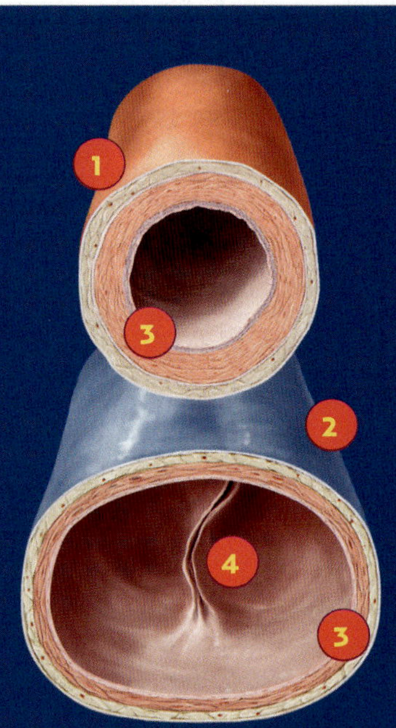

Arterie und Vene

Die Wände von Arterie (1) und Vene (2) bestehen aus einer dünnen Schicht, die das Blutgefäß mit dem umliegenden Gewebe verbindet. Die mittlere Muskelschicht (3) kann das Gefäß weiten oder verengen. Arterien besitzen eine stärkere Muskelschicht, da in ihnen ein höherer Druck herrscht. Viele Venen verfügen über Klappen (4), die dafür sorgen, dass das Blut zum Herzen fließt und nicht etwa in die Beine absackt.

Anschließend ziehen sich die blutgefüllten, elastischen Arterien wieder zusammen, und so entsteht in den Adern eine Pulswelle, die sich durch den gesamten Körper fortpflanzt und den Körpersaft schließlich in die Nähe jeder einzelnen der wohl 100 Billionen Zellen unseres Organismus führt.

Mit dem Blut gelangt nicht nur Sauerstoff in die Gewebe, sondern es transportiert auch Nährstoffe wie Zucker, Salze, Vitamine und Spurenelemente – Stoffe, die der Körper zur Energiegewinnung braucht und die zum Aufbau und Betrieb der Zellen verwendet werden.

Die meisten dieser Substanzen stammen aus dem Magen-Darm-Trakt, wo verschiedene Nahrungsbestandteile in immer kleinere Moleküle zerlegt worden sind, um dann von den Darmzellen ins Blut geschleust zu werden (siehe Seite 114).

Dort schwimmen die Stoffe als Bestandteil des gelblichen Blutplasmas umher, das rund 55 Prozent unseres Körpersafts ausmacht. Die übrigen etwa 45 Prozent bilden die zellulären Bestandteile. Im Einzelnen sind das:

- rote Blutkörperchen,
- weiße Blutkörperchen,
- Blutplättchen.

Die roten Blutkörperchen (Erythrozyten) stellen 95 Prozent der Zellen im Blut. In fünf Litern Körpersaft schwimmen etwa 25 Billionen Erythrozyten. Sie schaffen den Sauerstoff zu den Körperzellen.

Das geschieht mithilfe des in den roten Blutkörperchen enthaltenen Hämoglobins. Es nimmt den Sauerstoff in der Lunge auf und gibt ihn während des Transports durch den Körper an die Gewebe ab. Dazu durchdringen die im Blut transportierten Sauerstoffmoleküle die Wand der Kapillaren und erreichen so die Körperzellen (siehe Seite 92).

In deren Innerem findet nun ein komplexer biochemischer Prozess statt, bei dem energiereiche Moleküle mithilfe des vom Blut herangebrachten Sauerstoffs abgebaut werden und so der Zelle chemische Energie liefern. Als Abfallprodukt entsteht dabei unter anderem das Gas Kohlendioxid, das aus den Zellen zu-

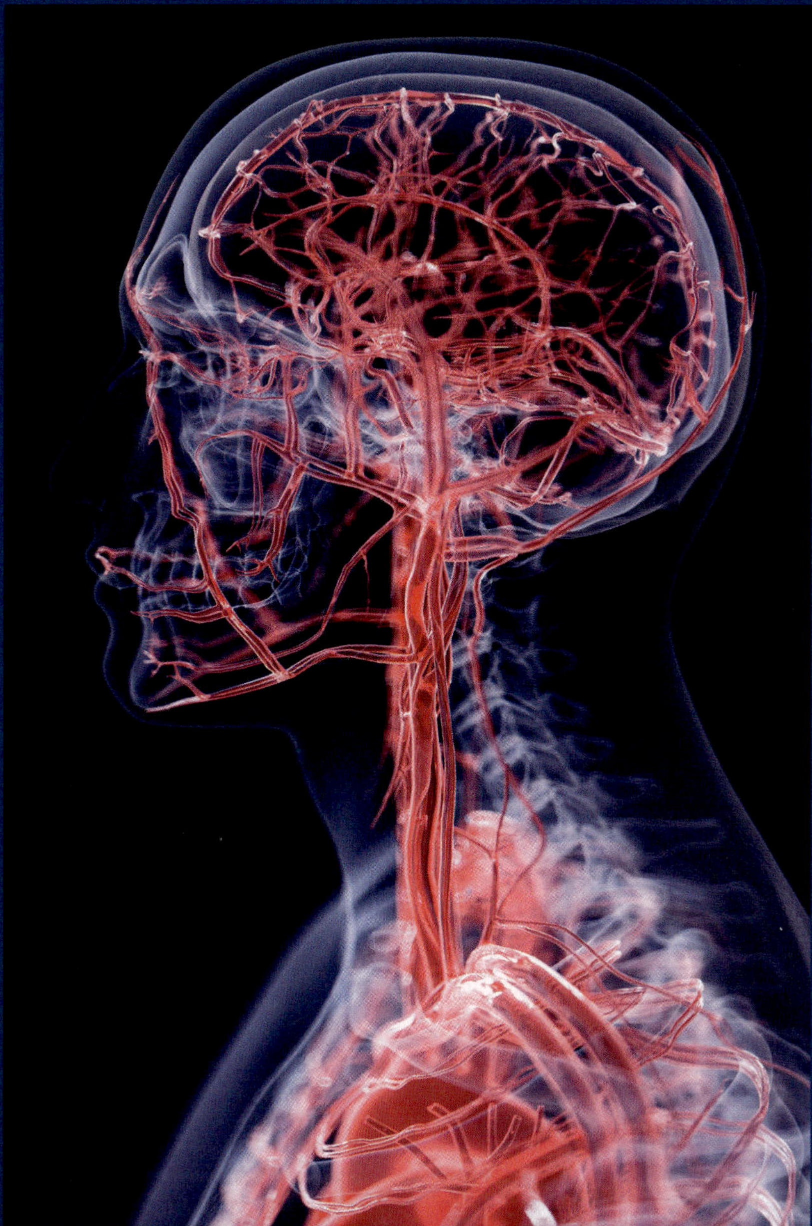

Blut zum Denken

Das Gefäßsystem eines erwachsenen Menschen ist rund 100 000 Kilometer lang und erstreckt sich mit fein verzweigten Äderchen in sämtliche Gewebe des Körpers. Besonders wichtig ist die Versorgung des Gehirns mit sauerstoffreichem Blut, denn das Nervengeflecht braucht viel Energie. Obwohl das Denkorgan nur rund zwei Prozent des Körpergewichts ausmacht, zirkulieren darin etwa 20 Prozent des gesamten Blutes. Vom Herzen führt ein großes Gefäß bis in den Kopf: die Aorta carotis, deren Puls man an der Seite des Halses mit dem Finger oftmals gut fühlen kann. Im Gehirn verästeln sich die Adern bis in Myriaden feinster Kapillaren. So ist gewährleistet, dass jede der Abermilliarden Nervenzellen ihre volle Leistung erbringen kann.

rück in die Kapillaren dringt. Dort helfen die roten Blutkörperchen zudem, das Kohlendioxid in weitaus besser lösliches Hydrogenkarbonat umzuwandeln.

Auf diese Weise transportiert das Blut den größten Teil des Kohlendioxids als Hydrogenkarbonat zurück in die Lunge, wo es schließlich ausgeatmet wird.

Obgleich alle roten Blutkörperchen das Gleiche leisten, weisen sie bei verschiedenen Menschen Differenzen auf, die zur Unterteilung in Blutgruppen geführt haben. Denn manche Eiweiße und Zuckermoleküle (Antigene) der Zellmembran können von Mensch zu Mensch unterschiedlich zusammengesetzt sein.

Bei einer Bluttransfusion kann das fatale Folgen haben. Denn vermischt man zwei unverträgliche Bluttypen miteinander, wird das Spenderblut anhand dieser Antigene als körperfremd erkannt und bewirkt eine Reaktion von Antikörpern. Dadurch verklumpen die roten Blutkörperchen, was zum Tode führen kann.

Zu Beginn des 20. Jahrhunderts entdeckte der Österreicher Karl Landsteiner vier Blutgruppen (A, B, AB und 0), die inzwischen durch weitere Systeme ergänzt worden sind. Von besonderer Bedeutung sind die Rhesusfaktoren, so benannt nach Experimenten mit dem Blut von Rhesus-Affen.

Dabei handelt es sich um bestimmte Eiweiß-Moleküle, die sich auf der Oberfläche der Erythrozyten befinden. Getestet wird meist nur auf eines dieser Eiweiße, ein Protein mit dem Kürzel „D“. Dieses Eiweiß kommt im Blut von 85 Prozent der Mitteleuropäer vor; sie sind „Rh-positiv“, die anderen „Rh-negativ“.

Eine der seltensten Blutgruppen, die in Blutbanken aufbewahrt wird, ist „Rh-Null“: Weltweit sind nur rund 40 Menschen mit dieser Konstellation bekannt. Im Unterschied zu anderen Gruppen weist Rh-Null keine Rhesus-Antigene auf.

Deshalb wäre diese Blutgruppe als Spende auch universell einsetzbar: Ohne Antigene kann es nicht zu lebensbedrohlichen Abwehrreaktionen mit dem Empfängerblut kommen.

Da aber jedes rote Blutkörperchen auf seiner Oberfläche über bis zu 342 Antigene verfügt, gibt es womöglich noch nicht entdeckte Kombinationen oder Genveränderungen, die zu einer noch selteneren Blutgruppe führen als Rh-Null.

Die weißen Blutkörperchen (Leukozyten) treten in unterschiedlichen Arten auf und dienen im Immunsystem der Abwehr und Beseitigung von körperfremden Stoffen und von Krankheitserregern.

Sie werden zum Großteil im Knochenmark gebildet und dann ins Blut ausgeschwemmt. Ein Kubikmillimeter Blut enthält 4000 bis 8000 Leukozyten, bei Entzündungen sogar deutlich mehr.

Ihre eigentliche Abwehrfunktion jedoch setzt meist erst an den jeweiligen Zielorten im Körper ein, im Bindegewebe und den lymphatischen Organen (zum Beispiel den Lymphknoten).

Die Blutplättchen (Thrombozyten) schließlich spielen eine wichtige Rolle bei der Blutstillung, sodass eine Wunde im Körper stets abgedichtet wird.

Es muss jedoch nicht immer eine äußerliche Verletzung sein, die die Thrombozyten aktiviert und so zu einer Blutgerinnung führt. Auch eine geschädigte Gefäßinnenwand, etwa bei einer Arteriosklerose, führt mitunter dazu, dass sich

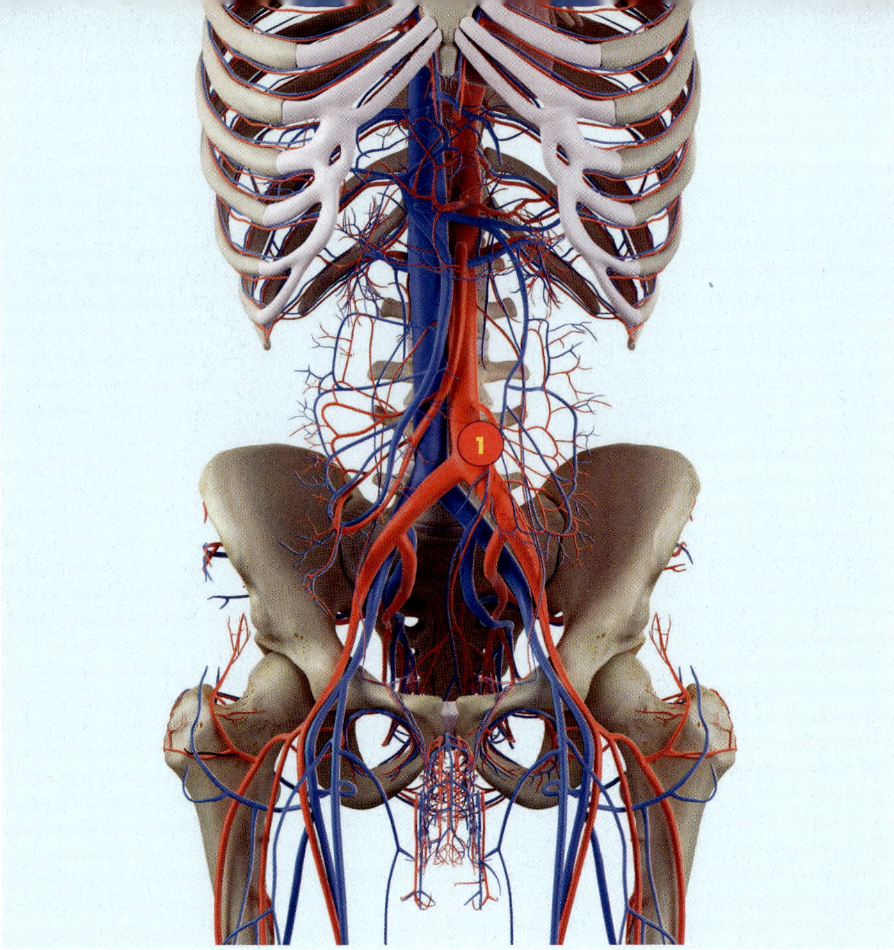

Vom Herzen kommend teilt sich die Aorta (1) in die Beckenarterien. Aus den Beinen strömt sauerstoffarmes Blut durch Venen (blau) zum Herzen zurück

Im Blut findet ein **steter Wandel** statt: Andauernd **sterben Zellen** und werden sofort durch neue ersetzt

ein Thrombozytenpfropf bildet. Das kann dann im schlimmsten Falle zum Gefäßverschluss führen – und anschließend etwa zu einem Herzinfarkt.

Sieben bis zwölf Tage nach ihrer Produktion werden die Blutplättchen in Leber, Lunge und Milz schon wieder abgebaut. Denn im Lebenssaft findet ein steter Wechsel und Wandel statt. In fein austarierter Balance verlassen ständig Bestandteile des Blutes den Kreislauf und werden durch neu gebildete ersetzt.

Die roten Blutkörperchen haben eine Lebensdauer von durchschnittlich 120 Tagen. Sobald sie ihre Funktionen nicht mehr hinreichend erfüllen, werden sie in Milz, Leber und Knochenmark von weißen Blutkörperchen verschlungen und in ihre Bestandteile zerlegt, die dann zum Bau neuer Substanzen oder Zellen wiederverwendet werden.

Die Lebensdauer weißer Blutkörperchen reicht – je nach Art – von wenigen Stunden bis zu mehreren Jahren.

Nur die Verbindung Porphyrin, ein Bestandteil des roten Blutfarbstoffs Hämoglobin, lässt sich nicht wiederverwerten. Die weißen Blutkörperchen verwandeln es in Bilirubin, eine gelbliche bis orangerote Substanz, die im Strom des Blutes in die Leber transportiert wird.

Daraus entstehen – nach weiteren Umwandlungen – Gallenfarbstoffe, die mit der Gallenflüssigkeit in den Zwölffingerdarm gelangen und größtenteils mit dem Stuhl ausgeschieden werden.

Verblüffender aber noch als die Erkenntnis, wie manche Bestandteile des Blutes enden, ist die Frage, wie der rote Körpersaft ursprünglich entstanden ist.

Denn unser Blut hat sich höchstwahrscheinlich einst – wie auch die Körperflüssigkeiten von Tieren, etwa von Quallen und Krebsen, Haien und Fröschen – aus dem Wasser der Meere entwickelt: aus jenem Medium also, in dem das Leben einst entstanden ist und das über Äonen dessen alleinige Heimstätte war.

Dafür spricht nach Ansicht von Experten die chemische Zusammensetzung des Blutplasmas, des flüssigen Blutanteils. Es enthält die wichtigsten Mineralstoffe in einem Verhältnis zueinander, das dem im Wasser der Ozeane nahezu gleichkommt.

Und wie in den Weltmeeren befinden sich auch in unserem Körper Natrium- und Chlor-Ionen (die zusammen normales Kochsalz bilden).

Damit aus Meerwasser Blut werden konnte, hatte die Natur freilich über Jahrmillionen ein gehöriges Maß an Entwicklungsarbeit zu leisten. Doch es bleibt eine grandiose Vorstellung: In unseren Adern fließt letztlich das Relikt einer sehr fernen Vergangenheit ●

7 Fragen zu **Herz** und **Kreislauf**

Bluthochdruck, Arteriosklerose, Krampfadern: Unser Herz-Kreislauf-System ist krankheitsanfällig – doch mit ein paar Tricks können wir es gesund halten

Illustrationen: **Claudia Meitert**

HEILSAMER SPORT
Bewegung beugt Herz-Kreislauf-Leiden vor: In einer Studie wirkte Radfahren besser gegen Aderverengung als das Einsetzen einer Gefäßstütze (Stent)

(1)

Wie können wir das Herz schützen?

Einen erheblichen Einfluss auf das Risiko von Herzkrankheiten hat die Ernährung. Die wichtigsten Faktoren für eine gesunde Kost sind: wenig tierische Proteine, wenig gesättigte Fette – also kaum Fleisch und Milchprodukte –, reichlich gesunde Fette aus Nüssen sowie Olivenöl, Leinöl, viel Gemüse und Obst. Zudem kann Alkohol das Herz massiv schädigen, auch von übermäßigem Salzkonsum raten Mediziner dringend ab.

Eine der größten Gefahren für das Herz aber ist das Rauchen. Koronare Herzkrankheit, Schlaganfälle und Aortenaneurysmen treten unter Rauchern deutlich häufiger auf als bei Nichtrauchern. Das Risiko, einen Herzinfarkt zu erleiden, ist bei ihnen mindestens verdoppelt.

Die Folgeerscheinungen des Rauchens entstehen durch die Auswirkungen der zahlreichen Inhaltsstoffe des Tabakrauchs im Körper: So werden unter anderem die Innenwände der Gefäße und die Herzmuskulatur geschädigt, außerdem die Blutfettwerte negativ beeinflusst und die Bildung von Gerinnseln begünstigt.

Daher raten Mediziner jedem Raucher dringend, damit aufzuhören.

Wer es allein nicht schafft, die Sucht zu besiegen, sollte ärztlichen Rat einholen. Neben Therapie- und Beratungsangeboten gibt es Nikotinersatzpräparate wie beispielsweise Nikotinpflaster und Medikamente, die Entzugserscheinungen zum Teil erheblich lindern können.

Die Mühe wird belohnt: Mit einem Rauchstopp sinkt praktisch sofort die Wahrscheinlichkeit, dass eine Ablagerung in den Arterien aufreißt und einen Herzinfarkt verursacht.

Nach zehn bis 15 Jahren Abstinenz ist das Risiko für Herz-Kreislauf-Erkrankungen von Ex-Rauchern dann wieder auf einem ähnlichen Niveau wie bei Menschen, die nie geraucht haben.

(2)

Wie entsteht Bluthochdruck?

Die genaue Ursache für den Bluthochdruck ist in gut 90 Prozent der Fälle von Ärzten nicht zu ermitteln (so frustrierend das für Laien auch ist) und beruht häufig auf mehreren Faktoren.

Sind etwa die Blutgefäße verhärtet, sind sie nicht mehr in der Lage, sich gut zu dehnen – und der Blutdruck ist erhöht.

Doch ebenso kann die Steuerung der Gefäßmuskulatur, die über Weite und Enge der Arterie entscheidet, gestört sein: entweder weil die Nervenfasern die falschen Impulse senden oder weil die Regulierung durch beteiligte Hormone nicht richtig arbeitet.

Dazu muss man wissen, dass der Blutdruck unter anderem auch von der Gesamtmenge an Blut bestimmt wird, die im Körper zirkuliert.

Und die hängt wiederum mit dem Wassergehalt im Körper zusammen, der ganz wesentlich von den Nieren mit ihrem Einfluss auf den Salzgehalt des Blutes reguliert wird (je höher die Natriumkonzentration, desto mehr Wasser wird in den Gefäßen zurückgehalten). Funktionieren sie nicht optimal, hat das mitunter Auswirkungen auf den Blutdruck.

All diese Größen können sich also verändern – dabei spielen auch die individuellen Gene sowie Umweltfaktoren eine Rolle – und führen doch immer zu dem gleichen Resultat: erhöhtem Blutdruck. Daher ist es für Ärzte schwer, einzelne Ursachen zu identifizieren.

(3)

Was lässt sich gegen Bluthochdruck tun?

Zwei Werte beschreiben den Druck in unseren Schlagadern: Der höhere „systolische“ Druck entsteht, wenn das Herz mit maximaler Kraft Blut in die Gefäße pumpt (siehe Seite 57). Der niedrigere „diastolische“ Druck ergibt sich, wenn das Herz erschlafft, um sich mit Blut zu füllen.

Normale Werte liegen unter 130/85 mmHg, optimale unter 120/80 mmHg. Betragen die Werte über 140/90, sprechen Ärzte von einer arteriellen Hypertonie („Überdruck“), die behandelt werden muss (nur bei Personen über 80 Jahren liegt die Grenze etwas höher).

Eine leichte Hypertonie lässt sich – bei einem sonst gesunden Menschen – häufig durch Änderung der Lebensweise bessern. Etwa indem man sich mehr bewegt, bei Übergewicht abnimmt, das Rauchen aufgibt, Stress reduziert oder sich gesünder ernährt. Vielen Menschen fällt es allerdings enorm schwer, das eigene Verhalten zu ändern – und vor allem: dies längere Zeit durchzuhalten.

Bei mittlerem und schwerem Bluthochdruck müssen dagegen auch entsprechende Medikamente eingesetzt werden. Deren Wirkstoffe regulieren unter anderem die Spannung (und damit den Durchmesser) der Blutgefäße, greifen in den Salz-Wasser-Haushalt des Körpers ein oder beeinflussen das Zusammenwirken komplexer biochemischer Regelsysteme, die den Blutdruck steuern. Allerdings verursachen die Medikamente mitunter Nebenwirkungen wie Schwindel, Allergien oder Übelkeit.

(4)

Schlagen Frauenherzen anders?

Die Statistiken zeigen ein klares Bild: In Deutschland fallen jedes Jahr etwa 8000 mehr Frauen als Männer einem Herzleiden zum Opfer.

Diese höhere Sterblichkeit der Frauen mag überraschen. Denn viele denken bei Herzkrankheiten noch immer zuerst an das klassische Bild eines Mannes, der mit einem Infarkt zusammenbricht. Und glauben, dass Frauen von solchen Erkrankungen weitgehend verschont bleiben.

Bis zu den Wechseljahren ist dies tatsächlich der Fall. Denn während der fruchtbaren Jahre produziert der weibliche Körper Östrogen.

Dieses Hormon senkt unter anderem das gesundheitsgefährdende LDL-Cholesterin, das sich in den Gefäßen ablagert.

Mit der Menopause fällt dieser Hormonschutz aber weg. Dann kann es auch in den Arterien der Frauen zu Ablagerungen kommen. Oft steigt zudem ihr Blutdruck, und die Fettwerte sind erhöht.

Im Durchschnitt entwickeln Frauen daher etwa zehn Jahre später als Männer ein kardiologisches Leiden.

Aber während sich männliche Herzprobleme von einem bestimmten Punkt an oft eindeutig äußern, bleiben die Symptome bei weiblichen Kranken sehr häufig und gefährlich lange unspezifisch – und damit unentdeckt.

Auch zeigen einige Studien, dass Frauen anders auf bestimmte Medikamente reagieren – etwa solche, die gegen Herzschwäche helfen sollen (darunter der Wirkstoff Digoxin). Daher werden inzwischen mehr Probandinnen in die Arzneimittelentwicklung miteinbezogen.

Und Mediziner arbeiten an neuen Untersuchungsmethoden, um auch Herzerkrankungen bei Frauen rechtzeitig zu entdecken.

(5)

Was verbirgt sich hinter Arteriosklerose?

Gefäßverkalkung, der umgangssprachliche Begriff für Arteriosklerose, lässt an Wasserleitungen denken, die nach und nach verstopfen. Und tatsächlich bilden sich im Verlauf der Erkrankung in vielen Arterien Ablagerungen („Plaques"), die die Adern verengen oder sogar zusetzen. Anders als bei Wasserrohren entstehen die Ablagerungen allerdings nicht an der inneren Oberfläche der Adern, sondern in der Wand – die daraufhin immer dicker wird und sich in den Blutstrom wölbt.

Anfangs merkt der Betroffene in der Regel nichts, der Prozess verläuft schleichend über Jahrzehnte. Doch manche dieser Gefäßveränderungen können schließlich zu Herzinfarkten und Schlaganfällen führen.

Wie und warum sich die Arterien verändern, ist noch nicht bis ins Letzte erforscht. Eine Theorie geht davon aus, dass die Plaquebildung damit beginnt, dass die innere Schicht der Arterienwand an bestimmten Stellen verletzt oder geschädigt wird, ausgelöst etwa durch erhöhten Blutdruck oder eine Fettstoffwechselstörung.

Dadurch kann LDL-Cholesterin, eine Fettsubstanz aus dem Blut, in die darunterliegenden Schichten geraten. Zudem dringen Immunzellen aus dem Blut in die Arterienwand ein. Sie fressen die cholesterinhaltigen Partikel und quellen auf. So entsteht eine chronische Entzündung. Diese Prozesse beginnen bei vielen Menschen schon in der Jugend.

Mit der Zeit sammeln sich immer mehr fettgefüllte Immunzellen in der Gefäßwand und bilden irgendwann größere Fettstreifen (in die sich später auch Kalk einlagert). Frühformen von Plaques können sich aber noch vollständig zurückbilden, etwa durch eine Umstellung der Ernährung oder Medikamente.

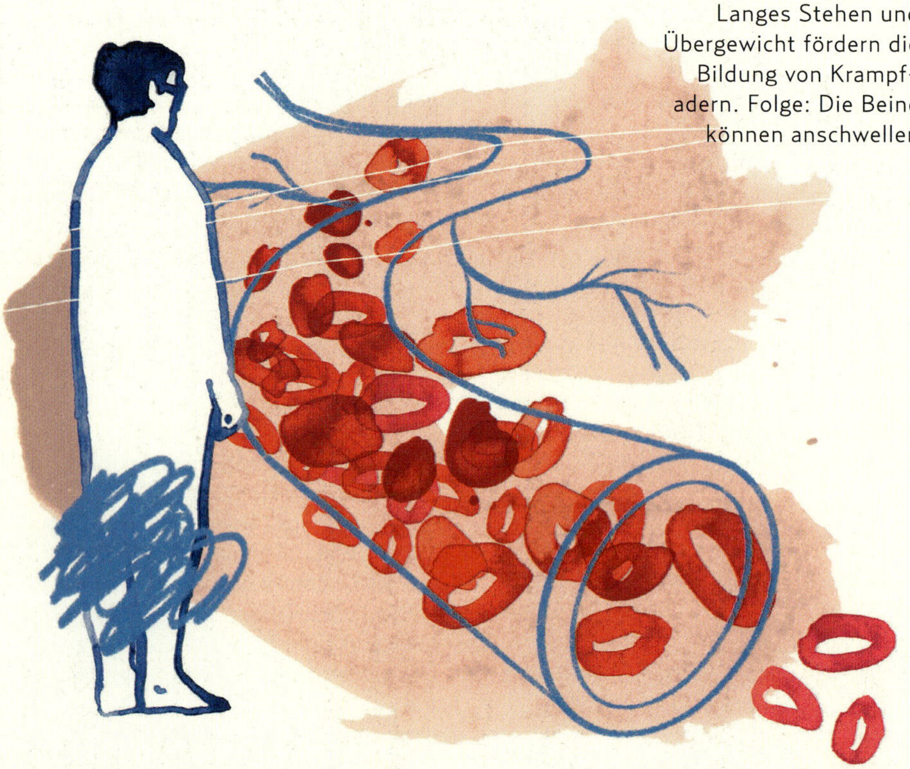

UNSCHÖNE GEFÄSSE Langes Stehen und Übergewicht fördern die Bildung von Krampfadern. Folge: Die Beine können anschwellen

(6)

Wie entstehen Krampfadern?

Krampfadern sind krankhaft veränderte oberflächliche Venen, sie treten in erster Linie an den Beinen auf, zuweilen auch im Beckenbereich. Sie entwickeln sich oft aufgrund einer ererbten Bindegewebsschwäche. Die führt dazu, dass die Gefäßwände erschlaffen, die Adern sich weiten und die Venenklappen nicht mehr richtig schließen.

Normalerweise wirken die Venenklappen wie Rückschlagventile: Sie sorgen dafür, dass das Blut in die richtige Richtung fließt, also zum Herzen. Ist nun die Funktion der Klappen gestört, versackt das Blut in den Beinvenen, statt zum Herzen abzufließen. Dieser Rückstau führt dazu, dass sich die oberflächlichen Venen (die anders als die tiefer in den Beinen liegenden Gefäße nicht von stützendem Gewebe umgeben sind) noch stärker erweitern und dauerhaft zu Krampfadern verformen, die dann in den meisten Fäl-

FOLGENSCHWER
Zu hoher Blutdruck birgt viele Gefahren: Herzschwäche, Infarkt, Schlaganfall, Augenschäden, Nierenversagen

len den charakteristischen gekrümmten Verlauf aufweisen.

Bewegungsmangel, Übergewicht und langes Stehen begünstigen das Auftreten von Krampfadern, ebenso der besondere Hormonstatus in den Monaten der Schwangerschaft.

Die Krampfadern selbst verursachen keine Beschwerden oder Schmerzen. Das nur sehr langsam fließende Blut kann jedoch die Beine anschwellen lassen, sie fühlen sich dann schwer an. Unter Umständen entstehen in den Krampfadern schmerzhafte Venenentzündungen.

Da der Austausch zwischen den vom Blutstau betroffenen Gefäßen und dem umliegenden Gewebe vermindert ist, häufen sich Stoffwechselprodukte an. Das kann zu Entzündungen des Unterhautgewebes und der Haut, zu Schuppung, Rötung und Juckreiz führen. Schreitet die Erkrankung fort, stirbt die Haut an manchen Stellen ab, ein schlecht heilendes Unterschenkelgeschwür („offenes Bein") entsteht – oft am Innenknöchel.

„Besenreiser" sind kleinste erweiterte Hautvenen, die mit ihren Verästelungen violett oder blau durch die Haut schimmern. Sie sind ein kosmetisches, nur äußerst selten ein medizinisches Problem.

(7)

Weshalb haben manche Menschen oft kalte Hände?

Etwa zehn Prozent der Bevölkerung, überwiegend Frauen, leiden unter dem Raynaud-Syndrom, auch „Weißfingerkrankheit" genannt. Es verursacht meist harmlose, aber lästige Beschwerden. Die entstehen, weil das Blutgefäßsystem im Bereich der Hände (aus bislang unbekannten Gründen) sehr empfindlich reagiert. Bei Kälte, Stress oder auch bei plötzlichem Temperaturwechsel kommt es zu einem Gefäßkrampf: Einige Arterien ziehen sich übermäßig zusammen. Dadurch verfärben sich die Finger – ausgehend von den Fingerkuppen – ganz oder teilweise, und zwar zunächst weiß.

Nach einiger Zeit können die befallenen Stellen (symmetrisch an beiden Händen, meist ohne dass der Daumen beteiligt ist) bläulich erscheinen.

Manchmal fühlen sie sich taub an oder schmerzen. In jedem fünften Fall sind auch die Zehen betroffen.

Geht der Anfall nach einigen Minuten oder Stunden zurück, röten sich die entsprechenden Stellen. Hinzu kommen oft unangenehme Empfindungen: Die Finger (oder auch Zehen) können jucken, brennen, stechen oder pochen.

Betroffene sollten Kälte meiden, da sich die Symptome sonst häufig langfristig verschlechtern.

Auch Entspannungstechniken wie etwa autogenes Training sowie spezielle muskelkräftigende, die Durchblutung verbessernde Fingerübungen können eine Linderung bringen. Rauchen hingegen verschlechtert die Durchblutung und steigert sowohl die Häufigkeit als auch die Schwere der Attacken.

Treten die Anfälle erstmals nach dem 40. Lebensjahr auf, weist das auf ein „sekundäres Raynaud-Syndrom" hin. Ursachen dafür können Bindegewebserkrankungen und rheumatische Leiden sein. Mitunter geht das Syndrom auch auf Medikamente wie Beta-Blocker, manche Antidepressiva oder dauerhafte Kältereize zurück, etwa durch die Arbeit in einem Kühlhaus oder einer Fleischerei.

Oft sind auch lang andauernde Vibrationen der Auslöser, wie sie etwa von Kettensägen, Bohrhämmern oder Pressluftschraubern auf die Hände übertragen werden.

Vor allem das sekundäre Raynaud-Syndrom mit bestehender Grunderkrankung kann ernste Schäden nach sich ziehen, etwa offene, nicht heilende Wunden an den Fingern. Neben der Behandlung des Basisleidens und den allgemeinen Maßnahmen wie Kälteschutz ist dann auch eine medikamentöse Therapie durch Gefäßspezialisten erforderlich.

Der Kern unseres Seins

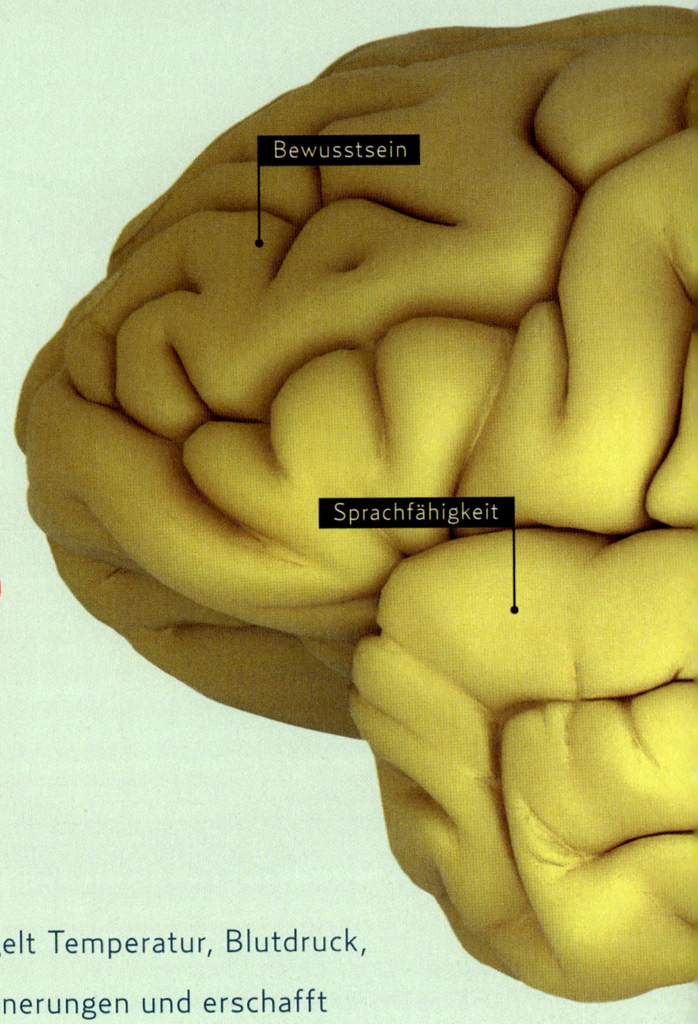

Es ist das faszinierendste aller Organe: Das Gehirn regelt Temperatur, Blutdruck, Atmung, Schlaf. Und: Es formt Gefühle, archiviert Erinnerungen und erschafft Bewusstsein. Mit Hightech-Methoden finden Forscher immer Erstaunlicheres heraus über die geradezu wunderbaren Fähigkeiten dieser verflochtenen Nervenzellen

Texte: **Rainer Harf** und **Sebastian Witte**

Von außen sieht unser Gehirn unscheinbar aus: Es ähnelt einer Walnuss und wiegt durchschnittlich 1,4 Kilo. Zu mehr als zwei Dritteln besteht es aus Wasser, den Rest machen vor allem Fett und Eiweiß aus.

Dennoch ist es ohne Zweifel das erstaunlichste, das rätselhafteste Organ in unserem Körper. Ein Organ, das uns demütig werden lässt. Denn es hält unseren Körper am Leben. Es regelt Temperatur und Blutdruck. Es steuert die Verdauung, die Atmung, den Schlaf. Und: Es kann auch mathematische Aufgaben lösen, Maschinen entwerfen, Romane ersinnen, immer neue Fakten lernen und sich jahrzehntelang an unzählige Ereignisse erinnern. Es kann sich Gedanken über sich selbst machen.

Das Rätsel dieser unglaublichen Geisteskraft liegt verborgen im unüberschaubaren Gewirr der Nervenzellen. Und so sind es heute nicht nur Anatomen, sondern auch Biochemiker, Genetiker und Molekularbiologen, die sich bemühen, jenes mysteriöse Neuronengeflecht zu ergründen, das uns Menschen zu Denkern macht: zu den einzigen Wesen auf dem Planeten, die imstande sind, über Probleme nachzusinnen, die weit über das tägliche Überleben hinausgehen. Vor allem für vier Fähigkeiten interessieren sich die Forscher:

- **Steuerung,** wie das Gehirn den Körper reguliert;
- **Bewusstsein,** wie Nervenzellen es erschaffen;
- **Gedächtnis,** wie das Hirn Erinnerungen archiviert;
- **Intelligenz,** wie unser Verstand entsteht.

Die Erforschung unseres Geistes zählt zu den größten Herausforderungen der Wissenschaft, doch gerade in den letzten Jahren ist es den Neuroforschern gelungen, immer

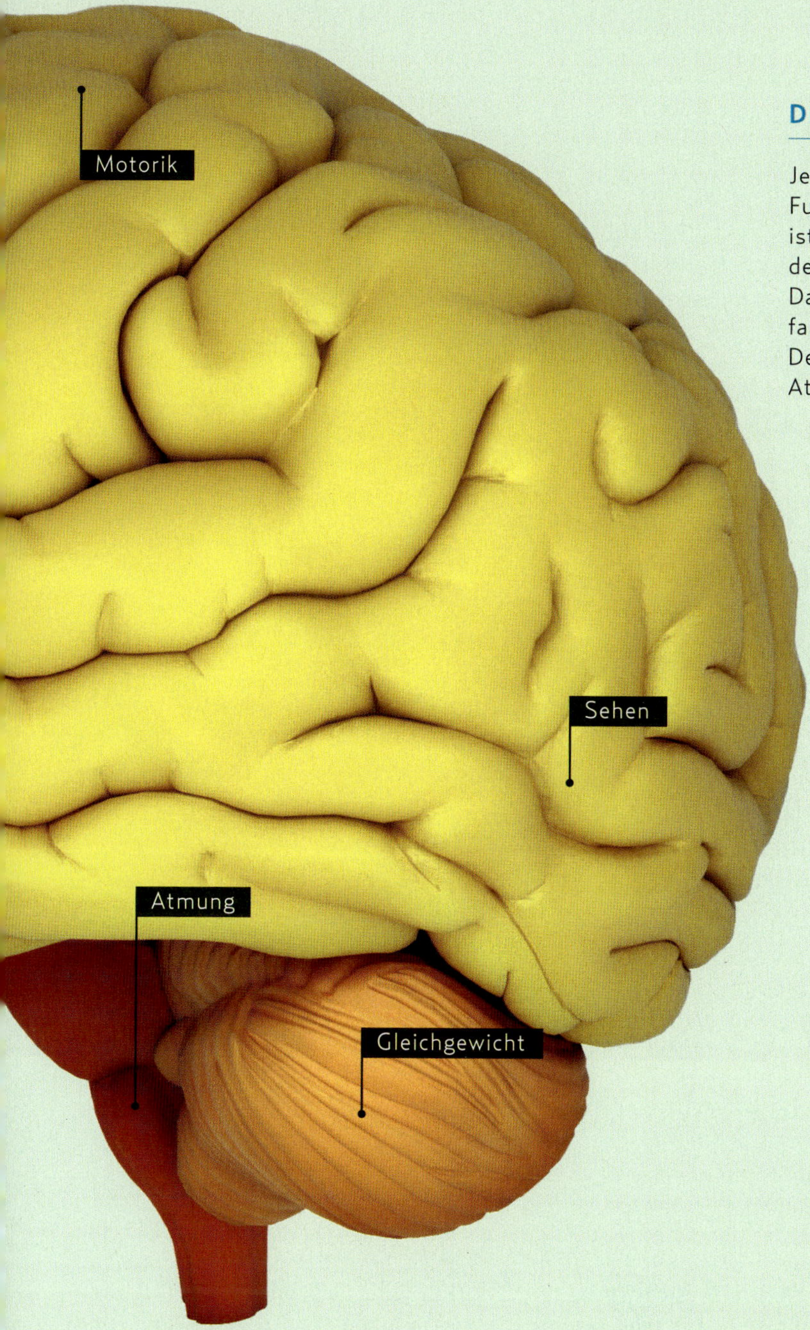

Die Anatomie des Gehirns

Jeder Bereich unseres Denkorgans hat spezielle Funktionen: Die gewundene Großhirnrinde (gelb) ist unter anderem Sitz des logischen Denkens, der Sprachfähigkeit und bewusster Bewegungen. Das hinten am Kopf sitzende Kleinhirn (orangefarben) steuert unter anderem das Gleichgewicht. Der Hirnstamm (rot) reguliert Funktionen wie Atmung, Herzschlag, Schlaf und die Verdauung

tiefer in die Windungen des Gehirns vorzudringen – und den Neuronen gleichsam beim Denken zuzuschauen.

I. Steuerung

Wie das Gehirn aufgebaut ist – und wie es Nervenzellen gelingt, Atmung, Herzschlag und Bewegungen zu koordinieren

Die Anatomie des Gehirns ist Medizinern schon länger bekannt. Und mittlerweile wissen sie von vielen Arealen auch, welche Funktionen sie erfüllen.

An seinem unteren Ende ist das Gehirn mit dem Rückenmark verbunden. Über Nervenstränge, die im Kanal der Wirbelsäule verlaufen, empfängt es Informationen aus dem gesamten Körper: Millionen Reize, die von den Muskeln, der Haut, dem Herzen und den Eingeweiden versendet werden, Sekunde für Sekunde.

Nahe diesen Nervensträngen liegen jene Teile des Hirns, die vor allem unbewusste Vorgänge steuern: der Hirnstamm etwa, der Prozesse wie Atmung und Herzschlag regelt; das Kleinhirn, das Bewegungen koordiniert und dafür sorgt, dass wir unser Gleichgewicht halten; und das Zwischenhirn, das unter anderem den Hormonhaushalt kontrolliert, Hunger und Durst auslöst und den Sexualtrieb bestimmt.

Über all diese Bereiche wölbt sich das Großhirn: Hier spielen sich unsere Gedanken ab. Und zwar vor allem in jener äußersten, von zahlreichen Falten durchzogenen Schicht, die dem Hirn seine eigentümliche Gestalt verleiht.

Die rund drei Millimeter dicke Großhirnrinde, der Kortex (von lat. *cortex*, Hülle), besteht aus „grauer Substanz" – von den Wissenschaftlern so genannt, weil sich die eigentlich rötliche Masse nach dem Tod grau färbt. Der Kortex ist unter anderem aus den Körpern mikroskopisch kleiner Zellen aufgebaut, der Neurone.

Diese Neurone kommunizieren fortwährend miteinander, indem sie elektrische und biochemische Signale austauschen. Und sie arbeiten in komplexen Verbänden, hochdynamischen Koalitionen, die sich bilden und wieder auflösen können.

Eine simple Zuordnung bestimmter Hirnleistungen zu einzelnen Regionen, die als Kommandozentren fungieren würden, halten die meisten Neurobiologen zwar für unwissenschaftlich. Gleichwohl gibt es Netze von Nervenzellen, die stets bei den gleichen Hirnfunktionen aktiv werden – und die lassen sich recht genau ausmachen.

Zum Beispiel bei der Bewegung. Das motorische System des Gehirns zählt zu seinen raffiniertesten Funktions-

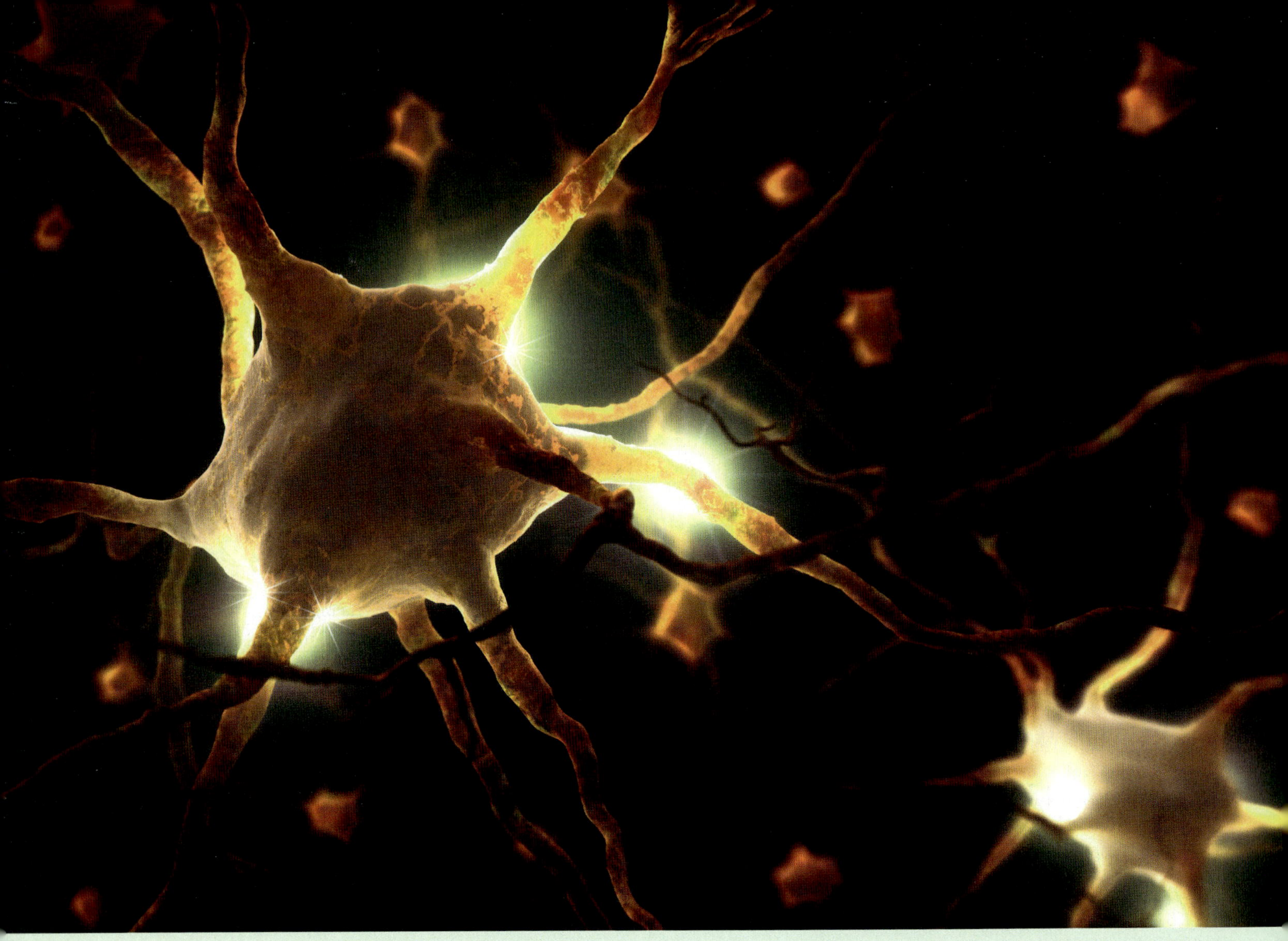

Signale, die Gedanken hervorrufen

Unentwegt kommunizieren die Nervenzellen in unserem Gehirn, indem sie elektrische Signale (hier als Lichter dargestellt) aussenden. Mitunter synchronisieren die Zellen ihre Aktivität, funken gewissermaßen im Gleichtakt. Auf diese Weise, so eine Vermutung, entstehen bewusste Gedanken

bereichen. Als wichtige Schaltstelle der Bewegungssteuerung fungiert dabei der motorische Kortex, ein Areal im Stirnlappen der Großhirnrinde. In diesem Feld finden sich spezifische Nervenzell-Ensembles, die für verschiedene Körperbereiche zuständig sind.

Wird bei Experimenten beispielsweise das für die Hand, die Lippen oder das Bein zuständige motorische Areal elektrisch gereizt, führt das unweigerlich zu entsprechenden Muskelbewegungen an Hand, Lippen oder Bein.

Denn aus dem motorischen Kortex ziehen die langen Fortsätze der Nervenzellen hinab in den Hirnstamm, wechseln hier die Seite – weshalb die rechte Hemisphäre die linke Körperhälfte steuert – und setzen ihren Weg fort bis ins Rückenmark. Von dort werden die Bewegungsbefehle durch die Nerven direkt zu den Muskeln geschickt.

Von dem Moment an, in dem ein bestimmtes Bewegungsprogramm im motorischen Kortex entworfen wird, bis zum eigentlichen Bewegungsbeginn vergehen etwa 100 bis 200 Millisekunden. Gerade für die Feinmotorik der Finger ist dieses enge Zusammenspiel von Hirnrinde und Handmuskeln unerlässlich. Allein könnte der motorische Kortex die Bewegungssteuerung jedoch niemals bewältigen. Deshalb steht er mit tiefer liegenden Hirnstrukturen in Kontakt: den Basalganglien und dem Kleinhirn.

Die Basalganglien – geballte Ansammlungen von Nervenzellkörpern im Großhirn – sorgen dafür, dass Bewegungen koordiniert in Gang gesetzt werden. Das Kleinhirn wiederum enthält von der Großhirnrinde stets eine Kopie des gerade gestarteten Bewegungsprogramms. Ebenso laufen in ihm Rückmeldungen aus den Muskeln, dem Gleichgewichtsorgan sowie aus Ohren und Augen ein.

Durch den Abgleich der Signalströme kann das Kleinhirn schnell entdecken, wenn eine Bewegung nicht wie geplant verläuft. Abweichungsfehler meldet es an die Großhirnrinde zurück und sorgt für sofortige Korrekturen. Fällt das Kleinhirn aus, zum Beispiel durch eine Hirnblutung, ist es dem Patienten oft nicht einmal mehr möglich, flüssig und sicher nach dem Autoschlüssel auf dem Tisch zu greifen – von Klavierspielen ganz zu schweigen.

Schon für unbewusste Prozesse wie reflexhafte Bewegungssteuerung zeigt sich, wie komplex die Zusammenarbeit verschiedener Regionen ist, wie viel Verarbeitung in ganz unterschiedlichen Bereichen nötig ist.

Umso mehr gilt dies für bewusste Vorgänge, für Gedanken und Gefühle.

II. Bewusstsein

Wie das Gehirn unseren wachen Geist formt – und was die Schaltzentrale in unserem Kopf von einem Computer unterscheidet

Zu den faszinierendsten Leistungen unseres Denkorgans gehört seine Fähigkeit, einen fühlenden Geist hervorzubringen: ein empfindsames Selbst, das hört, sieht und riecht und schmeckt, das mithin die Welt nicht bloß nüchtern wahrnimmt, sondern stets auch einen Eindruck vermittelt – und dadurch seine eigene, ganz subjektive Welt erschafft.

Lange haben Forscher nach einer anatomisch klar umrissenen Hirnstruktur (vergleichbar etwa mit dem motorischen Kortex) gesucht, in der das Bewusstsein entsteht. Heute weiß man: Diesen einen Ort gibt es nicht. Das bewusste Erleben verteilt sich vielmehr auf verschiedene Regionen der Großhirnrinde.

Im Kortex befinden sich vermutlich 15 Milliarden Nervenzellen, das ist knapp ein Fünftel aller Neurone unseres Gehirns. Die Zellen stehen auf unvorstellbar komplexe Weise miteinander in Verbindung: Ein einzelnes Neuron bildet Kontaktstellen mit bis zu 20 000 Nervenzellen, denen es Botschaften übermittelt. Es selbst wiederum vermag von ebenso vielen anderen Neuronen Signale zu empfangen.

Schätzungen zufolge formen die Nervenzellen im Kortex knapp eine halbe Billiarde Verknüpfungspunkte zueinander. Das Netz ist dadurch so dicht geknüpft, dass jedes beliebige Neuron nicht mehr als vier Kontaktstellen von einer anderen Nervenzelle entfernt ist. Nirgendwo auf der Welt gibt es einen Computer, der auch nur annähernd über einen ähnlich komplex verschalteten Prozessor verfügt.

Anhand von zahlreichen Versuchen haben Hirnforscher entdeckt: Bei jeder bewussten Wahrnehmung schließen sich offenbar große Verbände von Nervenzellen in der Großhirnrinde zusammen und senden in exakt dem gleichen Rhythmus elektrische Signale aus – in einem Takt von 30 bis 90 Impulsen in der Sekunde.

Mitunter synchronisieren mehrere Millionen Neurone so ihre Aktivität. Die Bedeutung des neuronalen Gleichtakts wird klar, wenn man die Zellen im Gehirn mit den Musikern eines Orchesters vergleicht. Spielt jeder Musiker auf seinem Instrument bloß vor sich hin, ohne auf den anderen zu achten, herrscht ein Durcheinander an Klängen.

> Die Nervenzellen in der **Großhirnrinde** bilden knapp eine **halbe Billiarde Verknüpfungspunkte** zueinander

Sobald jedoch Streicher, Bläser und Paukenspieler ihre unterschiedlichen Aktivitäten synchronisieren, fügen sich die zahllosen Laute zu einem gänzlich neuen Hörerlebnis: Musik ertönt.

Nicht wenige Neurowissenschaftler gehen davon aus, dass im Grunde alle Bewusstseinszustände letztlich das Resultat rhythmisch pulsierender Zellkoalitionen sind. Derartige Ensembles formen sich in einem ganz bestimmten Bereich der Großhirnrinde, dem assoziativen Kortex.

Die Musik der Neurone entsteht dort wiederum in ganz unterschiedlichen Partien – je nachdem, welche Eindrücke uns gerade bewusst werden: ob sich unsere Aufmerksamkeit auf ein Geräusch oder ein Bild richtet, ob wir eine Rechenaufgabe lösen oder eine komplizierte Entscheidung treffen müssen.

Das bedeutet: Sobald Nervenzellen in bestimmten Bereichen des assoziativen Kortex erregt werden und sich zu Koalitionen zusammenschließen, rufen sie unweigerlich Eindrücke hervor – den Duft einer Zitrone, einen Dreiklang in a-Moll, einen Hell-Dunkel-Kontrast.

Mehr noch: Durch das dicht geknüpfte Netz der Neurone kann sich die Aktivität der kurzzeitigen Zellkoalitionen auch in weit entfernte Hirnbereiche ausbreiten. So können Nervenzellverbände, die bestimmte Farben oder Formen, Klänge oder Gerüche wachrufen, mit Neuronen-Verbänden in Regionen kommunizieren, die das Gedächtnis formen oder Emotionen bilden.

Auf diese Weise kommt es dazu, dass jede bewusste Erfahrung „integriert" ist, wie Forscher sagen, als Einheit erscheint.

Steigt uns beispielsweise der Duft frisch gebackener Brötchen in die Nase, erinnern wir uns womöglich unweigerlich an eine Szene aus der großväterlichen Backstube.

Was und wie wir wahrnehmen, hängt daher immer auch von der Situation ab – davon, welche Assoziationen bestimmte Reize aus der Umwelt wecken. Und welche Erinnerungen unser momentanes Erleben färben.

III. Gedächtnis

Wie das Gehirn Erlebnisse archiviert – und weshalb Erinnerungen die Nervenzellen empfindsamer machen

Das Gedächtnis ist entscheidend für unsere Individualität. Schließlich bewahrt es die unterschiedlichsten Erlebnisse und Erfahrungen unseres Lebens – sei es den Duft von Großmutters Schokoladenkeksen, die ersten Worte der eigenen Kinder oder auch nur den Ort, an dem wir vorgestern das Auto geparkt haben. Es ist die persönlichste von mehreren Arten des Erinnerungsvermögens, die unser Gehirn beherrscht.

Forscher unterscheiden im Prinzip zwei Arten der Informationsspeicherung:

• Im Kurzzeitgedächtnis bewahren wir eine kleine Zahl von Inhalten für eine kurze Spanne auf, in der Regel für einige Sekunden. Eine Kurzzeiterinnerung entsteht, wenn sich vorübergehend ein Verknüpfungsmuster zwischen Nervenzellen formt. Dies geschieht, indem an den Kontaktstellen zwischen den Zellen, den Synapsen, mehr biochemische Botenstoffe ausgeschüttet werden. Die nachgeschalteten Zellen werden gleichzeitig empfindlicher – der Informationsfluss wird erleichtert. Dieser Pfad kann für Minuten bis Stunden erhalten bleiben, ehe er wieder verblasst.

Die aktuell im Kurzzeitgedächtnis vorgehaltenen Inhalte lassen sich nutzen, um eine bestimmte Aufgabe auszuführen – etwa eine unmittelbar zuvor gelesene Telefonnummer zu wählen. Sie werden fortlaufend durch neu eintreffende Informationen überschrieben und (sofern sie bis dahin nicht in längerfristig arbeitende Gedächtnisbereiche übertragen wurden) damit endgültig gelöscht.

• Im Langzeitgedächtnis können Inhalte viele Tage, Monate, Jahre oder sogar ein Leben lang aufbewahrt bleiben, zum Beispiel Bewegungsabläufe, Gewohnheiten, Assoziationsmuster und andere Informationen, die sich in der Regel nicht bewusst machen oder sprachlich ausdrücken lassen.

Diesem impliziten (oder nichtdeklarativen) Gedächtnis steht das explizite (deklarative) Gedächtnis gegenüber: Es speichert Daten und Fakten, aber auch Episoden, also Abfolgen von Ereignissen in einem bestimmten räumlichen und zeitlichen Kontext, die wir beispielsweise aus Büchern oder Filmen kennen – sowie jene von uns selbst erlebten Geschichten und Momente, die das autobiografische Gedächtnis ausmachen.

Damit Erinnerungen ins Langzeitgedächtnis überschrieben werden, muss es auf zellulärer Ebene zu dauerhaften Veränderungen der Strukturen und Übertragungseigenschaften an den Synapsen kommen. Dabei können völlig neue Synapsen auswachsen.

An dieser Gedächtnisbildung sind verschiedene Hirnregionen beteiligt. So sorgt beispielsweise der Hippocampus (eine Struktur im Inneren des Hirns) vermutlich dafür, dass komplexe Erinnerungen in Teile zerlegt und an verschiedenen Orten gespeichert – sowie beim Erinnern wieder zusammengefügt werden.

Für die emotionalen Komponenten der Erinnerungen ist unter anderem ein kirschkerngroßer Bereich im Gehirn, die Amygdala, daran beteiligt. Gerade bei autobiografischen Erinnerungen sind Gefühle ein zentraler Bestandteil. Denken wir beispielsweise an einen Geburtstag zurück, steigt die Freude über ein damals unerwartetes Geschenk wieder in uns auf.

Oft ist diese Regung zwar nur ein ferner Nachhall dessen, was wir in der realen Situation tatsächlich empfunden haben – doch manche Erinnerungen, vor allem an peinliche oder schmerzhafte Situationen, können sehr intensive Emotionen wachrufen.

Das Kleinhirn wiederum ist vor allem an der Speicherung von erlernten Bewegungsabläufen beteiligt.

Doch ganz gleich, welche neuen Erlebnisse abgespeichert werden. Das vielfältige Archivieren hat eines gemein: Das Verknüpfungsmuster der Neurone ändert sich ständig.

Und damit verändert sich mit jeder neuen Erinnerung auch unser Gehirn.

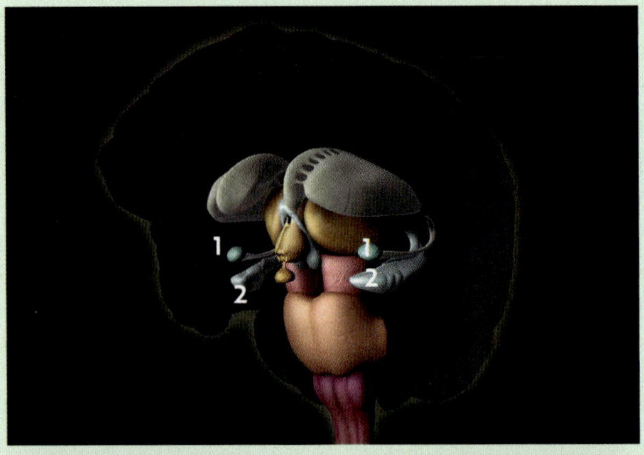

Gehaltvolle Hirnstrukturen

Verborgen im Inneren des Hirns (ganz oben) liegen Strukturen wie Amygdala (1) und Hippocampus (2), die für Gefühle, Erinnerungen und Bewertung von Erlebnissen zuständig sind. Unzählige Nervenzellfortsätze (darunter) verbinden die Hirnbereiche miteinander. Sie stellen raschen Datenaustausch sicher und haben offenbar entscheidenden Einfluss darauf, wie schnell ein Mensch denken kann

IV. Intelligenz

Wo sich unsere Geisteskraft verbirgt und weshalb eine fettreiche Substanz für schnelle Gedanken sorgt

Lange Zeit haben Wissenschaftler vor allem eine Hirnregion für den Verstand des Menschen verantwortlich gemacht: den präfrontalen Kortex, einen Bereich der Hirnrinde unmittelbar hinter unserer Stirn. Dort vermuteten sie den Sitz der meisten höheren Denkfunktionen – sozusagen das Intelligenzzentrum, die Chefetage der menschlichen Gedankenwelt.

Doch neue Studien zeichnen ein differenzierteres Bild. So gehen Forscher nun davon aus, dass insgesamt 14 Hirnareale zu unserer Geisteskraft beitragen, darunter die beiden Schläfenlappen sowie der Hinterhauptslappen – Regionen, die auch für die Verarbeitung etwa von Sinnesreizen oder das Sprachvermögen zuständig sind.

Zudem fanden die Wissenschaftler heraus, dass bei komplexen Denkprozessen nicht nur Bereiche der Großhirnrinde (der äußeren Schicht des Denkorgans) eine Rolle spielen, sondern auch Neuronenverbände im Kleinhirn sowie der Hippocampus.

Ein fest umrissenes Intelligenzzentrum gibt es also offenbar ebenso wenig wie eine Struktur, die Bewusstsein erschafft. Unser Scharfsinn ergibt sich vielmehr aus dem komplexen Zusammenspiel mehrerer Zentren.

> Bei Menschen mit **hoher Intelligenz** legt ein Signal im Gehirn **eine kürzere Strecke zurück** als bei jenen mit geringerem Verstand

Die Leistungsfähigkeit dieses Netzwerks ist von Mensch zu Mensch unterschiedlich: Deshalb denkt der eine etwas schneller, der andere etwas langsamer. Die Geschwindigkeit wiederum hängt offenbar davon ab, wie effizient die Areale miteinander kommunizieren. In einer Studie zeigte sich: Bei Probanden mit hohem IQ legte ein elektrisches Signal im Schnitt eine kürzere Strecke zurück, um von einem Areal zum anderen zu gelangen, als bei Testpersonen mit niedrigerem IQ.

Die Hirnregionen langsam denkender Menschen tauschen demnach neuronale Botschaften wahrscheinlich auf weniger direkten Routen aus. Bei besonders scharfsinnigen Menschen dagegen bahnen sich die Nervenimpulse ihren Weg schneller durchs Gehirn, passieren mithin wohl weniger Zwischenstationen – ähnlich wie ein Flugzeug beim Direktflug sein Ziel eher erreicht als über einen Zwischenstopp.

Eine mehr oder weniger effiziente Vernetzung entscheidet, so die Wissenschaftler, maßgeblich über unsere intellektuellen Fähigkeiten. Und damit ließen sich womöglich bis zu 30 Prozent der IQ-Unterschiede in der Bevölkerung erklären.

Die kommunizierenden Hirnzentren sind meist durch Stränge einer hellen Masse miteinander verbunden: der „weißen Substanz". Dieses Gewebe besteht vor allem aus Abermillionen von Nervenzellfortsätzen (Axone), die Signale von einer Zelle zur nächsten übertragen.

Für ihre weiße Farbe sorgt ein Stoff, der die Axone umhüllt: das Myelin. Es ist eine fettreiche Substanz, die sich in mehreren Schichten um die Nervenfasern wickelt – etwa wie Isolierband um ein Kupferkabel.

Das weiße Gewebe unterscheidet sich bei Menschen, die besonders intelligent sind. So sind die Hirnhälften von Menschen mit hohem Verstand oft über einen besonders kräftigen Balken (der hauptsächlich aus weißer Substanz besteht) miteinander verbunden: Linke und rechte Hemisphäre können dadurch vermutlich schneller und effizienter Informationen austauschen.

In einer anderen Studie über Zwillingspaare stellte sich zudem heraus, dass die weiße Substanz in vielen Hirnregionen jener Versuchsteilnehmer, die einen hohen IQ hatten, deutlich stärker ausgeprägt war – unter anderem in Strängen, die mit dem präfrontalen Kortex verbunden sind.

Doch die Forschungen zeigen auch: Geisteskraft kann auf ganz unterschiedliche Weise zustande kommen. Es gibt nicht die eine ideale Verdrahtung von Neuronen, die hohe Intelligenz hervorruft.

Bei einem Menschen ist möglicherweise die weiße Substanz stärker ausgeprägt, während ein anderer über besonders leistungsfähige Hirnzentren in der grauen Substanz verfügt. Beider IQ kann dennoch gleich hoch sein.

Es ist zutiefst faszinierend, wie das Gehirn – dieses Wunderwerk der Evolution – Sekunde für Sekunde unseren Körper steuert, wie die Neurone Bewusstsein erschaffen, wie in den Windungen des Nervengeflechts Abertausende Erinnerungen, Bilder, Gerüche, Geräusche gespeichert sind. Und wie uns das Gehirn zu den scharfsinnigsten Geschöpfen auf diesem Planeten macht. Nirgendwo im Universum, so vermuten Forscher, gibt es eine komplexere Struktur als jene 1,4 Kilogramm schwere Masse in unserem Kopf.

Wie wundersam und teils noch immer unerklärlich das Gehirn ist, zeigt sich nicht zuletzt darin, dass es zuweilen trotz massiver Schäden bestens funktioniert. So durchleuchtete der britische Neurologe John Lorber vor einigen Jahren das Gehirn eines jungen Mannes, der wegen seines leicht überdimensionierten Kopfes an ihn verwiesen worden war.

Die Bilder offenbarten: Der Untersuchte litt unter einem ausgeprägten Wasserkopf: Wo gesunde Menschen eine rund viereinhalb Zentimeter messende Hirnschicht besitzen, war ihm nur etwa ein Millimeter geblieben. Der junge Mann habe „praktisch kein Gehirn" gehabt, berichtete Lorber. Doch während manche Patienten mit dieser Krankheit schwer behindert sind oder an den Folgen sterben, war dieser offenbar nicht beeinträchtigt: Niemand hatte die Störung bemerkt. Sozial verhielt er sich völlig normal, mit einem IQ von 126 war er sogar überdurchschnittlich intelligent.

Und sein Mathematikstudium hatte er mit Auszeichnung abgeschlossen •

AUF EINEN BLICK

Aufbau

Das Gehirn besteht vor allem aus Wasser, Fett und Eiweißen und beherbergt 80 Milliarden Nervenzellen, die Neurone.

Austausch

Jedes Neuron bildet Kontaktstellen (Synapsen) mit bis zu 20 000 anderen Neuronen, denen es Signale übermittelt.

Rinde

Höhere geistige Funktionen wie Intelligenz und Bewusstsein sind in den Windungen der Großhirnrinde verankert.

Innenleben

Im Inneren des Denkorgans befinden sich Strukturen wie der Hippocampus, der eine wichtige Rolle beim Erinnern spielt.

Die Welt

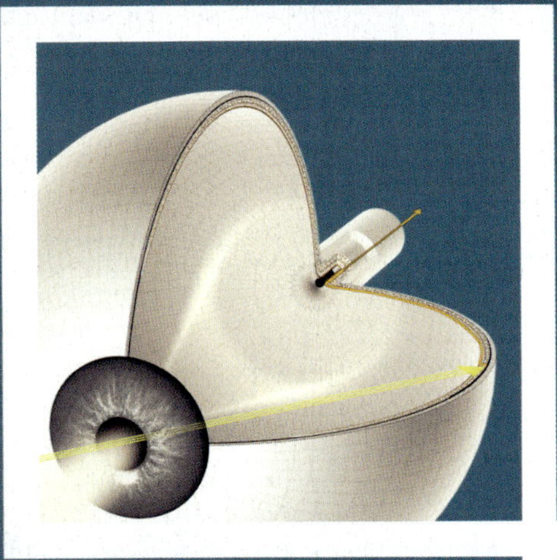

SEHEN
Kein anderes Sinnesorgan liefert so reichhaltige Informationen wie das Auge

HÖREN
Ob als Geräusch oder Melodie: Schallwellen übertragen vielfältige Reize

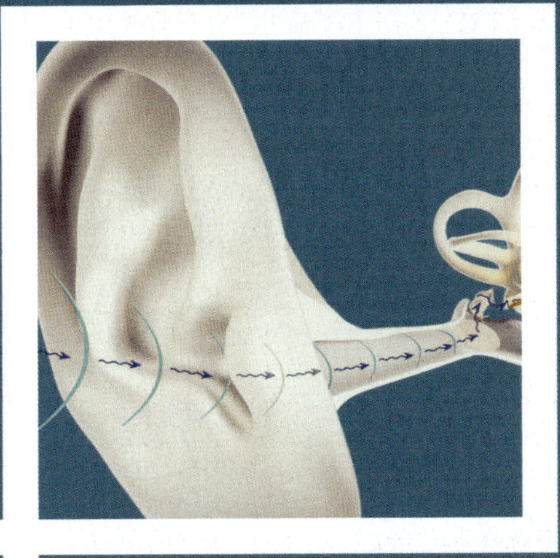

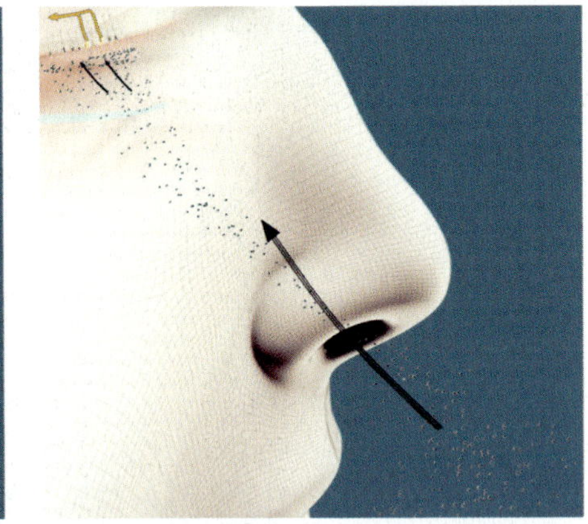

RIECHEN
Der Geruch ist unser intimster Sinn – und stets mit Emotionen verknüpft

FÜHLEN
Vor allem die Hände sind unser Sinneswerkzeug für die Naherkundung

SCHMECKEN
Keine sensorische Erfahrung bedarf derart vielschichtiger Reize wie der Geschmack

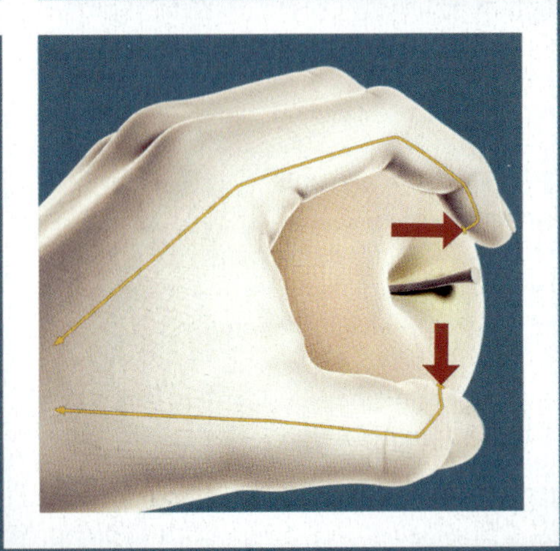

der Sinne

Texte: **Rainer Harf** und **Sebastian Witte**

Illustrationen: **Tim Wehrmann**

Alles, was wir über unsere Umgebung wissen, verdanken wir unseren Sinnesorganen. Erst dadurch, dass Augen und Ohren, Nase, Mund und Haut beständig Informationen aufnehmen und sie als elektrische Signale an unser Gehirn weiterleiten, haben wir eine Vorstellung davon, was da draußen geschieht: ob es hell oder dunkel ist, laut oder still, heiß oder kalt.

Das dafür **wichtigste Organ allerdings ist unser Gehirn.** Denn erst dort werden Reize in Eindrücke verwandelt.

Diese Wahrnehmung ist jedoch nie eine nüchterne Abbildung der Wirklichkeit, nie die **präzise Wiedergabe der Realität** – sondern vielmehr ein Vorgang, der im Unbewussten beginnt und im Bewusstsein mündet. Wer wahrnimmt, der baut in seinem Kopf ein höchst subjektiv gefärbtes Bild der Welt auf. Das bedeutet: Alles Betrachten ist in Wahrheit das Bilden einer scheinbaren Wirklichkeit.

Doch verraten uns die Sinne nicht nur etwas über die Außenwelt, **sondern auch über uns selbst.** Denn ohne sie würden wir unseren Körper nicht spüren, wüssten nicht, wo im Raum wir uns befinden, wie wir aussehen – ja wir könnten nicht einmal feststellen, dass wir überhaupt existieren.

Erst die *Empfindungen unserer Haut* versetzen uns in die Lage, unsere Hände als *hochpräzise Greifinstrumente* einzusetzen

DIE HAUT

Tausende Tastsinneszellen liegen in unseren Fingerkuppen auf einem Quadratzentimeter Haut. Sobald wir einen Gegenstand ergreifen, registrieren diese winzigen Sensoren Druckreize und erzeugen Nervenimpulse (orangefarben), die mit bis zu 100 Metern pro Sekunde durch den Körper in Richtung Gehirn rasen

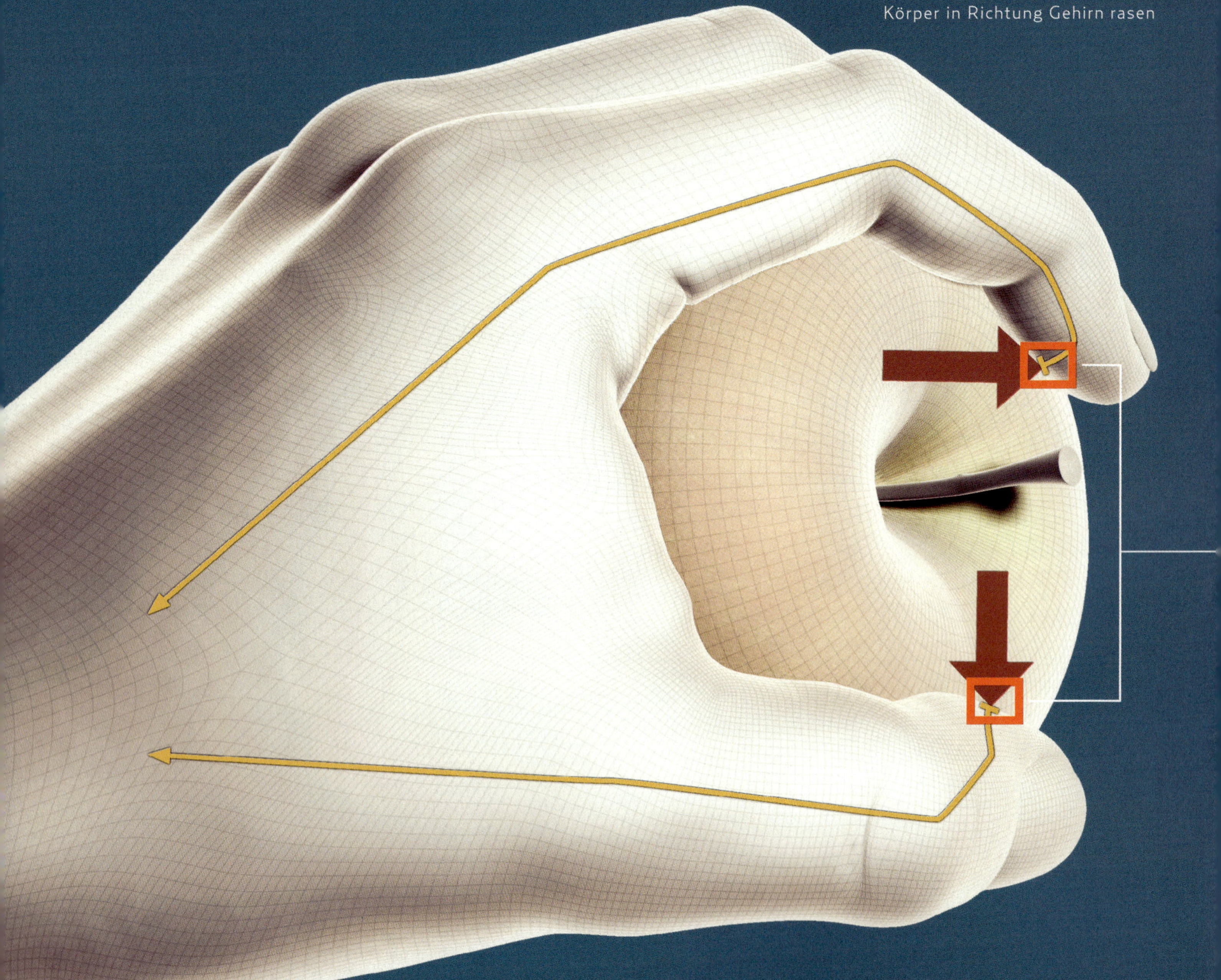

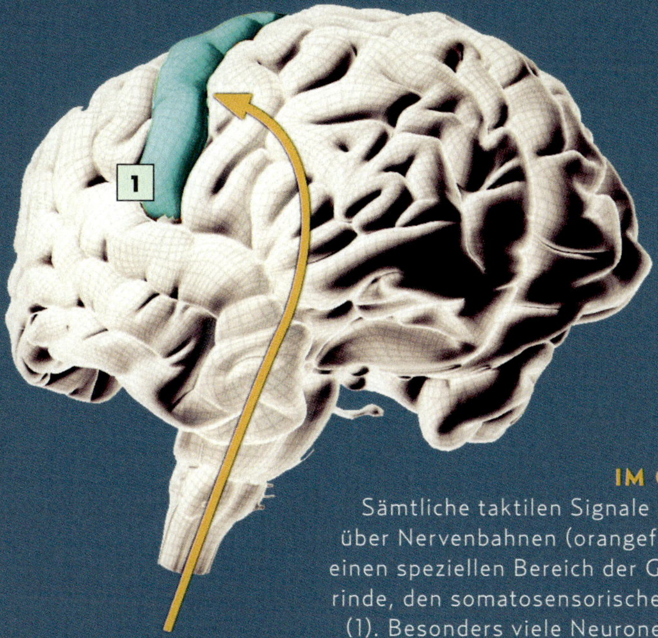

IM GEHIRN
Sämtliche taktilen Signale gelangen über Nervenbahnen (orangefarben) in einen speziellen Bereich der Großhirnrinde, den somatosensorischen Kortex (1). Besonders viele Neurone widmen sich jenen Signalen, die aus den Messfühlern in den Fingern stammen

FÜHLEN

Zahllose Sensoren in der Haut lassen uns unsere Umwelt erfühlen

Die Haut ist das größte und schwerste unserer Sinnesorgane; fast zwei Quadratmeter Fläche misst die Körperhülle bei einem erwachsenen Menschen. Sie bildet die Grenze zwischen unserem Körper und der Außenwelt und birgt zudem zahllose hochempfindliche Messfühler, die ganz unterschiedliche Empfindungen vermitteln, etwa Druck, Kitzel, Vibration, Temperatur und Schmerz.

Gemeinsam mit Rezeptoren in Muskeln, Sehnen und Gelenken informieren sie unser Gehirn beständig darüber, wie die einzelnen Körperteile zueinander angeordnet sind, ob etwa ein Bein gestreckt, ein Arm angewinkelt ist. Längst nicht alles, was die Sensoren erspüren, nehmen wir jedoch bewusst wahr. Denn zunächst gelangen die Reize über Nervenbahnen in Regionen unseres Denkorgans, die unbewusst arbeiten.

Auf überaus komplexe Weise beurteilen diese Hirnareale die Bedeutung sämtlicher Informationen, gewichten in Sekundenbruchteilen die Flut von Signalen. Was bedeutungsvoll erscheint (zum Beispiel ein schmerzhafter Stich), wird sofort in Bereiche des Gehirns geschickt, die bewusste Empfindungen hervorrufen. Unwichtige Informationen dagegen blendet das Hirn gewissermaßen aus.

Und bereits in der Haut wird vorsortiert, welche Informationen die Nervenzellen ans Gehirn senden. So geben einige Sensoren bereits nach kurzer Zeit keine Signale mehr weiter, auch wenn eine Berührung länger anhält. Erst wenn sich der Reiz ändert, wenn die Stärke der Berührung variiert, informieren sie das Gehirn. Das heißt: Wir spüren zum Beispiel nicht permanent bewusst den leichten Druck des Hemdes auf unserem Rücken, wohl aber eine Hand, die uns plötzlich von hinten anstubst. Und doch: Im Gegensatz zu den anderen Sinnen vermögen wir das Fühlen nie ganz auszuschalten. Wir können die Augen zusammenkneifen, uns die Nase zuhalten, die Ohren verstopfen, den Mund schließen – spüren aber müssen wir immer.

Der Berührungssinn hat eine weitere Sonderrolle. Er ist der erste Sinn, der sich in einem Embryo entwickelt. Und höchstwahrscheinlich der letzte, der vergeht, bevor ein Mensch stirbt. Anders als die anderen Sinne versagt er so gut wie nie völlig. Und: Er ist der einzige Sinn, der beständig stimuliert werden muss, damit wir gesund bleiben. Und zwar ein Leben lang.

SENSIBLE SENSOREN
Mehrere Typen von Sinneszellen in der Haut registrieren, wie genau sie sich unter Druck (dicker Pfeil) verformt. Die sogenannten Meissner-Körperchen (1) erfassen kurzzeitige Berührungen. Merkel-Zellen (2) spüren länger anhaltenden Druck. Ruffini-Körperchen (3) melden Dehnungen der Haut. Pacini-Körperchen (4) messen Eindellungen größerer Hautareale und Vibrationen. Dicht daneben liegen zahllose weitere Sensoren (5), die Schmerz, Kälte und Wärme detektieren

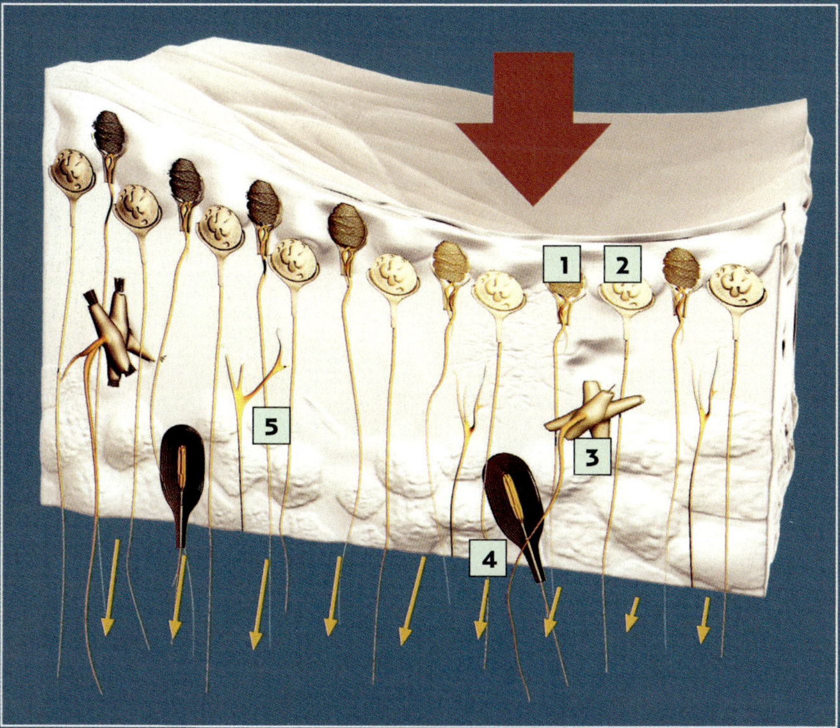

VON LICHT GEREIZT
Durch eine Öffnung, die Pupille (1), fallen Lichtstrahlen (gelb) ins Innere des Auges, werden durch die dicht dahinterliegende transparente Linse gebündelt und auf die Netzhaut (2) projiziert. Darin eingebettete Sinneszellen detektieren die Strahlung und schicken Nervenimpulse (orangefarben) über den Sehnerv (3) ans Gehirn

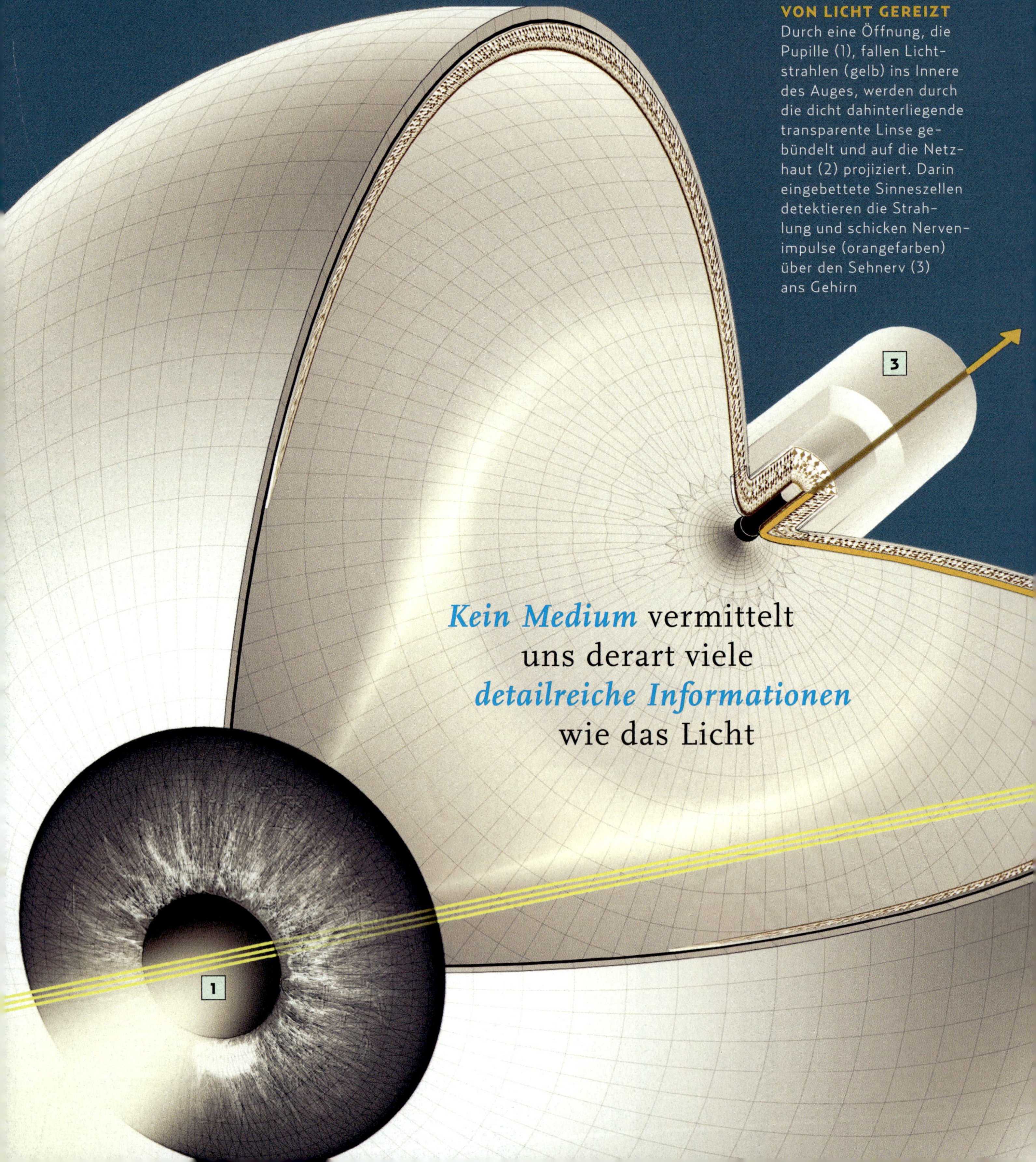

Kein Medium vermittelt uns derart viele *detailreiche Informationen* wie das Licht

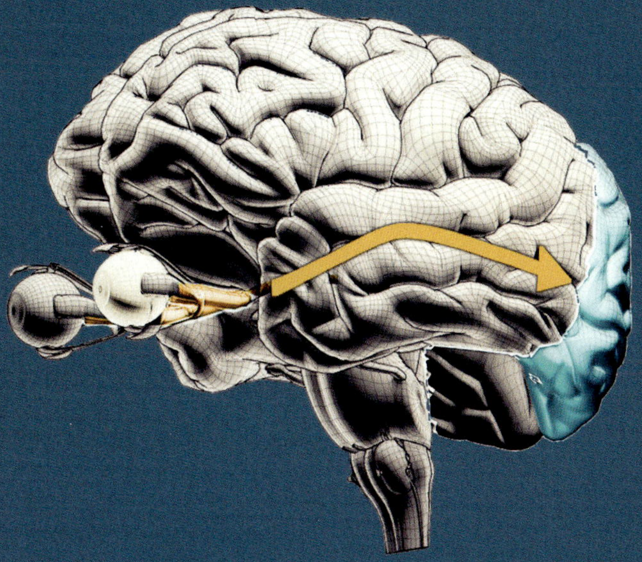

NEURONALE VERARBEITUNG
Visuelle Botschaften aus den Augen werden in der Sehrinde (blau) verarbeitet, einem im Hinterkopf liegenden Gehirnbereich. Dort analysieren verschiedene Verbände von Nervenzellen Farben, Formen, Kanten, Bewegungen und die räumliche Anordnung von Objekten. Aus allen Informationen fügt das Gehirn schließlich ein einheitliches Bild zusammen

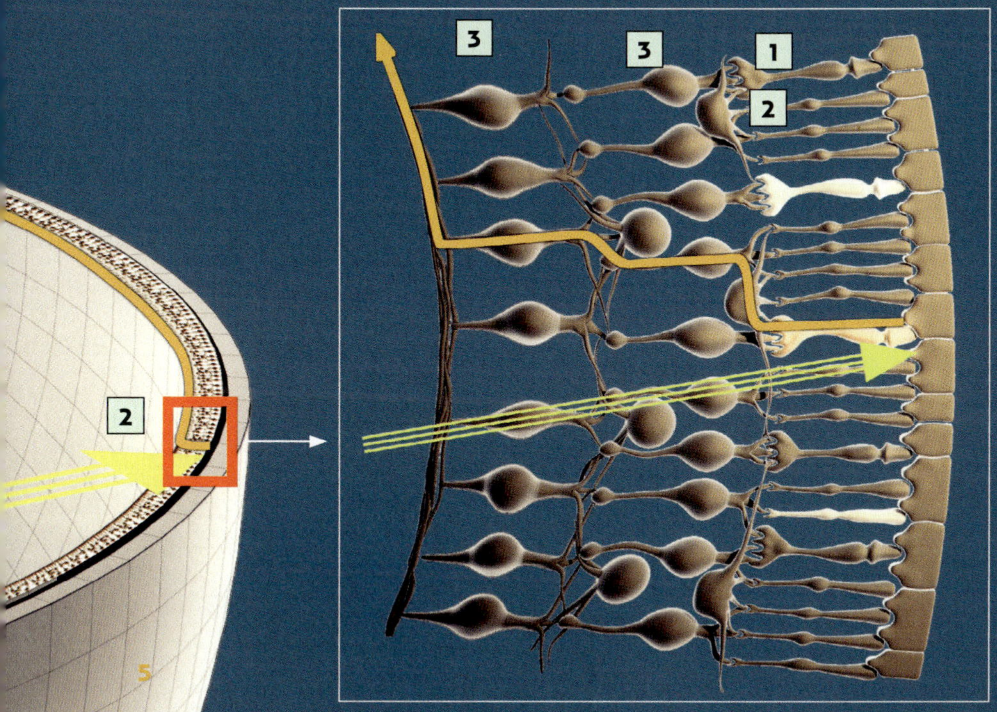

DIE ZELLEN DER RETINA
Lichtstrahlen (gelb) aktivieren in der Netzhaut verschiedenartige Sehsinneszellen: Drei Typen von Zapfen (1), von denen es etwa sechs Millionen gibt, sind für die Farbwahrnehmung verantwortlich, die mehr als 120 Millionen dünneren Stäbchen (2) für die Unterscheidung von Hell und Dunkel. Aktivierte Sinneszellen schicken Impulse (orangefarben) an benachbarte Nervenzellen (3), die die Signale über den Sehnerv weiterleiten

SEHEN

Das Auge ist unser wichtigstes Sinnesorgan

Sobald wir die Augen öffnen, wird es hell in unserem Kopf, erstrahlt die Welt in Farben, zahllosen Details. Oft genügt schon ein flüchtiger Blick, um zu erkennen, wie der Raum um uns beschaffen ist, welche Gegenstände sich in der Umgebung befinden, wohin ein Weg führt oder ob in einer Menschenmenge ein bekanntes Gesicht hervorsticht. Doch so mühelos das Sehen erscheint: Die visuelle Wahrnehmung ist die komplexeste und am höchsten entwickelte Sinnesmodalität.

Bereits im Auge analysiert ein dichtes Nervengeflecht die von den Sehzellen aufgenommenen Lichtsignale, im Gehirn verarbeiten Milliarden Neurone die Reize, beurteilen Formen, Entfernungen, Kontraste, Bewegungen, blenden Irrelevantes aus und lenken den Fokus auf jene Ereignisse im Blickfeld, die das Gehirn für wichtig hält.

In Sekundenbruchteilen wird uns ein Bild der Welt gewahr, das uns wie eine naturgetreue Abbildung der Umgebung erscheint, tatsächlich aber ein neuronales Konstrukt ist, eine höchst subjektive Sicht auf die Dinge.

Denn nur ein kleiner Teil dessen, was sich in unserem Sichtfeld befindet, dringt überhaupt bis in unser Bewusstsein vor. Ständig blenden wir Objekte oder Personen aus, selbst wenn die sich direkt vor unseren Augen befinden.

Hinzu kommt: Unser „Kino im Kopf" beruht nach Ansicht von Wissenschaftlern nur zu einem geringen Teil auf Informationen von außen, also auf jenen Lichtsignalen, die auf die Netzhaut im Auge fallen und in Nervenimpulse umgewandelt werden. Das meiste dagegen stammt aus dem Gehirn selbst, vor allem aus Erinnerungen und Gefühlen, die mit den Sehsignalen vermischt werden.

Bei dieser Verschmelzung zum optischen Gesamteindruck spielen damit stets auch Gedächtnisinhalte und Emotionen eine Rolle, die in anderen Teilen des Gehirns gespeichert sind. Sehen ist also nie ein nüchternes Spiegelbild einer festgelegten Realität. Es wird vielmehr überaus stark davon beeinflusst, worauf wir unsere Aufmerksamkeit lenken, was wir schon kennen, was wir erwarten.

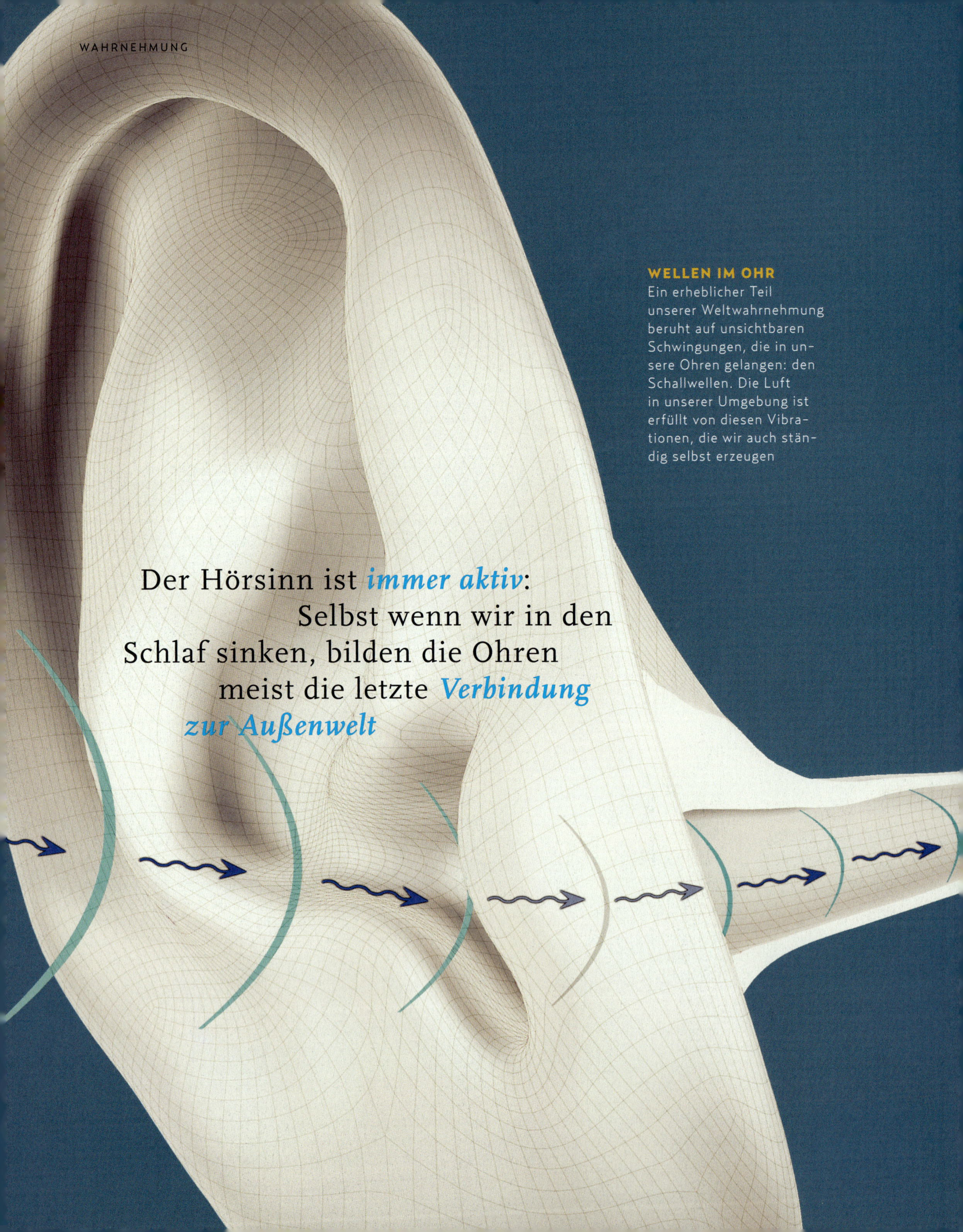

Der Hörsinn ist *immer aktiv*: Selbst wenn wir in den Schlaf sinken, bilden die Ohren meist die letzte *Verbindung zur Außenwelt*

WELLEN IM OHR
Ein erheblicher Teil unserer Weltwahrnehmung beruht auf unsichtbaren Schwingungen, die in unsere Ohren gelangen: den Schallwellen. Die Luft in unserer Umgebung ist erfüllt von diesen Vibrationen, die wir auch ständig selbst erzeugen

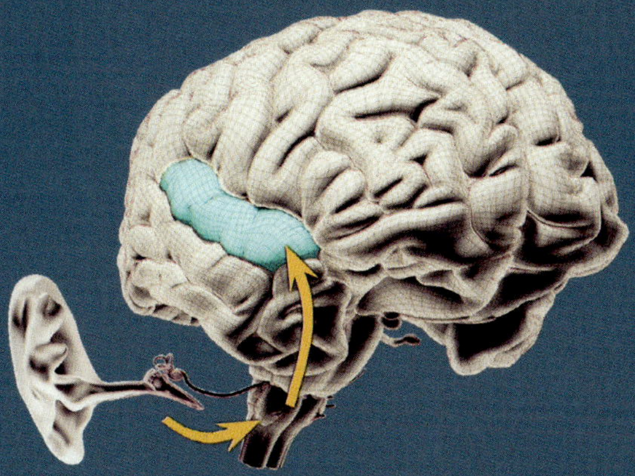

WO KLANG ENTSTEHT
Bewusst wird uns Schall erst dadurch, dass Millionen Nervenzellen in der Hörrinde (blau) die beständig eintreffenden Signale aus den Ohren auswerten und in empfundene Töne verwandeln

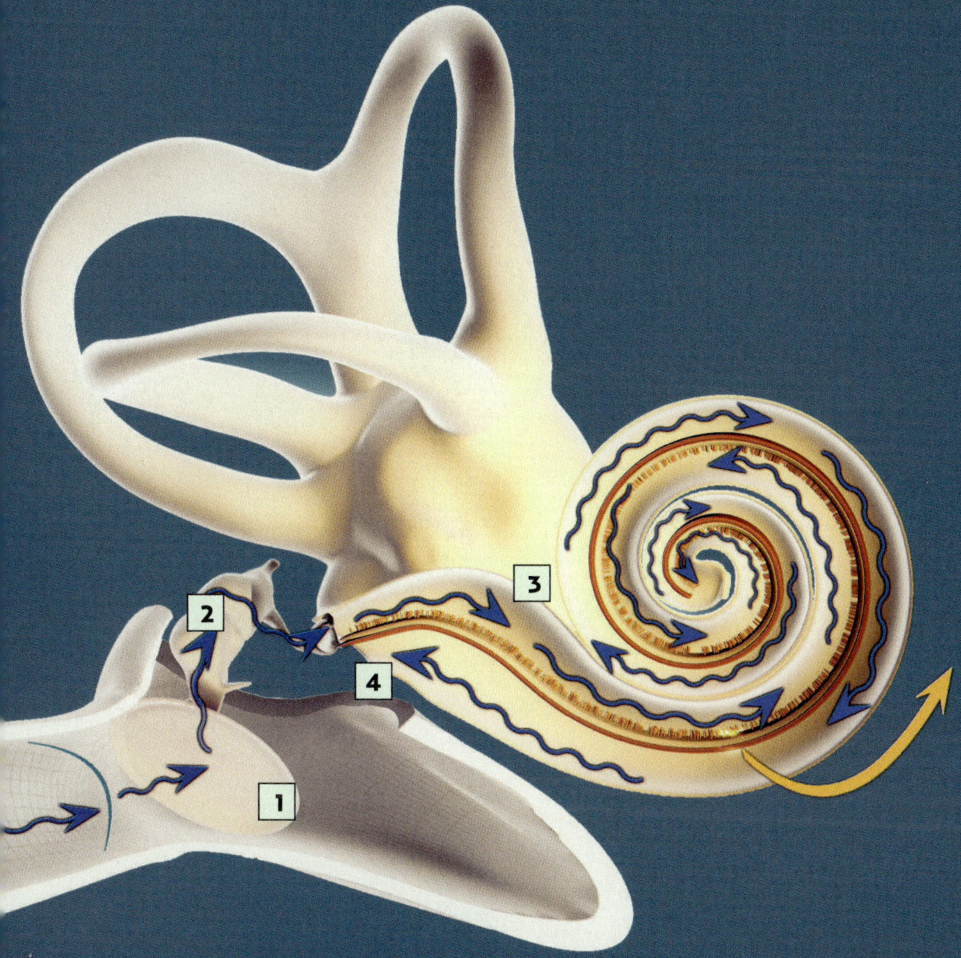

DER WEG DES SCHALLS
Schallwellen (blau) treffen über die Ohrmuschel und den Gehörgang auf eine dünne Membran, das Trommelfell (1), das die Vibrationen auf die Gehörknöchelchen (2) überträgt. Die wiederum versetzen Gewebsflüssigkeit in einem schneckenförmigen Gang, der Cochlea (3), in Schwingung. Deren Wände enthalten Abertausende winziger Sinneszellen, die durch die hin- und herschwingende Flüssigkeit erregt werden und daraufhin Nervenimpulse (orangefarben) in Richtung Gehirn senden. Am Ende der Cochlea nimmt eine spezielle Membran (4) den Schall auf und dämpft die Schwingungen wieder ab

HÖREN

Schall überträgt neben Informationen auch die Stimmung des Gegenübers

Es gibt keine Stille. Ständig nehmen wir Geräusche wahr, Klänge, Töne, Musik. Selbst in ruhiger Umgebung vernehmen wir Laute: ein leises Pfeifen, wenn Luft beim Atmen aus unserer Lunge strömt, ein beinahe unmerkliches Pochen unseres Herzens. Wäre das menschliche Ohr nur ein wenig empfindlicher, würden wir sogar das ständige Rauschen hören, das Luftmoleküle durch ihre chaotischen Eigenbewegungen verursachen.

Äußerst leistungsfähig ist das Hörsystem auch, wenn es darum geht, zeitliche Unterschiede auszumachen: Gelangt der Schall nur wenige Millionstel einer Sekunde schneller an das linke Ohr als an das rechte, registriert unser Gehirn den Unterschied und kann aus dieser Information die Richtung der Schallquelle ermitteln, also räumlich hören.

Das Gehör ist zudem in der Lage, zwischen einem Wirrwarr aus Schallwellen (einem Geräusch) und gleichmäßig schwingenden Wellen (Tönen) zu unterscheiden.

Doch bevor uns akustische Informationen bewusst werden, hat der Schall bereits eine gehörige Wegstrecke in unserem Ohr zurückgelegt: Durch den Gehörgang gelangen die Vibrationen zunächst auf das Trommelfell. Das überträgt die Schwingungen auf winzige, bewegliche Knöchelchen, die sie in ein schneckenförmiges Gebilde weiterleiten.

Dort erst werden die mechanischen Reize in Nervenimpulse verwandelt – entsteht also jener neuronale Code, den unser Gehirn auswertet und in akustische Empfindungen, in Geräusche, Klänge, Melodien verwandelt.

Die wiederum stimulieren das limbische System im Gehirn, einen Komplex mehrerer Areale, in denen unter anderem Gefühle wie Freude und Wut, Trauer und Glück erzeugt werden.

Auf diesem Weg vermittelt das Gehör stets auch Emotionen: So kann es aus der Sprachmelodie eines Menschen dessen Stimmung herausfiltern oder uns beim Genießen eines Musikstücks in Melancholie oder Euphorie versetzen.

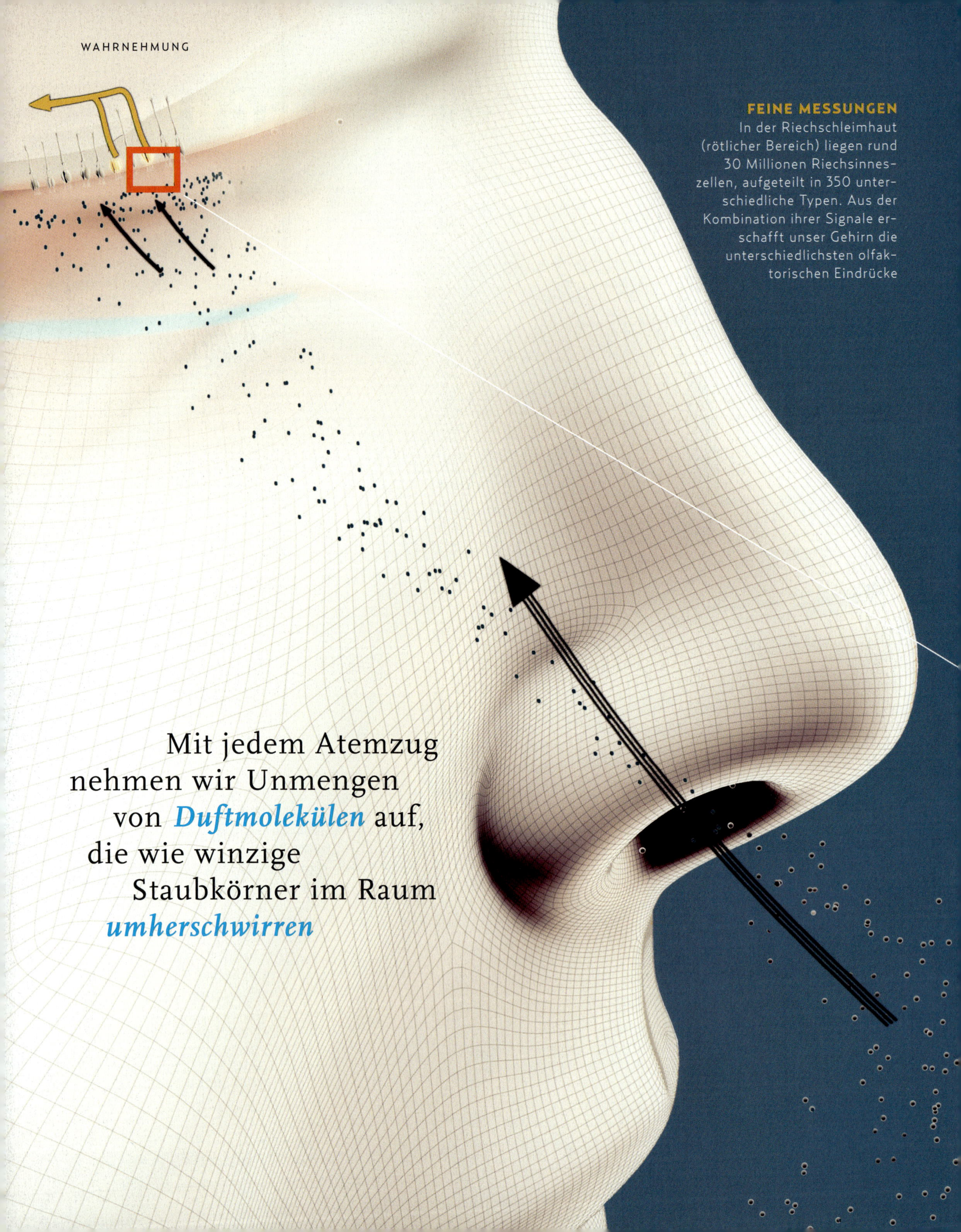

FEINE MESSUNGEN
In der Riechschleimhaut (rötlicher Bereich) liegen rund 30 Millionen Riechsinneszellen, aufgeteilt in 350 unterschiedliche Typen. Aus der Kombination ihrer Signale erschafft unser Gehirn die unterschiedlichsten olfaktorischen Eindrücke

Mit jedem Atemzug nehmen wir Unmengen von *Duftmolekülen* auf, die wie winzige Staubkörner im Raum *umherschwirren*

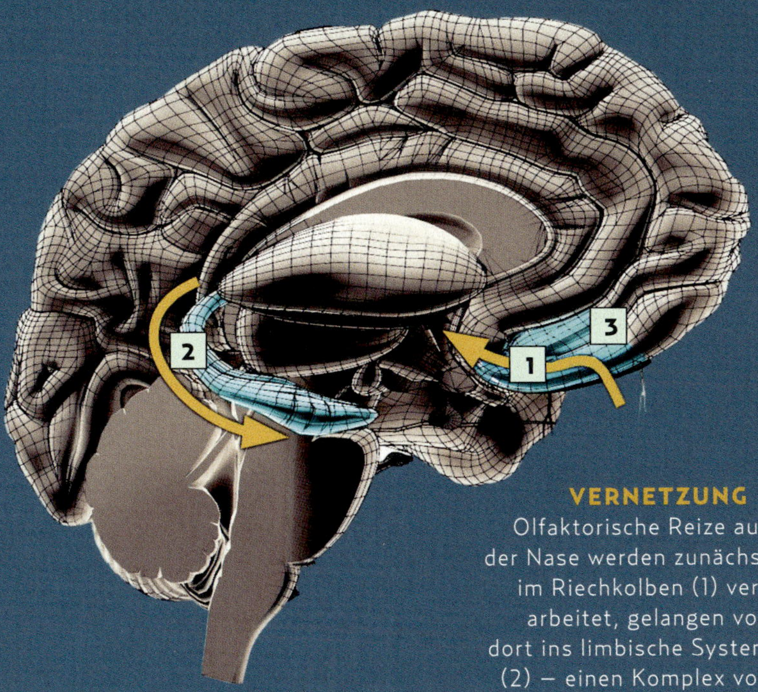

VERNETZUNG
Olfaktorische Reize aus der Nase werden zunächst im Riechkolben (1) verarbeitet, gelangen von dort ins limbische System (2) – einen Komplex von Arealen, die auch Erinnerungen und Gefühle verarbeiten – und in die Riechrinde (3), die uns den Duft bewusst werden lässt

RIECHEN

Wie unsere Nase unsichtbare Botschaften aus der Luft aufspürt

Kein anderes Sinnesorgan vermittelt uns so nuancierte Empfindungen wie die Nase, sie ist gewissermaßen unser feinster Sensor. Zwar schenken wir dem Riechen, im Vergleich zum Sehen, Hören oder Tasten, oft keine bewusste Beachtung. Doch unser Geruchssinn ist ständig aktiv: Im Durchschnitt nehmen wir Minute für Minute zwölf- bis 15-mal Duftproben zu uns – jedes Mal, wenn wir einatmen und dabei Luft an unserer Riechschleimhaut vorbeiströmt. Darin eingebettet sind rund 30 Millionen Riechzellen, die Tag und Nacht verschiedenste Geruchsstoffe detektieren.

Während sich etwa im Auge nur drei Arten von Rezeptoren zur Unterscheidung von Farben befinden, birgt die Riechschleimhaut 350 Typen von Rezeptoren, die jeweils unterschiedliche Duftmoleküle zu registrieren vermögen. Aus der Kombination der verschiedenen Signale entsteht im Gehirn eine riesige Palette olfaktorischer Eindrücke. Geübte Riecher sind der Lage, tausenderlei Düfte zu unterscheiden.

Doch ganz gleich, wie trainiert die Nase ist: Das Riechen ist ein besonders intimer Sinn, der unserem Eindruck von der Welt eine zutiefst subjektive Note verleiht. Denn Gerüche empfinden wir niemals als neutral, sie sind stets mit bestimmten Emotionen, Erinnerungen oder Assoziationen verknüpft – und daher äußerst individuelle Erlebnisse.

Das liegt daran, dass die Nase von allen Sinnessystemen das einzige ist, das einen direkten Zugang zu jenen zwei Hirnzentren hat, die für Emotionen und Erinnerungen zuständig sind. Das ist zum einen der Hippocampus, der für unser Gedächtnis verantwortlich ist. Zum anderen das limbische System, der Hort der Gefühle und der Triebe – wie etwa Hunger oder Sexualität. Die Nase unterhält zu diesen beiden Zentren eine Art neuronale Standleitung, die beständig aktiv ist.

Ob uns ein bestimmter Duft (etwa der von Tabak, Fisch oder frischen Äpfeln) zusagt oder abstößt, hängt häufig davon ab, in welcher Situation, in welcher körperlichen und geistigen Verfassung wir den entsprechenden Geruch erstmals bewusst wahrgenommen haben. Denn die Gefühle, die wir im Moment des Riechens hatten, werden zusammen mit dem jeweiligen Duft abgespeichert – und werden nun immer dann wachgerufen, wenn wir den Geruch erneut wahrnehmen.

DIE DETEKTOREN DER DÜFTE
Gelangen Duftmoleküle (1) in die Nase, streifen sie an den dort befindlichen Sinneszellen (2) vorbei. Von diesen Zellen gibt es verschiedene Typen, die jeweils andere Geruchsstoffe detektieren. Sobald ein passendes Molekül an die entsprechende Sinneszelle andockt, schickt die einen Nervenimpuls (orangefarben) ins Gehirn

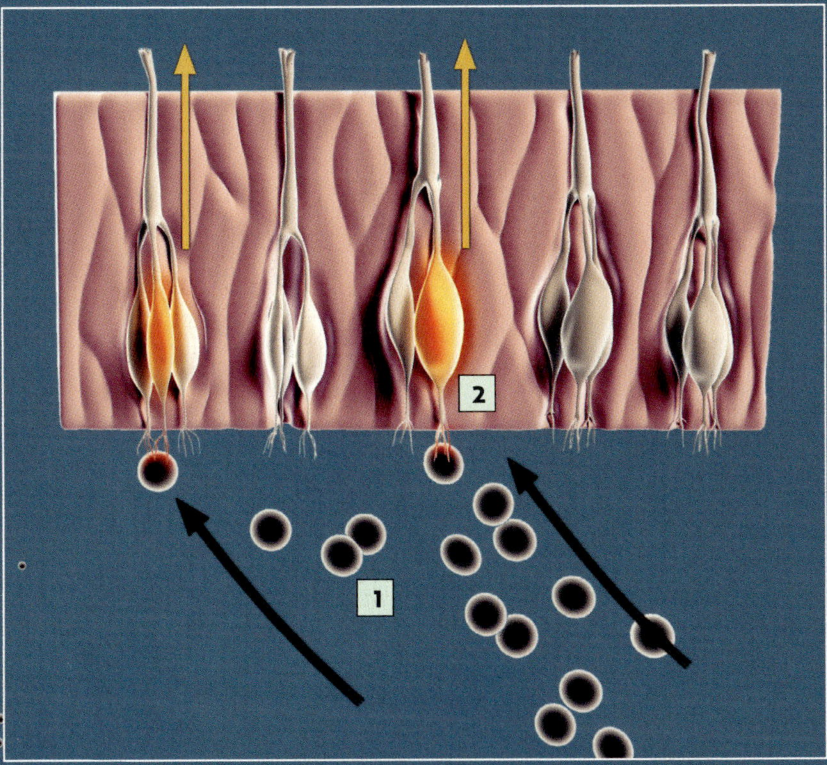

Der Geschmack scheint ein *eher simpler Sinn* zu sein, und doch warnt er uns vor *verdorbenen* Lebensmitteln

AUF DER ZUNGE
Die Oberfläche der Zunge mag glatt erscheinen. Doch sie ist übersät von zahlreichen Papillen. Viele dieser warzenartigen Hauterhebungen enthalten winzige Sensoren zur Geschmacksbestimmung (Geschmacksknospen). Daneben besitzt das muskulöse Organ in unserem Mund eine Reihe anderer Rezeptoren, die auf Hitze oder Druck reagieren

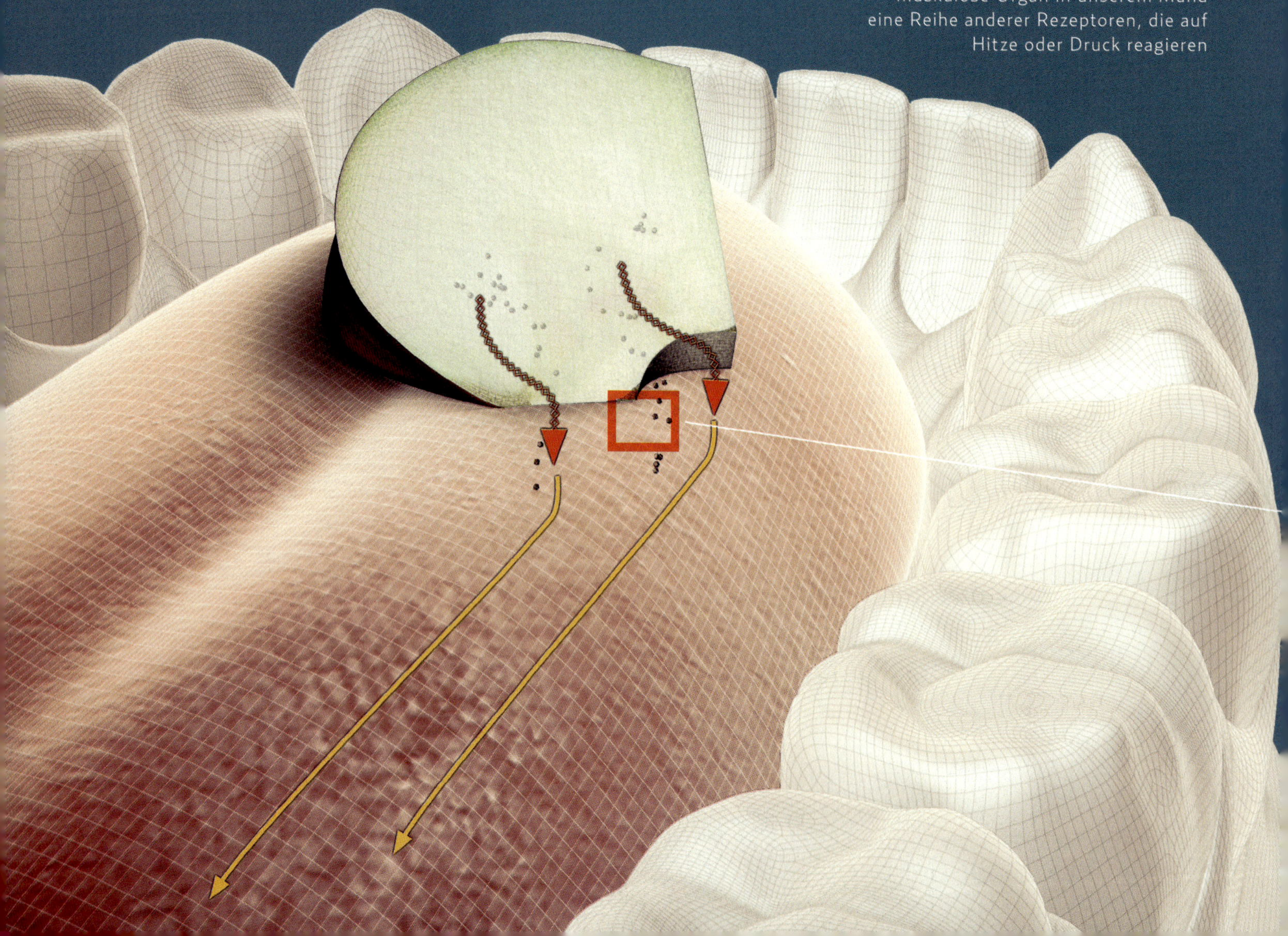

SCHMECKEN

Weshalb die Welt der Aromen so wichtig für unser Dasein ist

Einen überlebenswichtigen Beitrag zu unserer Weltwahrnehmung leistet der Geschmackssinn. Sobald eine Speise in unseren Mund gelangt, aktivieren winzige chemische Bestandteile des Nahrungsmittels – etwa Zucker, Eiweiße, Säuren oder Minerale – Sinneszellen auf der Zunge.

Zwar können diese Zellen nur fünf Geschmacksrichtungen erkennen – süß, sauer, salzig, bitter und umami (herzhaft) –, doch reicht diese grobe Unterteilung oftmals aus, damit wir Essbares von Verdorbenem unterscheiden können, Genießbares von Giftigem.

Denn viele toxische Substanzen, darunter Arsen oder Blausäure, schmecken bitter, energiereiche Speisen – wie Honig und reifes Obst – munden dagegen zuckrig-süß oder (wie Fleisch) deftig-herzhaft. Unreife Früchte oder verfaulte Lebensmittel wiederum rufen nicht selten einen sauren Eindruck hervor. Und Minerale, die wir für den Stoffwechsel benötigen, sind oft salzig.

So überlebenswichtig der Geschmack aber ist, so viele Missverständnisse sind mit diesem Sinn verbunden. Allem voran die Annahme, wir würden sämtliche Nuancen feiner Speisen über die Zunge erspüren. Denn was Menschen gewöhnlich unter „schmecken“ verstehen, hat nur zu einem kleinen Teil mit der Sinneswahrnehmung der Zunge zu tun.

Ob uns ein Essen mundet oder nicht, entscheiden wir nicht zuletzt mithilfe des Geruchs-, Hör- und Sehsinns. So erfahren wir vor allem über die Nase, ob wir zum Beispiel gerade an einem weihnachtlich gewürzten Spekulatius oder einem gewöhnlichen Butterkeks knabbern, ob die Bratkartoffeln eher ein wenig ölig oder speckig zubereitet sind.

Dabei erschnüffelt die Nase die komplexen Aromen der Speisen weniger über den Geruch, der von unserem Teller oder der Gabel aufsteigt (also über Duftstoffe aus der Außenwelt), sondern registriert vielmehr zahlreiche flüchtige Substanzen, die aus der Mundhöhle durch den Rachentrakt – also gleichsam von hinten – in die Nase gelangen. Wissenschaftler sprechen vom „retronasalen Riechen“.

Wer schon mal mit verschnupfter Nase ein delikat zubereitetes Mahl genießen wollte, weiß: Ohne funktionierendes Riechorgan schmeckt fast alles gleich. Und damit wir eine Speise vollends genießen können, ist es notwendig, dass sämtliche unserer Sinne gereizt werden •

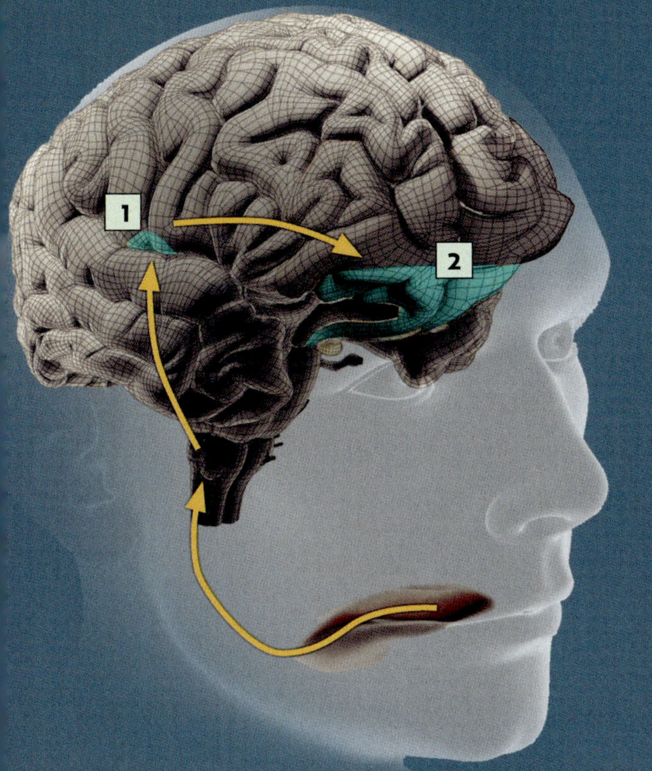

AROMEN IM KOPF Über etliche Nervenbahnen (orangefarben) erreichen die gustatorischen Signale aus der Zunge verschiedene Strukturen (orangefarben) im Denkorgan, darunter die sogenannte Insel (1) sowie eine stirnnahe Region (2). Dort werden die Botschaften bewertet und mit anderen Sinnesinformationen (etwa olfaktorischen Eindrücken) kombiniert

KNOSPEN FÜR DEN GESCHMACK In die Spalten einer Papille (hier im Schnitt) gelangen mit dem Speichel unterschiedliche Nahrungsbestandteile (1). Die kommen mit Geschmacksknospen (2) in Kontakt, in denen sich mikroskopisch kleine Sensoren befinden: Sinneszellen, die jeweils spezialisiert sind auf eine bestimmte Geschmacksrichtung und – sobald sie aktiviert werden – ein Nervensignal (orangefarben) aussenden. Zahlreiche fadenförmige Gebilde (3), die keine Geschmacksknospen enthalten, verleihen der Zunge ihre charakteristische Geschmeidigkeit

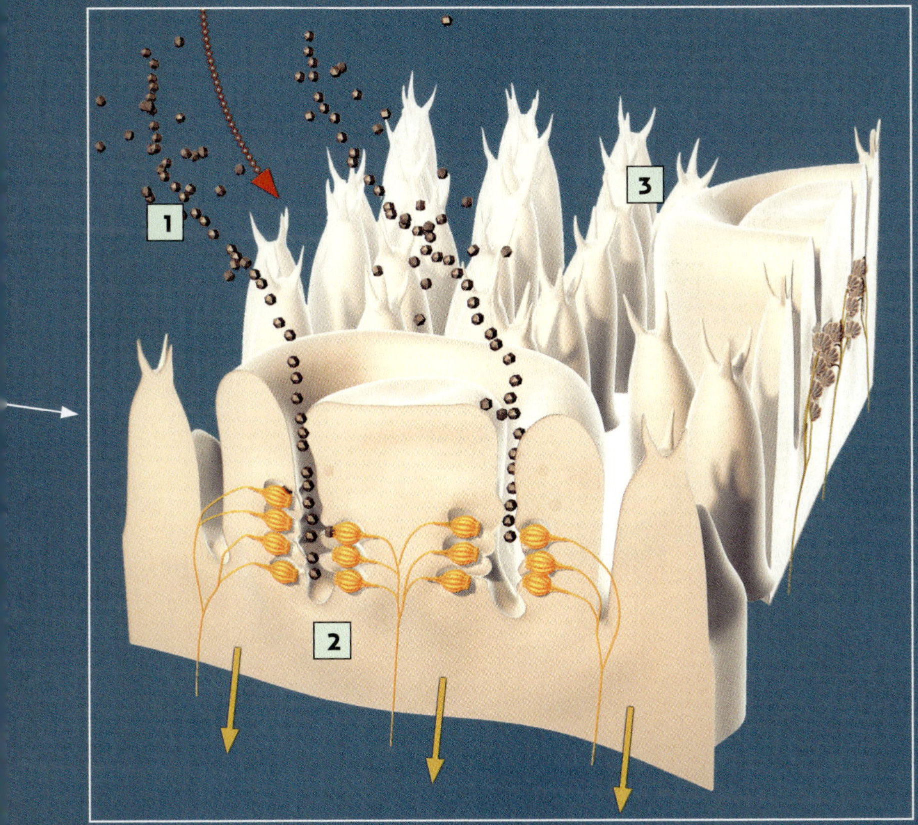

7 Fragen zum **Gehirn**

Niemand kann verhindern, dass sein Körper – und damit auch das Gehirn – altert. Doch es gibt vielfältige Wege, seine geistige Fitness zu bewahren

Illustrationen: **Claudia Meitert**

DIE KRAFT DES DENKENS
Mit der Versenkung in anspruchsvolle Denkaufgaben und beim Finden von Zusammenhängen kann man seine kognitiven Kräfte stärken

(1)

Kann man mit »Gehirnjogging« bis ins Alter fit bleiben?

Anders als lange Zeit gedacht, bleibt das Gehirn bis ins Alter wandlungsfähig. Daher können auch ältere Menschen noch komplexe Denkleistungen vollbringen und sich geistig fit halten, etwa indem sie eine neue Sprache lernen oder das Spielen eines Musikinstruments meistern. Die Wirksamkeit von Denksportübungen ist allerdings längst nicht so groß und gut belegt, wie manche Gehirnjogging-Anbieter ihren Kunden versprechen.

Wer seine Geisteskräfte durch Denksport fördern will, sollte sich nach Angeboten für Gruppen unter professioneller Leitung umsehen. Denn wer sich ausschließlich allein zu Hause mit Aufgaben schulen will, wird nach Einschätzung von Experten seine geistigen Leistungen wahrscheinlich nicht verbessern.

Positive Effekte bieten Übungen, die den Geist permanent und vielfältig herausfordern. Einseitige Rätselformate wie Sudoku mögen zwar durchaus Spaß bereiten, können aber kognitive Fähigkeiten kaum stärken. Ob man Übungen auf dem Papier oder am Computer ausführt, macht übrigens keinen Unterschied.

Geeignete, herausfordernde Denksportaufgaben können, so zeigen Studien, das Gedächtnis stärken, die Konzentrationsfähigkeit schulen oder den Orientierungssinn fördern. Jedoch sollte man Ausdauer und Disziplin mitbringen: Denn selbst für kleine Verbesserungen muss man lange trainieren, möglichst täglich, insbesondere im höheren Alter.

Eine Wirkung von Gehirnübungen auf bestimmte Gedächtnisleistungen etwa konnten Forscher bei Probanden erst nach 100 Trainingstagen nachweisen.

Häufig verbreitete Behauptungen, dass sich mithilfe von Gehirntraining die Alzheimer-Krankheit und andere Demenzerkrankungen verhindern oder gar bekämpfen ließen, sind allerdings vollkommen aus der Luft gegriffen.

(2)

Wie vermag man seine Sinne am besten zu schulen?

Mit den Jahren lassen Seh- und Hörvermögen meist als erste nach. Doch auch Tasten, Riechen und Schmecken nehmen in ihrer Empfindlichkeit ab.

Der Grund: Sinneszellen werden geschädigt oder sterben ab. Besonders der Geruchs- und Geschmackssinn ist im Alter oft deutlich reduziert. Als Folge können betagte Menschen manche Aromen nicht mehr so gut wahrnehmen.

Auch die Fähigkeit, das Gleichgewicht zu halten, hängt von unseren Sinnen ab. Winzige Messfühler im Innenohr geben uns Stabilität – im Zusammenspiel mit anderen Sinnesorganen wie den Augen und der Haut.

Das Nachlassen dieser eng miteinander verknüpften Systeme ist ein Grund dafür, weshalb wir im Alter schneller aus der Balance kommen.

Eine Voraussetzung dafür, ihre Leistungsfähigkeit möglichst lange zu erhalten, ist, so trivial es klingt, sich gesund zu ernähren und viel zu bewegen.

So kräftigen beispielsweise Vitamine, die in Paprika, Karotten und einigen anderen Gemüsen enthalten sind, die Augen, und ein durch sportliche Aktivitäten angeregter Blutfluss fördert eine optimale Versorgung der hoch spezialisierten Sinneszellen in der Netzhaut des Auges.

Zudem können Übungen helfen: Der Tastsinn lässt sich, darauf deuten Studien hin, durch Stimulation mit einer vibrierenden Membran verfeinern. Das Riechvermögen durch häufiges Wahrnehmen von Aromen.

Für die Sehfähigkeit gilt das nicht. Ebenso wenig kann man offenbar den Hörverlust im Ohr durch Training wieder wettmachen. Hier ist ein Hilfsgerät das einzige Mittel, verloren gegangene Fähigkeiten auszugleichen.

Auch wenn es für viele Überwindung kostet, raten Mediziner daher, bereits bei leichten Hörproblemen unbedingt auf technische Unterstützung zurückzugreifen. Andernfalls besteht die Gefahr, dass das Gehirn dauerhaft verlernt, hohe Töne zu verarbeiten.

(3)

Was genau bringt eigentlich Hirndoping?

Medikamente wie zum Beispiel Ritalin können die Hirntätigkeit stimulieren. Ihre Wirkung entfalten die meisten dieser Neuropharmaka, indem sie die Menge an Botenstoffen (etwa Dopamin und Noradrenalin) in jenen Hirnarealen erhöhen, die Aufmerksamkeit und Konzentration steuern.

Das hat zur Folge, dass dort die Nervenzellen elektrische Signale effizienter austauschen, und ist ein Grund dafür, weshalb viele Studenten vor Prüfungen solche Arzneien schlucken – in der Hoffnung, einen Schuss Intelligenz und Kreativität zu bekommen.

Der Effekt wird nach Meinung der meisten Experten jedoch weit überschätzt.

Zwar könnten einige Substanzen vorübergehend vor Müdigkeit schützen oder die Aufmerksamkeit steigern. Doch bisher vermochte kaum eine wissenschaftlich fundierte Studie nachzuweisen, dass die Mittel zu einem höheren IQ oder gar zu kreativeren Gedanken verhelfen.

Im Gegenteil: Kognitionsforscher fanden heraus, dass der Konsum von Ritalin mitunter sogar negative Auswirkungen auf das geistige Leistungsvermögen hat – zu Selbstüberschätzung, Impulsivität und Fahrigkeit führt. So schnitten in einer Studie Studenten bei Leistungstests schlechter ab als eine Vergleichsgruppe.

Zudem wissen die Forscher noch nicht, welche langfristigen Auswirkungen die Präparate auf das Gehirn haben. Einige Substanzen stehen jedenfalls unter dem Verdacht, süchtig zu machen oder sogar manische Zustände und Psychosen auszulösen.

Menschen, die ihr geistiges Potenzial im Alltag voll entfalten wollen, sollten sich besser an bewährte Stimulanzien halten: Einige Tassen Kaffee wirken ähnlich anregend wie manche vermeintliche Wunderpille.

Allerdings ist die wohl beste Methode, das Gehirn fit zu halten, eine ganz natürliche, so der Rat vieler Experten: Man sollte ihm stets genug Schlaf gönnen.

(4)

Wieso nützt körperliche Aktivität dem Denkorgan?

Kaum etwas wirkt sich so positiv auf den Körper aus wie Sport. Ob beim Joggen oder Fußball, Schwimmen oder Tanzen, Tennis oder Reiten: Sobald wir uns bewegen, produzieren unsere Muskeln eine Vielzahl heilsamer Signalstoffe, Gelenke und Knochen werden stabilisiert, Abwehrkräfte und Stoffwechsel gestärkt.

Und auch die Psyche wird beflügelt. Nicht zufällig berichten so viele Sporttreibende von Momenten, in denen sie sich auf geradezu berauschende Weise ganz eins mit ihrem Körper fühlen.

Tatsächlich wirkt körperliche Ertüchtigung unmittelbar auf die biochemischen Vorgänge im Gehirn ein. Schon wenn Menschen nur ein paar Minuten sportlich aktiv sind, strömen vermehrt Botenstoffe durch ihren Körper, darunter auch solche, die die Stimmung aufhellen oder wie Beruhigungsmittel wirken.

Dies geschieht aber nicht nur während der eigentlichen Anstrengung: Auch dauerhaft vermag Sport die Botenstoffe in eine gesunde Balance zu bringen.

Sport kann sogar dafür sorgen, dass neue Nervenzellen im Gehirn heranreifen – vor allem im Hippocampus, jener Hirnregion, die mit Lernen und Gedächtnisleistung verbunden ist. Gerade bei Kindern beflügelt Bewegung die geistige Entwicklung. Untersuchungen haben ergeben: Sind Mädchen und Jungen regelmäßig körperlich aktiv, fällt es ihnen leichter, mathematische Gleichungen zu lösen oder Vokabeln zu speichern.

Und es muss noch nicht einmal besonders anstrengender Sport sein, der unser Denkorgan fit hält. Es reicht schon eine halbe Stunde Bewegung am Tag – oder dreimal zehn Minuten.

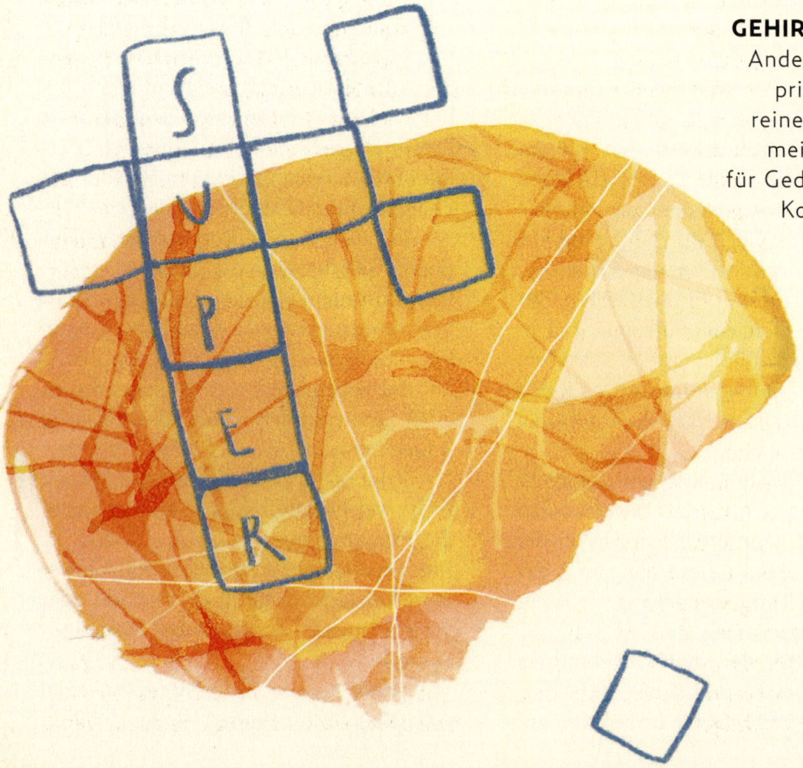

GEHIRNJOGGING
Anders als angepriesen, bringt reiner Denksport meist nicht viel für Gedächtnis und Konzentration

(5)

Können Wechseljahre zu kognitiven Einbußen führen?

Zwischen Mitte 40 und Anfang 50 stellt sich der weibliche Körper auf ein Dasein ohne Fruchtbarkeit ein. Der Zyklus zwischen zwei Eisprüngen wird unregelmäßig – bis es schließlich zur Menopause kommt, der letzten Regelblutung. Danach stellen die Eierstöcke ihren Dienst ein, das Sexualhormon Östrogen wird nur noch in geringen Mengen produziert.

In den Wechseljahren kommt es zu beträchtlichen hormonellen Schwankungen. Das Auf und Ab der Botenstoffe bringt bestimmte Nervenzellnetze im Gehirn regelrecht durcheinander – mit der Folge, dass viele Frauen etwa unter Konzentrationsschwierigkeiten leiden.

Das Sexualhormon Östrogen hat einen schützenden Effekt auf die Nervenzellen des Gehirns. Da die Östrogenproduktion mit den Wechseljahren drastisch zurückgeht, sinkt die Lebensdauer vieler Neurone – die Wahrscheinlichkeit einer Demenzerkrankung steigt.

Männer bleiben von einem Hormonschwund im Alter ebenfalls nicht verschont. Doch im Gegensatz zu Frauen kommt es bei ihnen kaum zu Schwankungen. Zudem verfügen sie mit Anfang 50 noch über gut drei Viertel ihres ursprünglichen Spiegels an Testosteron.

Daher haben Männer kaum Wechseljahresbeschwerden, auch ist ihr Gehirn besser vor Verfall geschützt.

Gegen Wechseljahresbeschwerden sollten Hormonpräparate nur in Ausnahmefällen und allenfalls über einen begrenzten Zeitraum geschluckt werden. Denn die Mittel können gravierende Nebenwirkungen haben.

Gänzlich auf die Einnahme künstlicher Hormone verzichten sollten Frauen, die eine Neigung zu Blutgerinnseln aufweisen. Studien haben gezeigt, dass die Präparate im Extremfall zu lebensbedrohlichen Thrombosen führen.

GEISTIGE BEWEGLICHKEIT
Sportliche Aktivität lässt neue Nervenzellen in einer fürs Erinnern wichtigen Hirnregion wachsen

(6)

Welche Speisen sind gut für das Gehirn?

Wenn wir Speisen wie etwa Walnüsse, Wildlachs oder Leinöl zu uns nehmen, tun wir auch unserem Gehirn viel Gutes: Denn all diese Lebensmittel enthalten besonders große Anteile gesunder Omega-3-Fettsäuren. Die spielen unter anderem eine wichtige Rolle beim Aufbau jener dünnen Membranen, die die Nervenzellen im Gehirn umhüllen.

Einige Studien deuten darauf hin, dass Speisen mit einem hohen Omega-3-Anteil möglicherweise günstige Effekte auf die kognitive Leistung bei beginnenden Gedächtnisausfällen – etwa im Frühstadium einer Demenz – haben und einen positiven Einfluss bei leichten Depressionen ausüben könnten.

Als gut für unseren Geist gelten auch die in dunkler Schokolade enthaltenen Flavonoide. Diese pflanzlichen Stoffe hellen die Stimmung auf und vermögen Stresssymptome zu lindern. Ähnlich nützlich sind Anthocyane: jene Substanzen, die dunkelroten, violetten und blauen Beeren ihre kräftige Farbe verleihen. Sie stärken vermutlich die Kommunikation zwischen den Nervenzellen im Gehirn – und so auch das Gedächtnis.

Manche Geschmacksträger in Speisen können dem Gehirn allerdings auch schaden. So verringert stark salzhaltiges Essen möglicherweise die Durchblutung des Gehirns. Zucker wiederum kann, übermäßig verzehrt, zu psychischen Erkrankungen wie Depression und Angststörungen beitragen.

Ohnehin gilt es beim Essen, ein Zuviel zu vermeiden: Bei Übergewichtigen ist die Wahrscheinlichkeit deutlich erhöht, im Alter von Erkrankungen des Nervensystems wie etwa Alzheimer betroffen zu sein. Eine Ursache könnte in der Leibesfülle selbst liegen: Offenbar setzt insbesondere das Fettgewebe in der Bauchhöhle Botenstoffe frei, die Entzündungsprozesse im Körper hervorrufen und so auf komplexe Weise die Funktionen des Gehirns beeinträchtigen

(7)

Wie entsteht Demenz?

Demenz ist vor allem eine Alterskrankheit: Je mehr Lebensjahre jemand hinter sich hat, desto höher ist das Risiko, dass er ein neurodegeneratives Leiden entwickelt. So sind rund 40 Prozent der Menschen über 90 Jahren betroffen.

Da die Lebenserwartung vor allem in den Industrienationen zugenommen hat, leben heute mehr Demenzkranke denn je. Bis 2050 wird sich die Zahl der Erkrankten in Deutschland schätzungsweise auf drei Millionen verdoppeln.

Mediziner kennen rund 50 verschiedene Leiden, die zu Demenz führen können. Etwa zwei Drittel der Betroffenen leiden an der Alzheimer-Krankheit.

Bei jeder Form von Demenz verkümmern im Gehirn Nervenzellen, sodass die Denkleistung abnimmt. Im Fall der Alzheimer-Krankheit hängt dies möglicherweise mit einer Fehlfunktion des Stoffwechsels zusammen, durch die Eiweißstoffe im Gehirn zu Klümpchen und Bündeln verkleben. Die genaue Ursache ist aber nach wie vor unbekannt.

Bei der vaskulären Demenz, der zweithäufigsten Form, lassen Durchblutungsstörungen im Gehirn die Neurone sterben, mitunter sind zahlreiche kleine Schlaganfälle der Auslöser.

Auch an Parkinson Erkrankte entwickeln Symptome von Demenz.

In den meisten Fällen ist eine Demenzerkrankung nicht heilbar. Dennoch sollte das Leiden erkannt und behandelt werden, sobald erste Anzeichen (Gedächtnis- und Orientierungsprobleme) auftreten. Denn verschiedene Medikamente und Therapien können den Verlauf der Demenz durchaus etwas verzögern und manche Symptome wie Unruhe oder Aggressivität abmildern.

Der wirksamste Schutz davor, im Alter an Demenz zu erkranken, ist ein körperlich und geistig aktives Leben.

Es ist sinnvoll, sich ausgewogen zu ernähren, darauf zu achten, nicht zu viel Fett anzusetzen, mindestens dreimal in der Woche für jeweils 30 Minuten Sport zu treiben, sich Neuem aufgeschlossen zu zeigen – und wissbegierig zu bleiben •

Mit GEO auf Abenteuer-Reise!

Entdecken Sie hochwertige Bücher im GEO Shop.

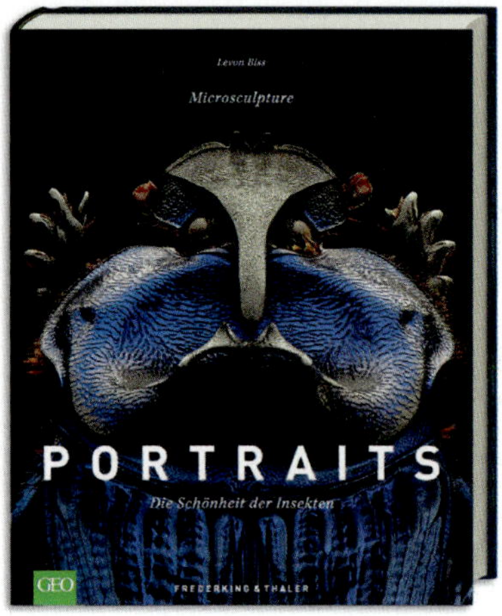

39,99 €

GEO Bildband „Portraits – Die Schönheit der Insekten"

Die Bilder von Levon Biss, die aus bis zu 8000 Einzelaufnahmen zusammengesetzt wurden, sind eine einzigartige Insektenstudie, der Bildband eine Mischung aus Kunst und Wissenschaft.

Maße: 24,5x30,5 cm, 144 Seiten;
Best.-Nr.: G729240
Preise: 41,20 € (A)/52.90 Fr.(CH)

Erweiterte Neuauflage

40,00 €

GEO Bildband „166 Tage im All"

Der Astronaut Alexander Gerst gibt Einblicke in sein Tagebuch und zeigt bisher unveröffentlichte Fotos. Die erweiterte Neuauflage beinhaltet ein neues Kapitel über die Vorbereitung zur Mission „Horizons", die im Juni 2018 startete.

Maße: 26,8x28,9 cm, 208 Seiten;
Best.-Nr.: G729137;
Preise: 41,20 € (A)/43.90 Fr. (CH)

40,00 €

GEO Buch „Neue Weltbilder"

Spannende Kugelpanoramen, coole Drohnenfotografie und staunenswerte Erdbilder aus Helikopter, Flugzeug und Ballon: Die künstlerischen Natur- und Städteaufnahmen, mal ganz nah dran, mal sehr weit weg, sind Weltklasse. So haben Sie die Alpen, die Niagarafälle und Norwegens Fjorde garantiert noch nicht gesehen! Die Basis der Fotografen ist Moskau.

Maße: ca. 26,8x28,9 cm, 192 Seiten
Best.-Nr.: G729213
Preise: 41,20 € (A)/43.90 Fr. (CH)

39,99 €

GEO Bildband „Sturmjäger"

Wir erleben es immer wieder: Aus harmlosen Wolken brauen sich gefährliche Unwetter zusammen. Der Himmel wird dunkel, Sturm fegt übers Land und Hagel trifft mit vernichtender Wucht auf die Erde. Was Versicherer erschaudern lässt, ist Kulisse für den Sturmjäger Bastian Werner. Wetterphänomene und Meteorologie sind seine Passion. Sein Bildband präsentiert spektakuläre Fotografien: von Blauer Stunde über Gewitterzellen bis zu leuchtenden Nachtwolken.

Maße: 26,8x28,9 cm, 192 Seiten
Best.-Nr.: G729239
Preise: 41,20 € (A)/49.50 Fr.(CH)

Entdecken Sie unsere Produktvielfalt unter **www.geoshop.de/buecher2019**

Oder per Telefon bestellen unter **+49 (0) 40/42 23 64 27** (Bitte geben Sie immer den Aktionscode an: G00161)

DIE HEILKRAFT DES ATEMS

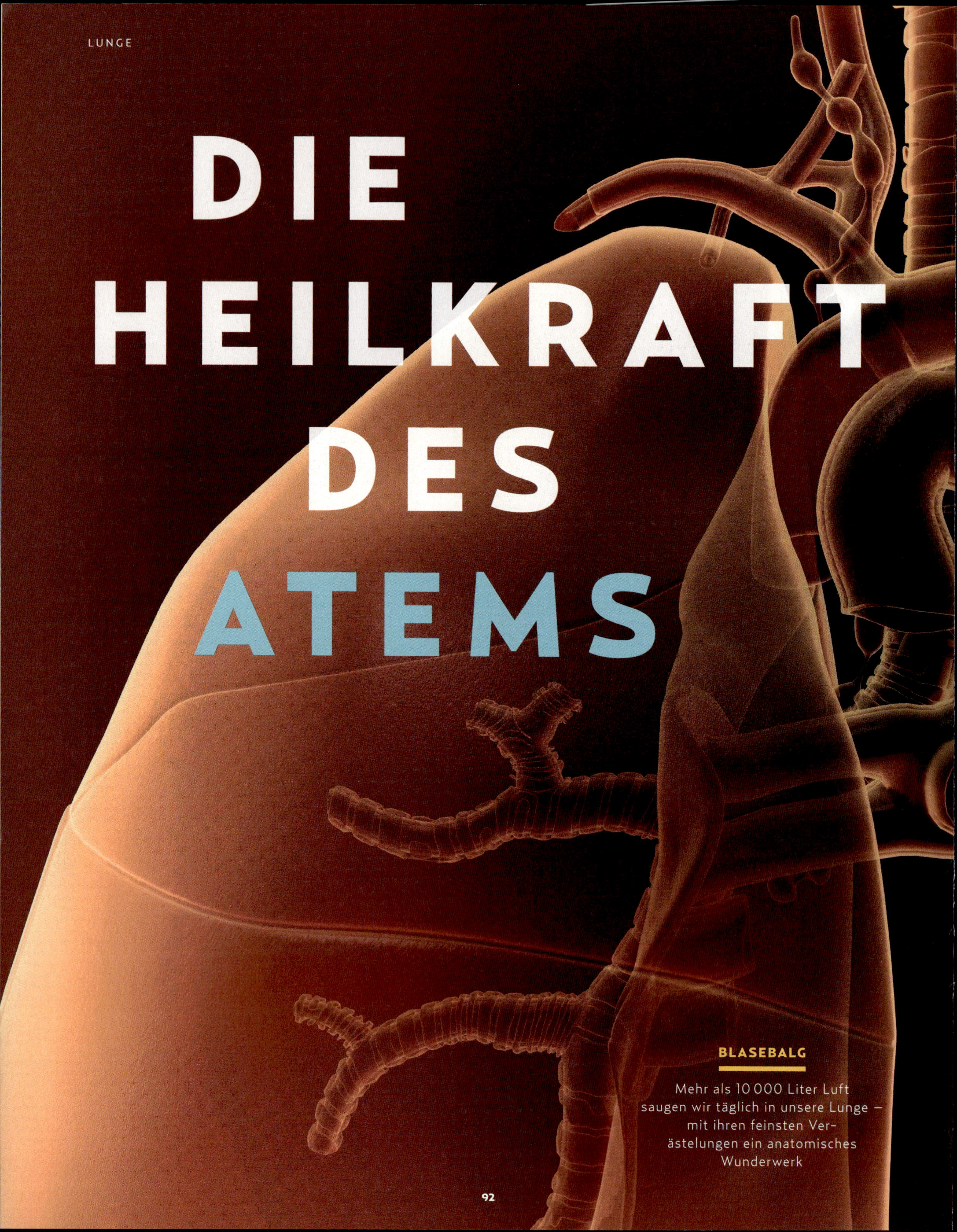

BLASEBALG

Mehr als 10 000 Liter Luft saugen wir täglich in unsere Lunge – mit ihren feinsten Verästelungen ein anatomisches Wunderwerk

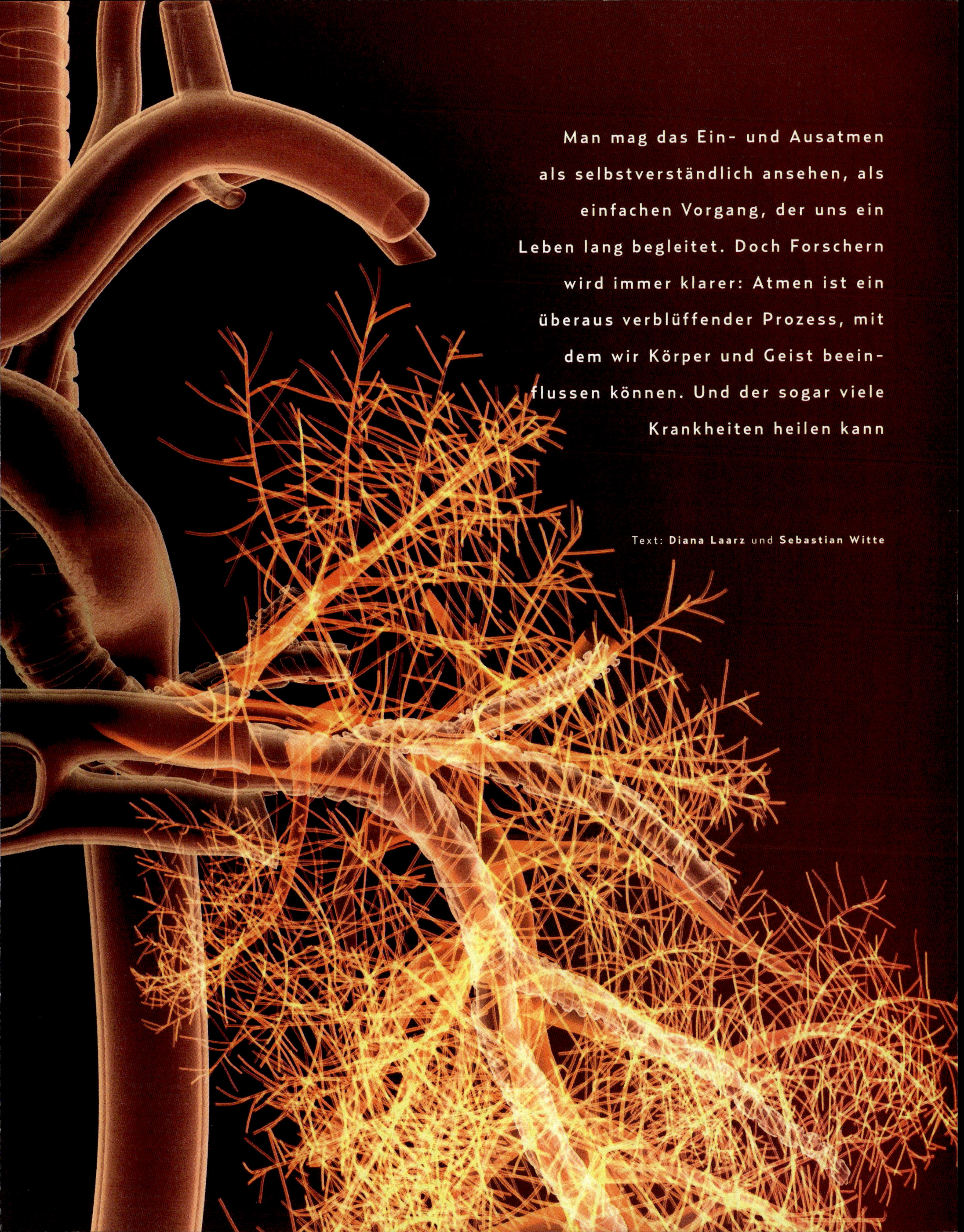

Man mag das Ein- und Ausatmen als selbstverständlich ansehen, als einfachen Vorgang, der uns ein Leben lang begleitet. Doch Forschern wird immer klarer: Atmen ist ein überaus verblüffender Prozess, mit dem wir Körper und Geist beeinflussen können. Und der sogar viele Krankheiten heilen kann

Text: **Diana Laarz** und **Sebastian Witte**

Der Atem ist unser Lebensbegleiter. Vom ersten Schrei im Kreißsaal bis zum letzten Atemzug markiert er Anfang und Ende des Lebens. Wir können einige Zeit ohne Nahrung, Wasser und Licht überleben – aber nur wenige Minuten ohne Luft.

Denn nichts braucht der menschliche Körper mehr als Sauerstoff (O_2) – jenes Lebenselixier, ohne das keine Zelle auskommt. Und nichts muss dem Körper so gleichmäßig und kontinuierlich zugeführt werden wie O_2. Daher bewegen sich Bauch und Brust regelmäßig, ohne dass man es wollte oder die Bewegung bewusst kontrollierte.

Im Ruhezustand schwillt der Brustraum etwa zwölf- bis 15-mal pro Minute an und ab – wir atmen, ohne es zu merken. Wie die Schläge des Herzens vollziehen sich auch die Atemzüge automatisch.

Man mag daher geneigt sein, die Atmung für selbstverständlich zu halten, ihr wenig Aufmerksamkeit zu schenken.

Doch je mehr Forscher über diesen einzigartigen Vorgang herausfinden, desto faszinierender erscheint er.

Denn immer deutlicher zeigt sich, welchen erstaunlichen Einfluss die Art und Weise, wie wir atmen, auf Körper und Geist hat. Inzwischen greifen Mediziner und Therapeuten dieses Wissen auf und nutzen es gar zur Behandlung von Leiden, etwa um Patienten mit Rückenschmerzen, Rheuma oder Migräne das Leben zu erleichtern.

Um zu begreifen, wie weitreichend die Atmung unser gesamtes Dasein beeinflusst, muss man zunächst ihre grundlegende Funktion näher verstehen: den Gasaustausch in der Lunge.

Durchschnittlich zwölf bis 15 Atemzüge pro Minute summieren sich zu rund 20 000 Atembewegungen am Tag. Weil mit jedem Zug ungefähr ein halber Liter Luft in die Lungen gelangt, saugt der Mensch also pro Tag mindestens 10 000 Liter Frischluft ein und atmet die gleiche Menge als eine Art Abgas wieder aus.

Die eingeatmete Luft besteht unter anderem aus knapp 21 Prozent Sauerstoff und 0,03 Prozent Kohlendioxid. Beim Ausatmen ist der Sauerstoffanteil auf 16 Prozent gesunken, der Anteil an Kohlendioxid hingegen hat sich auf mehr als das 100-Fache des vorherigen Frischluftwerts erhöht: Er beträgt nunmehr vier Prozent.

Wie schafft es die Lunge, in nur ein oder zwei Sekunden zwischen Ein- und Ausatmen die Zusammensetzung der Luft so drastisch zu ändern?

Das Geheimnis liegt darin, dass unsere Lunge mit einer riesigen, 100 bis 140 Quadratmeter großen Oberfläche ausgestattet ist. Diese große Oberfläche ist Voraussetzung dafür, dass Sauerstoff und Kohlendioxid – ein Abfallprodukt des Zellstoffwechsels – so effizient gegeneinander ausgetauscht werden.

Dazu muss die Atemluft allerdings tief in das Innere des Organs eindringen.

> **Gesteuert wird die Atmung unter anderem von winzigen Sensoren, die den Säuregehalt und die Konzentration von Gasen im Blut messen**

Vom Aufbau her ähnelt die Lunge einem umgekehrten Baum – mit einem dicken Stamm, der sich in zwei große Äste aufspaltet und dann weiter insgesamt 24-mal in immer kleinere Zweige aufteilt. Beim Einatmen durch Mund oder Nase strömt die Luft über den Rachen zunächst in die zehn bis zwölf Zentimeter lange Luftröhre, die jenem Baumstamm entspricht. Sie teilt sich im Brustkorb in zwei Äste, die Hauptbronchien, die zu den beiden Lungenflügeln führen und sich dort in immer kleinere Bronchien verzweigen.

Am Ende der feinsten Verzweigungen, der Bronchiolen, sitzen – vergleichbar den Blättern eines Baumes – die Lungenbläschen (Alveolen). Doch während von den Blättern einer Pflanze Sauerstoff abgegeben und Kohlendioxid aufgenommen wird, vollzieht sich in den Alveolen der umgekehrte Vorgang: Sie nehmen Sauerstoff aus der Luft auf und geben Kohlendioxid an die Luft ab.

Unter dem Mikroskop sieht eine Alveole aus wie eine Weintraube, nur hat jedes Bläschen einen Durchmesser von höchstens einem drittel Millimeter. Etwa 300 Millionen von ihnen gibt es in der Lunge eines gesunden Menschen.

Mit jedem Atemzug blähen sich diese winzigen Ballons auf und ziehen sich beim Ausatmen wieder zusammen. Jeder ist von einem Netz feinster Blutgefäße umsponnen, und nur eine dünne Membran trennt Blut und Atemluft. Während dieses stets feuchte Häutchen für Flüssigkeiten undurchlässig ist, können Gasmoleküle es ungehindert durchdringen.

Physiker nennen das Prinzip, nach dem dort der Gasaustausch funktioniert, „Diffusion durch eine Membran": Herrschen auf den beiden Seiten einer trennenden Membran unterschiedliche Konzentrationen von Molekülen, kommt es zu einem Ausgleich.

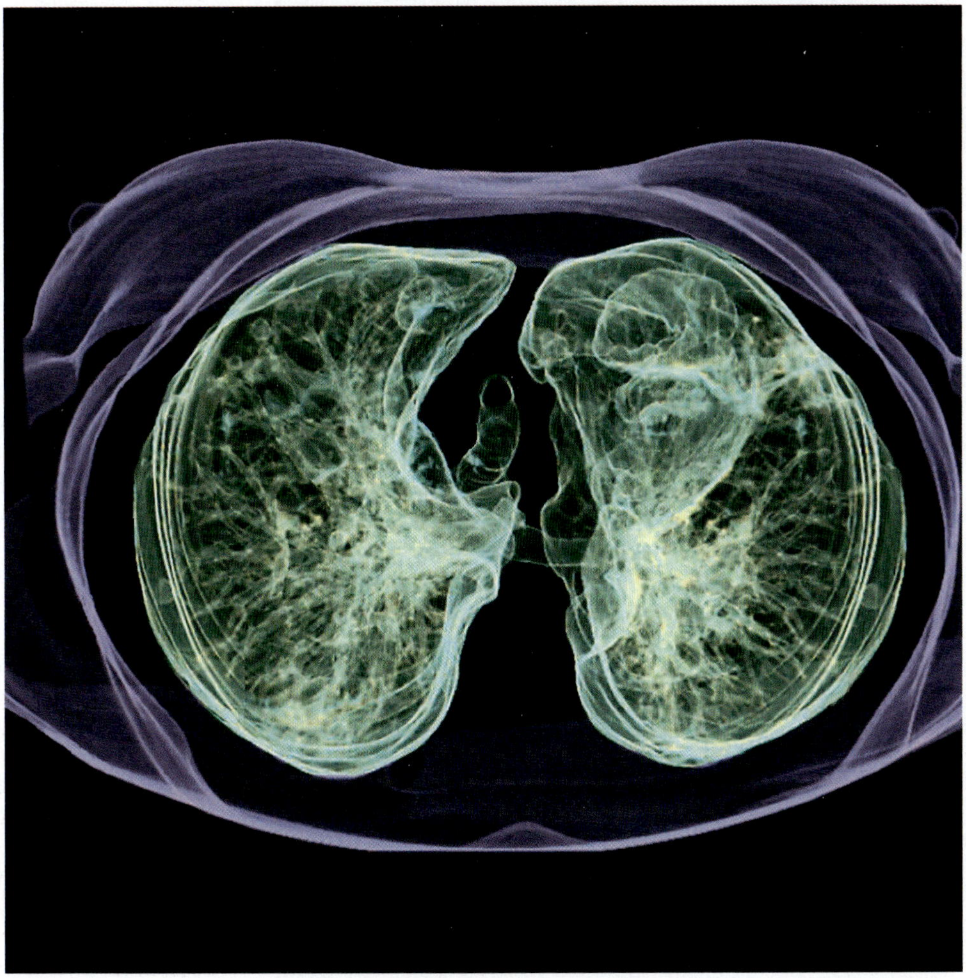

ZWEI FLÜGEL

Von oben lässt sich erkennen, wie die Lungenflügel den Brustraum füllen. Ein halber Liter Luft gelangt mit jedem Zug hinein

Ein vergleichbarer Vorgang findet in einer Teekanne statt. Durch die feinen Fasern eines Teebeutels dringen die Farb- und Aromastoffe des Tees in das heiße Wasser, die Teeblätter bleiben aber zurück; nach einer gewissen Zeit sind die Teeblätter ausgelaugt und die Konzentration von Aromastoffen im Wasser ist auf beiden Seiten des Teebeutels die gleiche.

In der Lunge verbleibt nach dem Einatmen in jedem Bläschen ein Sauerstoffanteil in der Luft von 14 Prozent (weil die Luft dort mit Wasserdampf gesättigt ist). Dagegen ist in dem Blut, das die Alveolen umspült, die Sauerstoffkonzentration wesentlich geringer – und deshalb gelangen die Sauerstoffmoleküle durch die Membran der Bläschen ins Blut.

Gleichzeitig enthält das Blut reichlich Kohlendioxid, die Luft in den Alveolen dagegen deutlich weniger. Aufgrund dieses Konzentrationsgefälles entweichen umgekehrt CO_2-Moleküle durch die Bläschenmembran – genau entgegen dem Weg des Sauerstoffs.

Das in den roten Blutkörperchen vorhandene Protein Hämoglobin verstärkt diesen Austausch. Denn es fängt gleichsam die nun im Blutplasma treibenden Sauerstoffmoleküle größtenteils ein und bindet sie an sich. Dadurch wird die O_2-Konzentration im Plasma wieder geringer – und weiterer Sauerstoff diffundiert aus den Alveolen ins Blut.

Das mit Sauerstoff gesättigte Blut strömt nun von der Lunge zum Herzen und wird über den ganzen Körper verteilt.

Weil alle Zellen ständig Sauerstoff verbrauchen, ist dessen Konzentration in den Geweben geringer als in den Blutgefäßen, und deshalb diffundiert das Gas aus den roten Blutkörperchen in die Flüssigkeit zwischen den Geweben – und daraus anschließend in die Zellen.

In deren Innerem nehmen die Mitochondrien, die Kraftwerke der Zelle, den Sauerstoff auf und verbrauchen ihn, um chemische Energie zu erzeugen.

Als Abfallprodukt entsteht Kohlendioxid, das den umgekehrten Weg nimmt: Es gelangt aus den Zellen ins Blut, wird zum Teil vom Hämoglobin und zum Teil in dem Salz Bikarbonat gebunden, zur Lunge transportiert, dort in die Alveolen entlassen und ausgeatmet. Möglich ist dieser Gasaustausch nur, weil sich mit

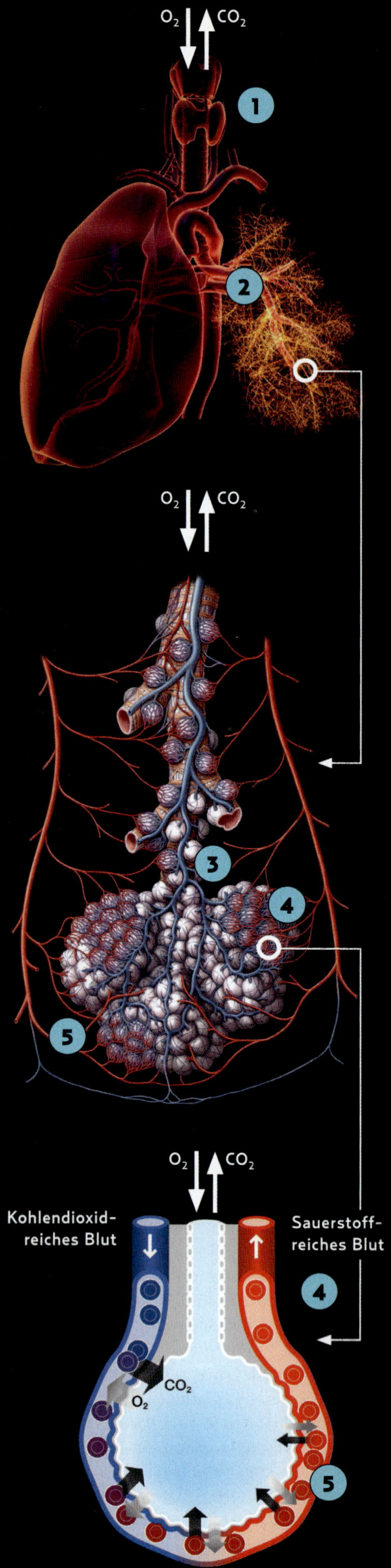

DER WEG DER GASE

Wenn wir einatmen, vergrößert sich das Volumen unseres Brustkorbs, sodass Luft durch die **Luftröhre** (1) in die beiden **Hauptbronchien** (2) fließt. Diese verzweigen sich in den Lungenflügeln und bilden immer feinere Verästelungen, die **Bronchiolen** (3). An deren Ende sitzen insgesamt etwa 300 Millionen winzige Lungenbläschen, die **Alveolen** (4). Die sind von **Kapillaren** (5) umsponnen, einem Geflecht feinster Blutgefäße. Strömt Luft in ein Lungenbläschen, dringt Sauerstoff, O_2, ins Blut (graue Pfeile) und Kohlendioxid, CO_2, aus dem Blut in die Alveole (schwarze Pfeile). Das nun sauerstoffreiche Blut fließt zum Herzen, von wo aus es sich im gesamten Körper verteilt. In den Zellen der Gewebe und Organe wird Sauerstoff anschließend gegen das Gas Kohlendioxid ausgetauscht, ein Abfallprodukt des Stoffwechsels.

Danach gelangt das »verbrauchte« – also kohlendioxidreiche und sauerstoffarme – Blut wieder in die Lunge und somit in die Kapillaren, die sich um die Alveolen schlängeln. Hier findet erneut der Gasaustausch statt: Mit der Atemluft strömt frischer Sauerstoff ins Blut, das Kohlendioxid wiederum gelangt aus dem Blut in die Luft, die wir sodann ausatmen. Und so beginnt der Kreislauf der Gase von Neuem.

jedem Atemzug die Druckverhältnisse im Brustraum ändern. Herrscht dort Unterdruck, strömt Luft in die Lunge, bei Überdruck fließt sie dagegen hinaus. Diese Druckunterschiede entstehen entweder durch Bauch- oder durch Brustatmung.

Bei der Bauchatmung hebt und senkt sich das Zwerchfell – ein starker Muskel – und wirkt dabei wie der Kolben in einer Pumpe: Geht der Kolben, also das Zwerchfell, nach unten, so wird infolge des Unterdrucks über ihm Luft angesaugt, somit eingeatmet. Das Ausatmen hingegen erfolgt passiv – infolge ihrer Elastizität zieht sich die Lunge wie ein Gummiband zusammen und nimmt dabei den „Kolben“ Zwerchfell wieder mit nach oben.

Die Brustatmung funktioniert ähnlich, nur dass dabei die Volumen- und Druckänderung durch die Bewegung der Rippen erreicht wird. Sobald der Körper auch nur etwas angestrengt wird, steigt der Sauerstoffbedarf der Zellen. Das Herz beginnt stärker zu pumpen, und die Lunge muss mehr Sauerstoff umsetzen.

Statt der rund acht Liter Atemluft, die bei körperlicher Ruhe jede Minute im Inneren der Lunge ankommen, muss sie bei längerem Radfahren schon etwa 40, bei Höchstleistung sogar über 100 Liter pro Minute umschlagen.

Gesteuert wird die Atmung durch das Atemzentrum im verlängerten Mark – jenem Teil des Hirnstamms, der das Gehirn mit dem Rückenmark verbindet.

Die Steuersignale kommen von mehreren chemischen Sensoren. Diese spezialisierten Zellen liegen in der Aorta, in den beiden Kopfschlagadern und zentral in der Nähe des Atemzentrums und sind über Nerven mit diesem verbunden. Sie prüfen fortwährend den Gehalt der beiden Gase Sauerstoff und Kohlendioxid im Blut sowie dessen Säuregehalt.

Registrieren die Sensoren eine erhöhte CO_2-Konzentration, signalisiert das Atemzentrum der Atemmuskulatur, schneller zu atmen. Es erhöht sich die Zahl der Atemzüge pro Minute, und das eher flache Atmen des Ruhezustandes geht in tiefes Luftholen über. Diese Steuerung erfolgt, ohne dass wir darüber nachdenken müssen.

Dennoch können wir die Atmung auch bewusst steuern. Das unterscheidet sie von allen anderen vegetativen Funktionen. Wir können dem Herzen nicht

Unser Atem ist ein wirkmächtiger Mittler, der eine einzigartige Verbindung schafft zwischen unserer Psyche und dem Leib

befehlen, langsamer zu schlagen. Wir können vom Magen nicht verlangen, die Verdauung einzustellen. Aber wir können langsamer oder schneller atmen. Der Atem schlägt also gewissermaßen eine Brücke, weil er willkürlich beeinflusst, was sonst unwillkürlich geschieht.

So lässt sich erklären, was viele Menschen intuitiv spüren: dass ein entschleunigter Atem Körper und Geist beruhigt. Schließlich sind Atem und Herzfunktion eng miteinander verbunden.

Schlägt das Herz schnell, beschleunigt sich automatisch auch die Atmung. Umgekehrt sinken beim bewusst langsamen Atmen Puls und Blutdruck. Allein durch seinen Willen kann ein Mensch das nicht erreichen. Benutzt er den Atem als Mittler, ist es möglich.

Diese Erkenntnis machen sich all jene zunutze, die die Yoga praktizieren. Studien belegen, dass Yogis ihr vegetatives Nervensystem besonders effektiv beeinflussen können – jenes System, das unter anderem den unbewussten Atem steuert. Es teilt sich in einen Muntermacher, das sympathische System, und seinen Gegenspieler, das parasympathische System.

Der Sympathikus macht den Menschen leistungsbereit, treibt ihn an, wenn er unter Stress steht oder in Gefahr gerät. Schnelle Atmung, kräftiger Herzschlag. Das schafft viel Sauerstoff in den Körper, und damit kann viel Energie erzeugt werden. Der Parasympathikus fördert die Verdauung und das Ausruhen. Die Muskeln werden mit weniger Blut versorgt, Atmung und Herzschlag vermindern sich. Beide Systeme sind zu jeder Zeit aktiv, wichtig ist ihr Verhältnis zueinander.

Bei chronischem Stress gewinnt der Sympathikus schnell die Oberhand. Die Nerven funken im Dauerfeuer, mittelfristig geraten die Steuerungsreaktionen des Körpers aus dem Takt. Die Folgen: Unruhe, Depressionen, Angst, Sucht, chronische Entzündungen, Darmerkrankungen, Arthritis und ein erhöhter Blutzuckerspiegel. Bei bis zu 80 Prozent aller Krankheiten sollen Stress und ein damit verbundener ungesunder Lebensstil ursächlich oder verstärkend beteiligt sein.

Bei ihren Atemübungen treten Yogis gleichsam auf die Bremse. Entweder holen sie langsam und tief Luft, oder sie amten schnell und stoßweise ein und aus. Bei manchen Techniken wiederum holen sie gezielt nur durch eines der Nasenlöcher Luft. Stets aber geht es darum, durch das achtsame, kontrollierte Atmen Körper und Geist miteinander zu verbinden. Und so auch den Vagusnerv zu stärken. Der verläuft vom Hirnstamm bis in den Bauch und regelt die Tätigkeit vieler Organe und einiger Muskeln.

Wird der Atemrhythmus langsamer, senden Lunge, Zwerchfell und Bronchien über den Vagusnerv millionenfach Meldungen Richtung Gehirn.

Die Botschaft ist immer die Gleiche: Entspannung. Die anderen Körperfunktionen passen sich an.

Wissenschaftliche Studien belegen inzwischen: Regelmäßig praktiziert, senkt Yoga den Spiegel von Stresshormonen wie Kortisol im Blut. Auch für andere stressbedingte Erkrankungen gibt es ermutigende Ergebnisse.

So wurden beispielsweise während einer Studie indischer Ärzte Bluthochdruckpatienten mit Medikamenten behandelt, eine Gruppe praktizierte zusätzlich bestimmte Atemübungen – und sie konnte den Blutdruck im Vergleich deutlicher senken.

US-Untersuchungen zeigen zudem, dass hohe Blutdruckwerte durch Yoga derart normalisiert werden, dass die Versuchsteilnehmer ihre Medikamente deutlich reduzieren konnten.

Brustkrebspatientinnen berichteten über nachlassende Erschöpfung nach einer Atemübungs-Therapie. Bei Patienten mit Herzrhythmusstörungen wurden leichte Verbesserungen festgestellt.

Laut einer Metastudie, an der die Berliner Charité beteiligt war, ist Yoga die wirksamste Methode gegen chronischen Rücken- und Nackenschmerz und kann auch hilfreich sein bei Migräne.

Die Atemtherapie ist also alles andere als Hokuspokus – zumal ihre Effekte langfristig messbar sind.

Einiges deutet sogar darauf hin, dass der Vagusnerv mit der Zeit immer schneller auf die besänftigenden Impulse der Atmung reagiert, die entschleunigende Bremse wirkt dann noch zügiger.

Damit ist wohl selbst unter Experten erwiesen, dass man die Kraft des Atems nicht unterschätzen sollte. Offenbar versorgt er unseren Organismus nicht nur mit lebenswichtigem Sauerstoff – sondern vermag darüber hinaus auch Körper und Geist zu heilen •

AUF EINEN BLICK

Austausch

Pro Tag atmen wir mindestens 20 000-mal. Mit der Atemluft gelangt Sauerstoff ins Blut, Kohlendioxid dagegen aus dem Körper.

Versorgung

Strengen wir uns an, braucht der Körper mehr Sauerstoff: Bei Höchstleistung atmen wir mehr als 100 Liter Luft pro Minute ein.

Steuerung

Die Atmung ist der einzig automatisch im Körper ablaufende Prozess, den wir auch ganz bewusst steuern können.

Heilkraft

Durch spezielle Atemtechniken kann es gelingen, Krankheiten wie etwa Migräne und Bluthochdruck zu mildern.

7 Fragen zur Atmung

Tag und Nacht ist uns der Atem ein steter Begleiter, daher ist die Pflege unseres inneren Blasebalgs – der Lunge – überlebenswichtig

Illustrationen: **Claudia Meitert**

MEDITATION
Beim Meditieren kann das bewusste Wahrnehmen des Atmens den Geist entspannen und im Hier und Jetzt verankern

(1)

Wie entsteht Bronchitis?

Bei einer Bronchitis hat sich die Schleimhaut entzündet, mit der die Bronchien auf ihrer Innenseite ausgekleidet sind (siehe Seite 92).

Auslöser der Entzündung sind in aller Regel Viren, manchmal kommt es aber zu einer zusätzlichen Infektion mit Bakterien. Bei den Beschwerden einer akuten Bronchitis steht der Husten im Vordergrund, die Atmung ist meist nicht betroffen. Bei größeren Kindern und Erwachsenen verschwindet die Erkrankung meist binnen einiger Tage und beschränkt sich auf die Hauptatemwege.

Bei Säuglingen betrifft die Entzündung oft auch die fein verästelten Bronchiolen. Eine solche akute Bronchiolitis führt unter Umständen zu Atemnot und Sauerstoffmangel im Blut.

Bei Babys und Kleinkindern kann die Bronchialwand auch so stark gereizt werden, dass sich die dort eingelagerten Muskeln verkrampfen. Dabei tritt oft eine behinderte, häufig „pfeifende" Atmung auf – entsprechend ernster sind diese Formen zu nehmen.

Bei einer normalen Bronchitis sind schleimlösende Medikamente in der Regel nicht sinnvoll. Medikamente, die den Husten unterdrücken, können sogar schädlich sein – das Sekret verbleibt dann in den Luftwegen und bildet einen idealen Nährboden für Bakterien. Sinnvoll sind hustenunterdrückende Medikamente allenfalls, wenn starker trockener Reizhusten den Nachtschlaf stört.

Günstig wirken sich dagegen Inhalationen aus, etwa mit Kochsalzlösung, ebenso Honig, Zwiebelsaft, Brusteinreibungen mit ätherischen Ölen und pflanzliche Hustenpräparate mit Thymian, Efeu oder Isländischem Moos. Von den Mitteln sollte man jedoch allenfalls eine gewisse Beruhigung erwarten: Der Husten ist auch ein wichtiger Schutzreflex, mit dem sich die Lunge vor dem Tieferrutschen von Sekret schützt.

(2)

Weshalb sollten wir uns häufiger draußen aufhalten?

Die meisten Erwachsenen verbringen den Großteil ihres Lebens in geschlossenen Räumen: in Wohnungen, Büros, Autos, Bussen, Kinos, Museen und Restaurants.

Gerade im Winter kann das zu einer Austrocknung der Schleimhäute in unseren Atemwegen führen. Viren und Bakterien dringen dann leichter über Nase und Rachen in den Körper ein. Kühle und frische Luft fördert hingegen die Durchblutung der Schleimhäute und stärkt so unseren Schutz gegen Tröpfcheninfektionen.

Zudem verbreiten sich Krankheitserreger wie Erkältungs- oder Grippeviren in geheizten und geschlossenen Innenräumen besonders leicht: Durch die geringe Luftzirkulation halten sich winzige Tropfen, an denen die Erreger haften, besonders lange in der Raumluft.

Wenn sich viele Menschen lange in einem geschlossenen Raum aufhalten, verschlechtert sich durch Atmung und Körperausdünstungen zudem die Luftqualität. Verantwortlich dafür ist meist nicht, wie oft vermutet, ein Mangel an Sauerstoff, sondern der erhöhte Gehalt an Kohlendioxid. Beim Ausatmen reichert unser Körper die Luft spürbar mit diesem Gas an. Darauf reagieren viele Menschen mit Müdigkeit, Konzentrationsschwäche und Unwohlsein. In dicht besetzten Räumen wird dieser Wert ohne Luftaustausch oft schon nach einigen Stunden erreicht.

(3)

Was hilft gegen Asthma?

Asthma (medizinisch: Asthma bronchiale) ist eine chronische Entzündung der Atemwege mit wiederkehrenden Anfällen von Atemnot. Beim akuten Anfall produziert die angeschwollene Schleimhaut der Bronchien zu viel zähen Schleim, zudem krampfen sich die feinen Muskeln in der Bronchialwand zusammen. Dies erschwert die Ausatmung. Auslöser können beispielsweise Virusinfekte sein oder Allergien etwa gegen Pollen, Hausstaubmilben oder Tierhaare. Die überempfindlichen Bronchien der Asthmakranken reagieren aber auch auf unspezifische Reize (körperliche Anstrengung, starke Düfte, kalte Atemluft, Luftverschmutzung, psychische Faktoren). In Deutschland sind wohl acht Millionen Menschen von Asthma betroffen.

Typische Beschwerden sind wiederholte (Reiz-)Husten- oder Atemnotanfälle, meist mit hörbarem Pfeifen beim Atmen. Mit zunehmender Atemnot kommt es zu Unruhe, Angst, Schwierigkeiten beim Sprechen, Engegefühl in der Brust, manchmal bläulicher Verfärbung der Lippen sowie immer schnellerer Atmung.

Asthma ist bisher nicht heilbar, aber in den meisten Fällen gut kontrollier- und behandelbar. Ein Arzt kann den Anfall etwa durch Medikamente beenden, welche die Bronchien erweitern und die entzündliche Reaktion unterdrücken. Bei Verdacht auf allergisches Asthma ist ein Allergietest sinnvoll.

Hat ein Betroffener nur sehr selten Episoden leichter Atemnot, bekommt er ein Medikament verordnet, das bei Bedarf, also in anfallträchtigen Situationen (etwa vor dem Sport) oder während eines Anfalls inhaliert wird. Treten die Asthmaanfälle häufiger auf oder hat jemand andauernde Beschwerden, sollte die Zahl der Anfälle durch regelmäßig genutzte kortisonhaltige entzündungshemmende Mittel minimiert werden.

(4)

Warum schnarchen Menschen?

Die Wahrscheinlichkeit, mit einem Schnarcher das Bett zu teilen, ist groß. Je älter ein Mensch wird, desto eher tönt er im Schlaf. Etwa 50 Prozent der Männer und 25 Prozent der Frauen (vor allem nach der Menopause) schnarchen. Die Töne bilden sich im Ra-

STÖRGERÄUSCHE
Viele schnarchen, wenn sie auf dem Rücken liegen: Die Zunge verengt dann die Atemwege

chen (Pharynx), jenem zwölf Zentimeter langen Schlauch in unserem Hals, in dem die Luft- und Speiseröhre noch nicht voneinander getrennt sind. Die Muskeln des Pharynx ermöglichen es uns, zu schlucken, zu atmen und zu sprechen. Im Schlaf nimmt die Spannung in diesem Gewebe aber ab, und es wird schlaff.

Dann lässt der Luftstrom beim Einatmen bisweilen das Gewebe vibrieren – und das typische Schnarchen ertönt. Je nach Entstehungsort kann es unterschiedlich klingen; tiefe, sonore Töne entstammen vor allem Gaumensegel und Zäpfchen, hohe, eher fauchende den seitlichen Rachenwänden und dem Zungengrund.

Es schnarchen vor allem jene Menschen, deren obere Atemwege vergleichsweise schmal sind – etwa weil die Zunge sehr groß ausgebildet ist. Oder weil der Unterkiefer weit hinten liegt und wenig Raum für den Pharynx bleibt. Denn solche Engstellen erzeugen einen Sog, der den Atemfluss beschleunigt und so das Gewebe in Schwingung versetzt.

Viele schnarchen nur, wenn sie auf dem Rücken liegen und durch den Mund atmen. Dabei kann die Zunge in den Rachenraum fallen und die Atemwege verengen. Drehen sie sich auf die Seite, gibt die Zunge die Bahn der Atemluft wieder frei, und das Schnarchen endet.

Neben der Schlafposition spielt das Körpergewicht eine entscheidende Rolle. Je dickleibiger ein Mensch ist, je mehr Fett sich im Rachen ablagert, desto enger wird es. Abnehmen gilt daher als erster und besonders wichtiger Schritt, um die störenden Geräusche im Schlaf zu verringern und das Atmen zu erleichtern.

(5)

Helfen Atemübungen gegen Stottern?

Etwa 16 000 Wörter spricht ein Mensch durchschnittlich am Tag, 99 Prozent der Erwachsenen gelingt das flüssig. Aber rund 800 000 Menschen in Deutschland stottern. Nicht etwa, weil sie sich vermeintlich verhaspeln oder aufgeregt sind: Stotternde wissen sehr genau, was sie sagen möchten.

Doch es gelingt ihnen nicht, dies flüssig auszusprechen.

Es gibt etliche Behandlungsmethoden gegen Stottern. Viele Betroffene setzen zum Beispiel auf eine Methode, die der amerikanische Opernsänger Leonard Del Ferro Ende der 1970er Jahre entwickelt hat und die Del-Ferro-Trainer heute in Instituten anbieten.

Es ist eine Atemtechnik für das Zwerchfell, jene kuppelförmige Muskel-Sehnen-Platte, die den Brust- vom Bauchraum trennt.

Wenn der Mensch einatmet, flacht das Zwerchfell ab, beim Ausatmen wölbt es sich in die Ausgangsposition zurück. Durch diese Bewegung strömt Luft aus der Lunge an den Stimmlippen im Kehlkopf vorbei, hin zum gesprochenen Wort.

Die Vertreter der Del-Ferro-Methode gehen davon aus, dass Stotternde während des Sprechens unbewusst einatmen, daher das Zwerchfell „flattert" und der Sprechablauf durcheinanderkommt.

Etliche Patienten, die einen Kurs bei einem der Institute absolviert haben, berichten, dass ihnen die Technik hilft. Fundierte wissenschaftliche Studien, die eine Effektivität der Behandlung beweisen, stehen allerdings aus.

Eine komplette Heilung im Erwachsenenalter sollte ohnehin niemand versprechen, sagen Forscher. Jeder müsse seinen eigenen Weg für das Leben mit dem Stottern finden.

Zwei Grundtherapieformen werden von Experten besonders empfohlen. Beim „Fluency Shaping" wird eine neue, stotterfreie Art zu Sprechen erlernt, die allerdings von manchen Teilnehmern als fremd wahrgenommen wird.

Eine weitere etablierte Therapieform ist die „Stottermodifikation", bei der es besonders darum geht, Scham beim Stottern zu reduzieren.

Außerdem wird eine Art zu stottern gelehrt, die das Sprechen weniger beeinflusst und zeigt, wie starke Sprechblockaden überwunden werden können.

(6)

Wie reagiert der Körper auf Sauerstoffmangel?

Allein in der Höhenluft von Gebirgen setzen sich jährlich Hunderttausende Bergsteiger, Skifahrer, Pilger und Minenarbeiter der Gefahr von Sauerstoffmangel (Hypoxie) aus. In der

Höhe sinkt der Luftdruck der Atmosphäre – und damit auch der dem Körper verfügbare Sauerstoff – alle 1000 Meter um rund zehn Prozent.

Schon auf 5000 Meter Höhe also kann die Lunge aus jedem Atemzug nur noch halb so viel Energie schöpfen wie auf Meeresniveau.

Aber auch im Flachland ist Sauerstoffmangel kein seltenes Phänomen. Ärzte der Intensivmedizin erleben fast täglich Patienten, die daran leiden und oft auch sterben: nach Verkehrsunfällen mit schweren Lungenschäden zum Beispiel, nach Herzinfarkten, Rauchvergiftungen, Infektionen oder nach Schlaganfällen.

Ob im Hochgebirge oder nach einem Herzinfarkt: Die Folgen von Hypoxie sind erst in Grundzügen erforscht.

So viel aber ist bekannt: Im Blutkreislauf und im Zellgewebe löst der Sauerstoffmangel zwei widersprüchliche Reaktionen aus. Zum einen versucht der Körper zunächst reflexhaft, die unterversorgten Gefäße zusammenzuziehen; das Herz pumpt schneller, der Blutdruck steigt.

Doch um mehr Sauerstoff zu transportieren und an das Gewebe abzugeben, muss der Organismus zum anderen die Blutbahnen weiten. Bei längerer Hypoxie scheint dieser Impuls zu überwiegen.

Hormone und Stoffe, die wegen des Sauerstoffmangels nicht abgebaut werden, machen die Gefäßwände zunehmend porös: Die austretende Flüssigkeit kann sich insbesondere in der Lunge und im Gehirn lebensbedrohlich ansammeln, es kommt zu sogenannten Ödemen.

Erreicht die Hypoxie erst einmal das Gehirn, führt dies zu Kopfschmerzen, Schwindel und sinkender Konzentrationsfähigkeit, Bewusstseinsverlust – und letztlich zum Tod des Betroffenen.

Selbst wenn man überlebt, können in nur drei Minuten ohne Sauerstoff derart viele Zellen absterben, dass dauerhafte Hirnschäden zurückbleiben.

SPRACHFLUSS
Durch eine besondere Atemtechnik sollen Stotterer lernen, flüssig zu reden

(7)

Was bringt Atemmeditation?

Meditation ist die Kunst, sich gleichzeitig zu entspannen und zu konzentrieren; seit Jahrtausenden üben sich Menschen aus allen Kulturen und Religionen darin. Heute existieren viele Formen, die losgelöst sind von religiösen Kontexten. Immer jedoch geht es darum, alles, was wir denken und tun, bewusster wahrzunehmen, intensiver zu erleben und sich nicht ablenken zu lassen.

Viele Teilnehmer von Kursen lernen jedoch schnell, dass Meditation nicht immer leicht ist. Denn dabei können Ängste hochkommen, vor Gedanken, vor Erinnerungen, vor Schmerz. Dann ist es hilfreich, seine Aufmerksamkeit vor allem auf die Atmung zu lenken: Wohin fließt der Atem? Hebt oder senkt sich die Bauchdecke? Ist da eine Atempause?

Der eigene Atemrhythmus kann etwas sehr Beruhigendes haben, weil es sich um einen Vorgang handelt, der deutlich langsamer abläuft als gedankliche Prozesse. Durch das Wahrnehmen der Atmung gelingt es Meditierenden zudem, ihren Geist ganz im Hier und Jetzt zu verankern. Denn die Empfindungen, die der Atem vermittelt, treten schließlich nur in der Gegenwart auf.

Ein weiterer Effekt: Durch die bewusste Wahrnehmung des Atemvorgangs gelingt es mit der Zeit vielen, ihre Gedanken und Gefühle gleichmütiger zu beobachten, ohne zu urteilen. Für sie ist der Atem gewissermaßen ein neutraler Anker im Bauch, weit entfernt vom Kopf, der wägt und bewertet.

Hirnforscher haben nachgewiesen: Regelmäßige Meditation kann dazu führen, dass sich langfristig die Aktivität in jenen Partien des Gehirns verändert, die Emotionen und körperliche Empfindungen regulieren. Das Ziel jeder Meditation ist Selbsterkenntnis und innere Harmonie, die dann oftmals auch dazu führt, dass der Praktizierende Stress reduziert •

PANTONE® 38-8 C

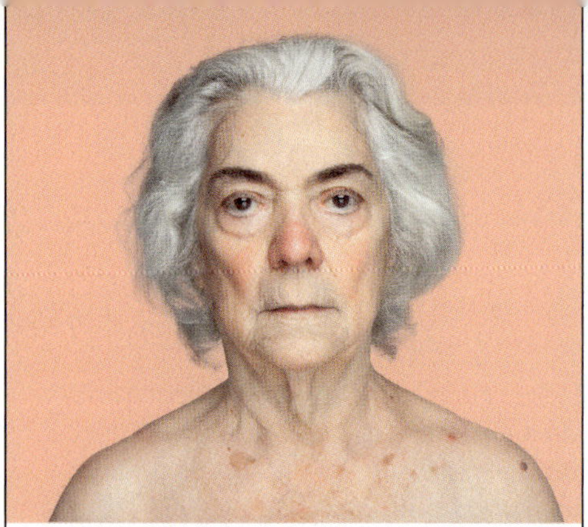

PANTONE® 97-7 C

PANTONE® 322-1 C

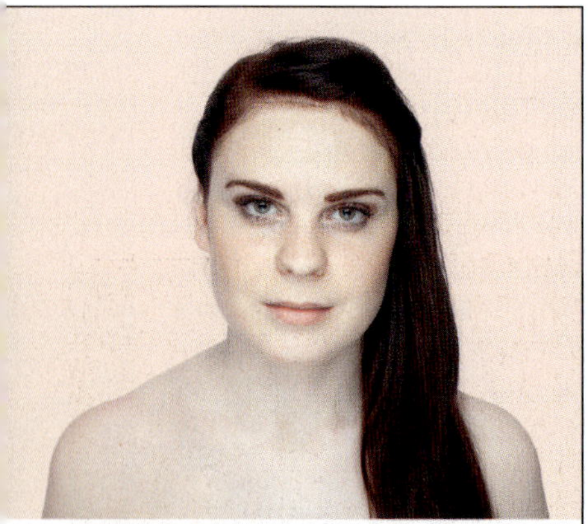

PANTONE® 108-9 C

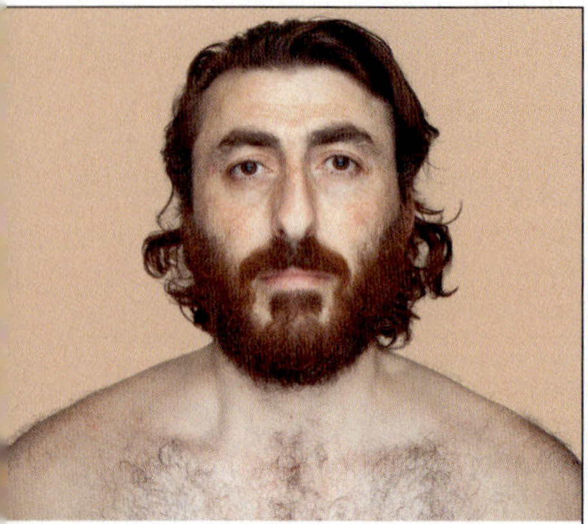

PANTONE® 58-7 C

Nicht nur »schwarz« oder »weiß«: Wie vielfältig die Farben der Haut sind, zeigt die Brasilianerin Angélica Dass in ihrem Projekt »Humanae«. Dafür hat sie inzwischen rund 4000 Menschen aus aller Welt fotografiert – und den Hautton der Porträtierten nach dem Pantone-Farbsystem bestimmt, das in der Grafik- und Druckbranche verwendet wird

PANTONE® 66-3 C

Unsere wunderbare Hülle

Sie lässt uns feinste Berührungen spüren, schützt vor Überhitzung, hält uns gefährliche Erreger vom Leib und liefert unverzichtbare Informationen über die Außenwelt: Kein zweites Organ **dient dem Menschen auf derart vielfältige Weise wie die Haut**. Ihr raffiniert konstruiertes System aus Schutzschichten, Transportwegen und Messfühlern sichert die Unversehrtheit des Körpers – und schafft überdies erst die Grundlage dafür, dass sich der Mensch in der Welt orientieren kann

TEXT: UTE EBERLE

FOTOS: ANGÉLICA DASS

S

Sie wird von Laien häufig unterschätzt. Vielleicht weil sie eine Hülle ist – und uns im Leben meist der Inhalt mehr interessiert als die Verpackung.

Doch die Haut ist weitaus mehr als nur die Begrenzung unseres Körpers zur Außenwelt. Sie schützt uns vor Gefahren, vor Verletzung und vor Keimen, sie lässt uns die Welt tastend erfahren.

Sie verrät, was wir empfinden und wie es uns geht. Mehr noch: Ohne diese Hülle (die Biologen zu den menschlichen Organen zählen, so wie Niere oder Herz) wären wir gar nicht überlebensfähig.

Könnten wir die Haut ablegen wie einen Taucheranzug, wäre sie rund fünf Kilogramm schwer (das Fettgewebe der Unterhaut wiegt mindestens ebenso viel).

Dieser Anzug wäre im Mittel nur etwa 2,5 Millimeter dick (ohne die Unterhaut, die zum Teil mehrere Zentimeter stark ist), doch seine Fläche würde annähernd zwei Quadratmeter ausmachen.

Würden wir ein Stück heraustrennen und unter ein Mikroskop legen, würden wir erkennen, dass die Haut aus drei übereinanderliegenden Schichten besteht:

- der Unterhaut (Subkutis),
- der Lederhaut (Dermis)
- und der Oberhaut (Epidermis).

Jede dieser Schichten trägt auf eine ganz eigene Weise dazu bei, dass die Kör-

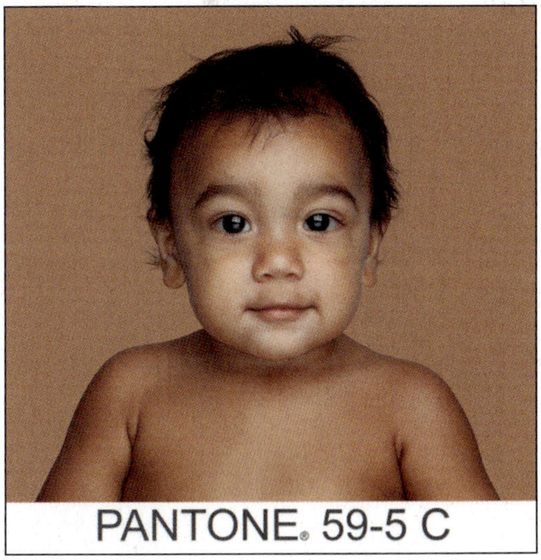

Hautkontakt fördert das Wohlergehen: Zärtliche Berührung lässt das Herz ruhiger schlagen und senkt den Blutdruck

perhülle eine schützende Barriere bildet. Die verschiedenen Lagen der Haut sind gleichsam wie Verteidigungslinien angeordnet, die uns vor den Gefahren der Außenwelt bewahren.

DIE HAUT SCHÜTZT UNS GEGEN ÄUßERE FEINDE – UND HILFT DEM KÖRPER, SICH AN SEINE UMGEBUNG ANZUPASSEN

D

Die unterste Schicht, die Subkutis (siehe Kasten), bedeckt unser Körperinneres nahezu vollständig. Zum größten Teil besteht sie aus Fettgewebe, das als Energiespeicher dient, als Wärmedämmung und als Polster, das Stöße abpuffert.

In der darüberliegenden Schicht, der Dermis (aus der bei Tieren Leder gegerbt wird, daher die Bezeichnung „Lederhaut"), finden vielfältige Prozesse statt. Das Grundgerüst bilden spezielle Eiweißmoleküle (das Kollagen), die sich zu zugfesten Fasern verbinden. Die werden durch netzartig verknüpfte, hochelastische Eiweißfasern (Elastin) ergänzt. Gemeinsam machen sie die Haut zäh und reißfest, aber auch dehnbar und straff.

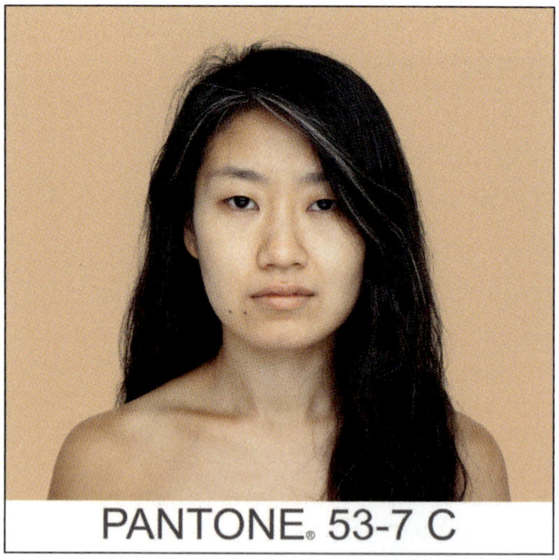

Verschiedene Bindegewebsfasern machen unsere Körperhülle elastisch und dehnbar – zugleich aber auch reißfest und zäh

Erst im Alter, wenn die elastischen Fasern verschleißen, lässt die Spannkraft nach, und die Haut wird faltig und schlaff.

In das Fasergeflecht der Lederhaut sind wichtige Strukturen eingebettet: So finden sich hier sehr viele hochempfindliche Sensoren, die je nach Typ darauf reagieren, wie warm oder kalt es ist, ob eine Berührung die Haut eindrückt, ob sie gedehnt wird oder in Vibration versetzt.

Andere Sensoren senden Signale an das Gehirn, sobald eine Gewebeschädigung erfolgt, was dazu führt, dass wir Schmerz empfinden.

Hinzu kommen Millionen von Schweißdrüsen – je nach Körperregion zwischen 100 und 600 pro Quadratzentimeter Haut –, die über feine Kanäle und Poren in der Hautoberfläche ein wässriges, leicht saures Sekret absondern.

Nur an wenigen Stellen, vor allem an den Achseln und im Genitalbereich, finden sich andere Drüsen, die einen dickflüssigeren Schweiß produzieren.

Diese Drüsen geben ihr Sekret nicht direkt an der Oberfläche ab, sondern in Haarfollikel: Das sind gewissermaßen Einstülpungen der oberen Hautschicht, die durch die Dermis meist bis zur Unterhaut reichen und an ihrem Grund die Haarwurzel umschließen. An den Follikeln sämtlicher Haare, die in der Haut wachsen, sitzen dann noch die Talgdrüsen, die ein stark fetthaltiges Sekret in den Haarbalg leiten. Auf diese Weise werden die Haut und die rund fünf Millionen Haare des menschlichen Körpers mit einer öligen, schützenden Schicht überzogen.

Ein Geflecht aus Adern versorgt die Dermis mit Nährstoffen. Es verzweigt sich auch in jede der zahllosen Papillen der Lederhaut. Von hier aus gelangen die lebenswichtigen Substanzen in die dritte und letzte Schicht: die Oberhaut.

Die Epidermis bildet den äußeren Verteidigungswall, ein undurchlässiges Bollwerk gegen Eindringlinge. Ständig erneuert sich diese Hautschicht.

Dazu bilden sich permanent neue Zellen, die im Laufe von vier Wochen langsam in Richtung Oberfläche aufsteigen, verhornen und schließlich absterben.

Diese Hornzellen liegen versetzt übereinander und werden durch fettartige Substanzen verkittet, die aus den noch lebendigen Zellen der darunterliegenden Lagen stammen.

Wie eine wasserundurchlässige Folie verhindert die nur Hundertstelmillimeter dicke Hornschicht weitgehend, dass der Körper Flüssigkeit verliert und dass umgekehrt Krankheitserreger, Gifte oder Staubpartikel in die Haut eindringen.

Während von unten ständig Zellen nachrücken, werden die alten Zellen an der Oberfläche der Hornschicht abgestoßen. In jeder Minute verliert ein gesunder Mensch auf diese Weise mehr als drei Millionen Hornzellen.

Auch dort, wo die nach außen gewandte Haut gewissermaßen im Körperinneren verschwindet – etwa in der Mundhöhle – und in eine Schleimhaut übergeht, findet sich eine Schicht, die ähnlich wie die Epidermis strukturiert ist und sich fortlaufend selbst erneuert.

Sie bildet jedoch keine verhornte äußere Lage, stattdessen ist ihre Oberfläche mit einem dünnen Schleimfilm überzogen. Die Schleimhaut übernimmt den

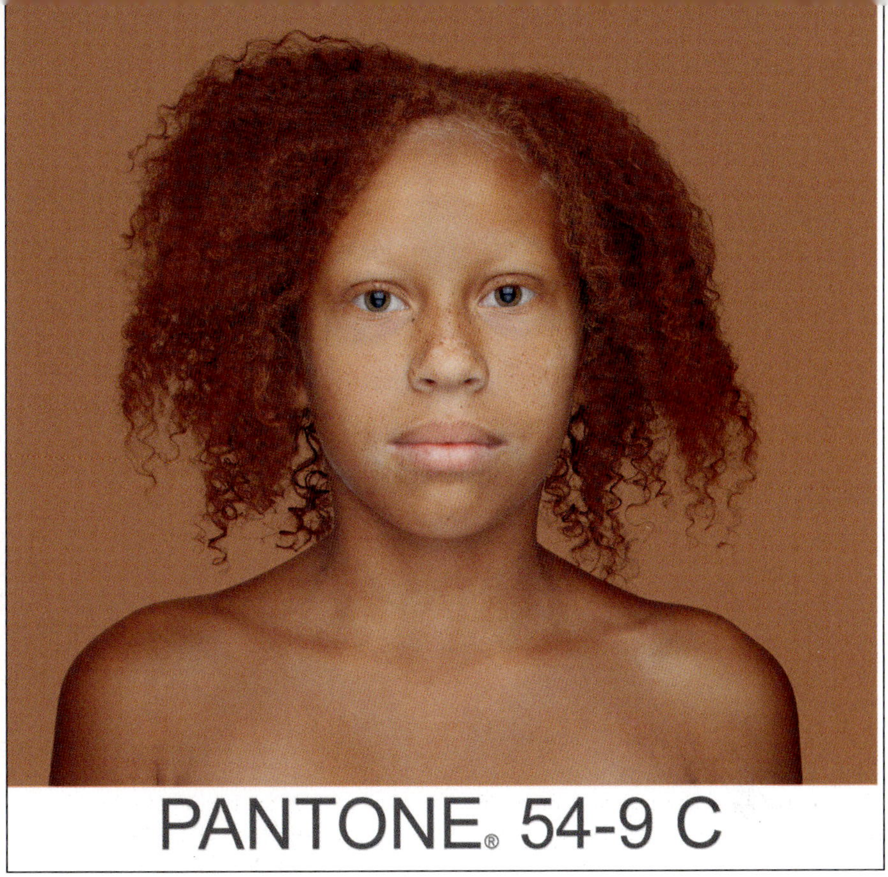

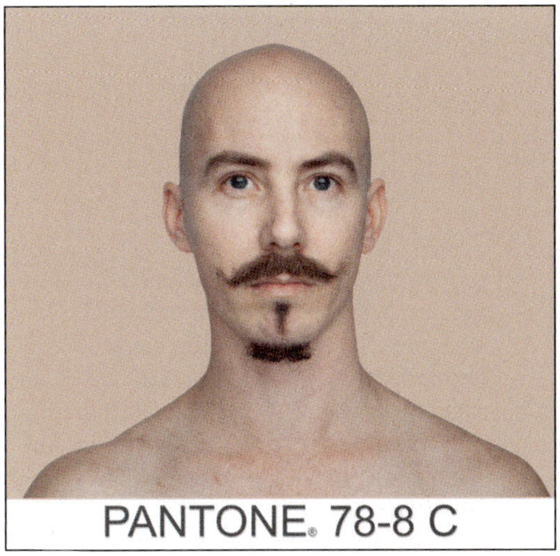

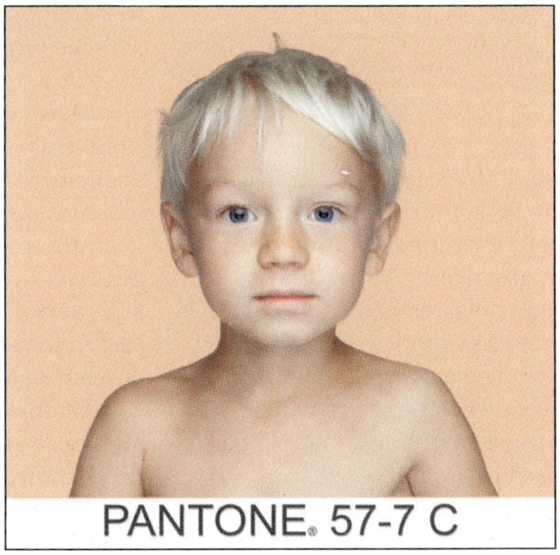

Zum Schutz vor UV-Strahlung bildet unsere Haut den Farbstoff Melanin – je nach Typ in verschiedenen Mengen

Schutz gegen Austrocknung, Krankheitserreger und mechanische Beanspruchung – im Mundraum etwa durch die aufgenommene Nahrung.

Die Dicke der Epidermis variiert zwischen den Körperregionen. Während sie an den meisten Stellen ungefähr 0,1 Millimeter misst, ist sie an der Fußsohle und an der Handinnenfläche bis zu 15-mal so dick. Denn da die Haut dort besonders stark beansprucht wird, legt der Körper in diesen Regionen weitaus mehr Schichten aus Hornzellen an.

Mit der Epidermis endet die körpereigene Schutzhülle. Ihre Oberfläche aber ist von einem weiteren Film überzogen: Millionen Bakterien, Pilze und andere Mikroorganismen siedeln dort dicht an dicht und bilden die sogenannte Hautflora.

Für diese Kleinstlebewesen bietet unsere Körperhülle viele Lebensräume. Es gibt dort flache Ebenen, etwa auf dem Arm, die eher trocken sind und auf denen die Temperatur ständig schwankt. Aber auch warme, feuchte Spalten (beispielsweise zwischen den Zehen) sowie tiefe, sauerstoffarme Gruben rund um die Wurzeln der Haare, in denen Mikroben leben, die sich von Talg ernähren.

Lange zählten Experten diese Mikroorganismen zu jenen Gefahren, gegen die unsere Haut den Körper schützt. Doch inzwischen hat sich herausgestellt, dass viele dieser Fremdlebewesen harmlos

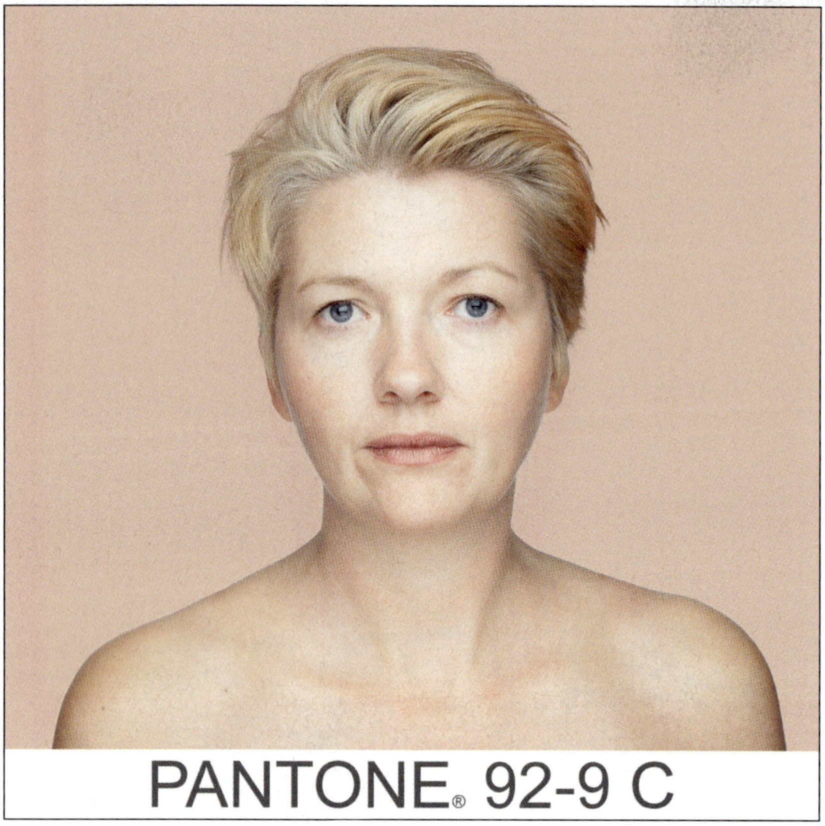

Vielfältige Sensoren in der Haut registrieren Druck, Dehnung oder Vibrationen und melden sie ans Gehirn

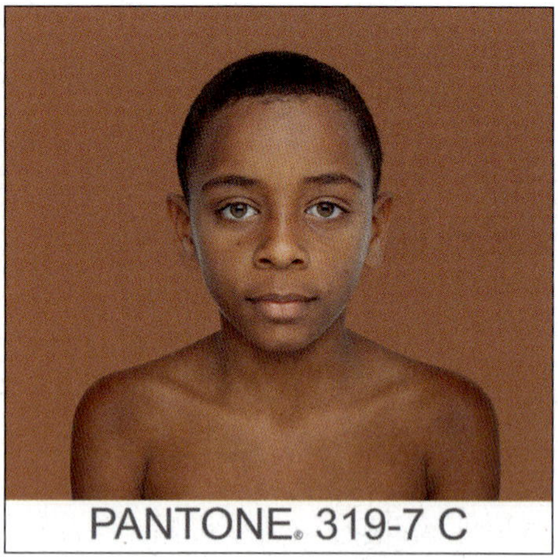

sind und dem Menschen vermutlich sogar nützen. So konnten Forscher nachweisen, dass bestimmte Hautmikroben Substanzen absondern, die eine Ausbreitung von Krankheitserregern verhindern.

Doch die Haut ist nicht nur eine passive Barriere, sie sorgt auch aktiv dafür, dass wir mit den wechselnden Strapazen zurechtkommen, denen unser Körper täglich ausgesetzt ist.

Die Epidermis mit ihren gestapelten Hornzellen und der fettartigen Versiegelung schirmt uns einerseits gegen die Umwelt ab – sie verhindert aber auch, dass Wertvolles von innen nach außen gelangt: Wasser.

Ohne Schutzhülle würde das kostbare Nass unkontrolliert aus unserem Körper verdunsten, die Folge wäre der sichere Tod. Die wasserundurchlässige Hornschicht hält die Feuchtigkeit fest und bewahrt uns vor dem Austrocknen.

Auch gegen eine weitere Bedrohung wappnet uns die Epidermis: die energiereiche UV-Strahlung der Sonne, die das Erbgut der Zellen schädigen kann.

Um das zu verhindern, produzieren spezielle Zellen in der Epidermis den Farbstoff Melanin. Wie ein Schild legt sich der um die Zellkerne und schützt sie vor der UV-Strahlung. Wie gut diese Abschirmung funktioniert, hängt unter anderem davon ab, welche von mehreren Melanin-Varianten die Pigmentzellen in wie großer Menge produzieren. Ob ein Mensch einen helleren oder dunkleren Hauttyp hat, ist dabei durch seine genetische Ausstattung festgelegt.

E

Eine weitere wichtige Rolle spielt die Hülle beim Wärmehaushalt des Körpers. In seinem Inneren produzieren die Muskeln permanent Wärme – genug, um ohne entsprechende Kühlung die Kerntemperatur eines Menschen schon bei mäßiger Anstrengung alle 15 Minuten um etwa ein Grad Celsius steigen zu lassen. Das jedoch wäre lebensbedrohlich. Wir würden in Kürze an Überhitzung sterben.

Die Funktion einer Klimaanlage für das Körperinnere übernimmt zum einen das weitverzweigte Adernetz der Haut. Im Ruhezustand strömt pro Minute maximal ein halber Liter Blut durch die Gefäße an der Außenseite unseres Körpers. Strengen wir uns jedoch an, sodass unsere Muskeln besonders viel Hitze produzieren, weiten sich die Adern in der Haut und lassen mehr Blut passieren, was durch eine Rötung sichtbar wird.

Bei Extrembelastungen – hackt man etwa in der Mittagssonne Holz – strömen pro Minute bis zu acht Liter Blut durch die Gefäße der Haut. So wird eine große Menge an Wärmeenergie vom Körperinneren nach außen abgeführt und teilweise auch an die Umgebung abgegeben.

Genau diesen Effekt bewirkt weitaus stärker noch ein zweites Kühlsystem in der Haut: das Schwitzen. Am ganzen Körper sitzen insgesamt rund zwei bis vier Millionen Schweißdrüsen, die vor allem Wasser mit darin gelösten Salzen absondern. Unbemerkt dünstet jeder Mensch auch ohne besondere Anstrengungen etwa einen halben Liter Feuchtigkeit am Tag aus.

Während sportlicher Hochleistungen können daraus stündlich zwei Liter werden. Diese Flüssigkeit verdunstet an der Oberfläche der Haut – ein Prozess, der Energie in Form von Wärme beansprucht und so den Körper kühlt.

DER AUFBAU DER HAUT

In der Vergrößerung offenbart sich die Struktur unserer äußeren Hülle: Ihre drei Schichten bergen eine Vielzahl von Blutgefäßen, Nervenfasern, Sensoren und Drüsen, deren Zusammenwirken erstaunliche Leistungen ermöglicht

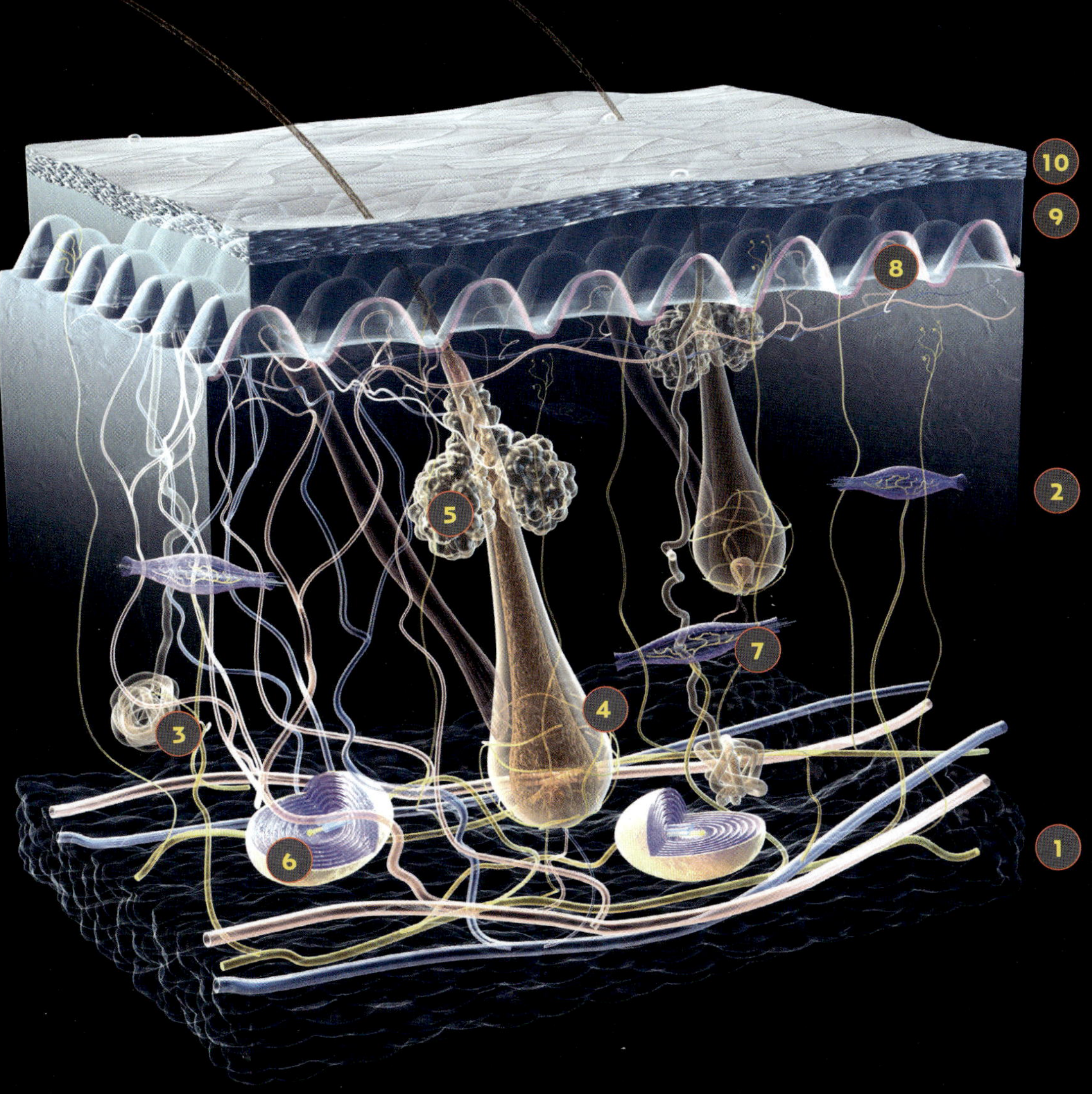

Die **Unterhaut** oder **Subkutis** (1) ist die innerste Schicht unserer Haut. Sie besteht hauptsächlich aus Fettgewebe, das dem Körper als Wärmedämmung, Energiespeicher und Pufferschicht gegen Stöße dient und zudem die größeren Adern birgt. Darüber liegt das zugfeste und zugleich elastische Gewebe der **Lederhaut** oder **Dermis** (2), das von vielen kleinen Arterien und Venen durchzogen wird. In die Lederhaut eingebettet sind **Schweißdrüsen** (3), die ihr Sekret über Kanäle zu Poren in der Hautoberfläche leiten. Hier befinden sich auch **Haarfollikel** (4) und **Talgdrüsen** (5), die eine fetthaltige Substanz absondern; über den Follikelkanal gelangt diese an die Hautoberfläche und bildet dort einen schützenden Film. Die Lederhaut durchziehen zudem zahlreiche Nervenfasern (gelb), deren Enden Temperatur-, Schmerz- oder Druckreize wahrnehmen. Spezielle Messfühler sind etwa die **Pacini-Körperchen** (6), die schnelle Vibrationen registrieren, und die **Ruffini-Körperchen** (7), die auf Dehnungen der Haut reagieren. Die Grenze der Lederhaut bilden die **Papillen** (8): kleine Erhebungen, durchzogen von winzigen Blutgefäßen, über die die **Oberhaut** (**Epidermis**, 9) mit Nährstoffen versorgt wird. In der äußersten Zone der Oberhaut bilden plattenförmige verhornte Zellen die wasserundurchlässige **Hornschicht** (10). Sie verhindert, dass Flüssigkeit aus dem Körper verdunstet oder gefährliche Fremdstoffe von außen in die Haut eindringen.

An den Augenlidern ist die Oberhaut nur 0,05 Millimeter dick – an den Fußsohlen dagegen bis zu 30-mal so stark

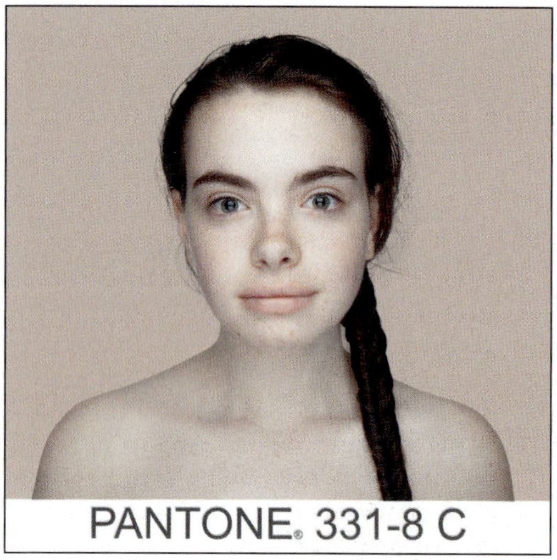

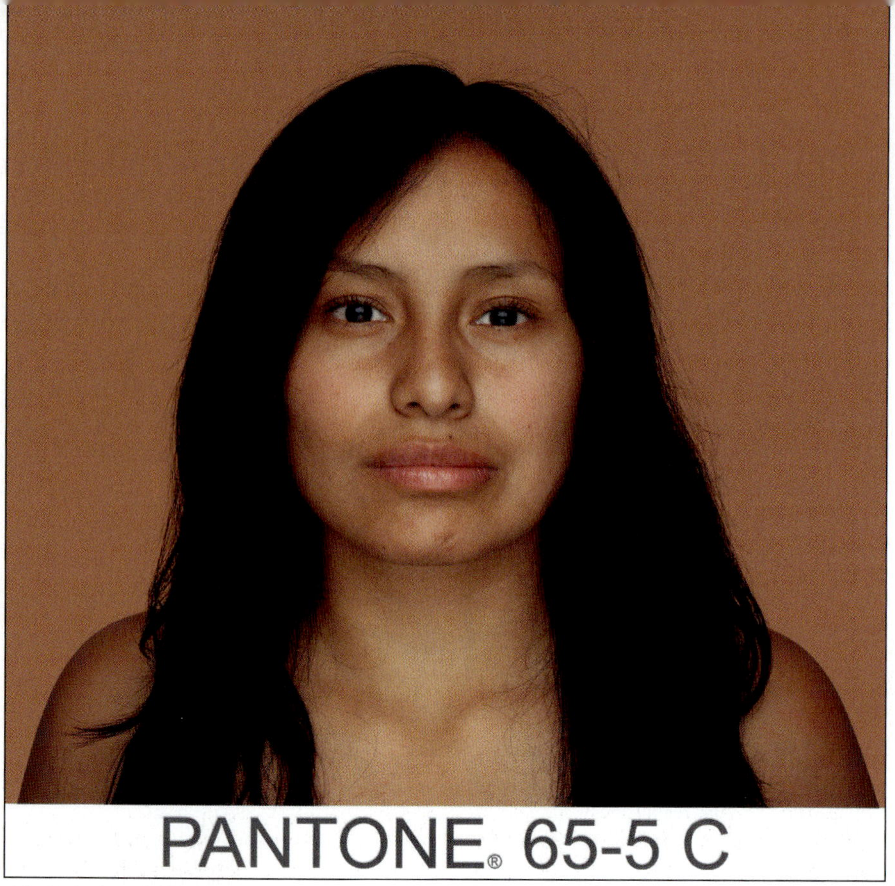

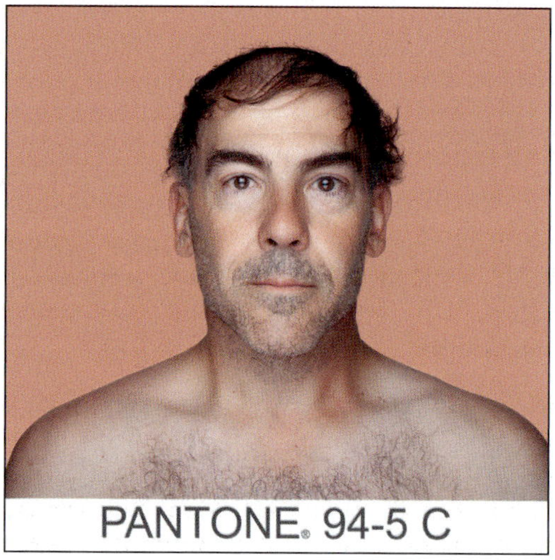

DER BERÜHRUNGSSINN LÄSST UNS DIE WELT SPÜREN – UND VERMITTELT UNS EINE VORSTELLUNG VON UNS SELBST

Sobald wir aber niedrigen Temperaturen ausgesetzt sind, kehren sich diese Mechanismen um, und die Haut hilft dem Körper, Wärme im Inneren zu konservieren. Der Schweiß versiegt, die Adern ziehen sich zusammen. Zudem entfaltet das Fettgewebe der Unterhaut nun seine dämmende Wirkung.

Bei einer weiteren Reaktion der Haut auf Kälte fällt die Wärmewirkung dagegen eher gering aus: wenn winzige Muskeln in der Dermis die Körperhaare aufstellen. Beim nahezu fellfreien Menschen beschränkt sich der Effekt überwiegend darauf, dass er eine Gänsehaut bekommt – Säugetiere mit einem dichten Fell hingegen bilden auf diese Weise eine isolierende Luftschicht um ihren Leib.

Die ansonsten hocheffiziente Thermoregulation ist nur möglich, weil unsere Haut genau registriert, wie heiß oder kalt es gerade ist. Aber sie kann noch weitaus mehr: In jeder Sekunde nehmen wir über unsere Körperhülle unzählige Reize auf. Denn die Haut ist das größte Sinnesorgan des Menschen – sein direkter Zugang zur Umgebung.

Dass wir sicher durch die Welt navigieren können, verdanken wir zu großen Teilen unserer äußeren Hülle. Sie liefert uns Informationen, damit wir uns durch den Alltag bewegen und Harmloses von Gefährlichem unterscheiden können: Berührt uns gerade ein Grashalm oder ein Nagel? Müssen wir zurückspringen – oder können wir den Reiz ignorieren?

Die hochspezialisierten Mess-Sensoren vor allem in der Dermis, aber auch in den anderen Schichten, erfassen jede Veränderung der Körperoberfläche und leiten sie schnell an unser Gehirn weiter.

Manche davon ähneln Faserbündeln, andere gleichen der Form nach winzigen Zwiebeln: Sie sind mit bis zu 50 hauchdünnen Schichten umhüllt, um Störreize herauszufiltern. Wieder andere sind die verästelten Ausläufer von Nervenfasern, die vom Rückenmark oder Hirnstamm bis ins Gewebe der Haut reichen.

Jeder dieser Sensoren übermittelt bei ganz speziellen Reizen seine Signale, aus denen sich unterschiedliche Daten ergeben: Wo genau wird die Haut berührt? Mit wie viel Druck, wie tief und wie schnell wird sie verformt? Wie kalt ist es an der Oberfläche? Oder wie heiß?

Das Gehirn vermag daraus eine höchst präzise Wahrnehmung zu erzeugen. Wir haben zwar keine Nerven, die erfassen, ob etwas metallisch, samtig oder feucht ist. Aber unser Denkorgan kann solche Empfindungen aus der Vielfalt der Signale erschließen.

Registrieren die entsprechenden Hautsensoren beispielsweise leichte Druckschwankungen, wenn wir mit dem Finger über einen Gegenstand streichen, empfinden wir dessen Oberfläche als rau. Bleiben solche Signale aus, fühlt sich ein Objekt glatt an.

Und nehmen die Sensoren eine Verformung der Haut bei gleichzeitiger Abkühlung wahr, spüren wir, dass sie offenbar nass ist.

Das lässt sich leicht testen, indem man einen dünnen Plastikhandschuh überstreift und dann einen Finger in ein Glas Wasser tunkt. Der Handschuh lässt den charakteristischen Druck und die Temperatur des Wassers durch, und so haben wir das Gefühl, dass unsere Haut feucht sei – obwohl sie im Handschuh völlig trocken bleibt.

Unser Tastsinn ist an manchen Körperstellen so sensibel, dass etwa menschliche Fingerkuppen (wie Versuche mit feinsten Reliefstrukturen ergaben) noch Erhebungen erspüren können, die nur 0,001 Millimeter hoch sind. Das ist um ein Vielfaches kleiner als alles, was wir sehen können. Entsprechende Strukturen müssten 80- bis 100-mal größer sein, um sie mit dem Auge erfassen zu können.

Krabbelt uns ein Insekt über den Fuß, registrieren die Sensoren, die dort sitzen, die winzigen Eindellungen, die jedes seiner Beine in der Haut hinterlässt – und melden dies ans Gehirn.

Mehr noch: Versucht eine Mücke auf unserer Haut zu landen und krümmt dabei ein Körperhärchen um Tausendstel Millimeter, bemerken dies Sensoren, die mit dem Haar verbunden sind. Und sie geben davon derart schnell Meldung, dass wir uns des anfliegenden Insekts bewusst werden können, noch ehe es die Haut selber erreicht, also ein Bein darauf setzt.

Gelingt es der Mücke nun, zuzustechen und ihren Speichel in die Haut zu injizieren, setzen sogenannte Mastzellen in der Dermis den in ihnen gespeicherten Botenstoff Histamin frei.

Diese Substanz löst nicht nur die Schwellung und Rötung an der Einstichstelle aus, sondern reizt auch umliegende Nervenenden, die daraufhin Signale ans Gehirn schicken. Wir spüren das als Juckreiz: als den fast unwiderstehlichen Drang, uns dort zu kratzen. Sollte sich der saugende Parasit noch am Körper aufhalten, würden ihn die scheuernden Finger vermutlich wegschleudern.

Solche Reflexe helfen dem Menschen nicht nur, Gefahren zu vermeiden: Die Informationen unseres Tastsinns sind auch im normalen Alltag wichtig. Wir spüren, wo der Stuhl endet, auf dem wir sitzen. Wir fühlen den Henkel der Tasse zwischen den Fingern. Nur deshalb rutscht sie uns nicht aus der Hand.

Häufig geschieht das unbewusst. Zudem schwinden viele Wahrnehmungen, die wir über unsere Haut machen, nach kurzer Zeit aus dem Bewusstsein: Wir spüren zum Beispiel nicht permanent den leichten Druck des Hemdes auf unserem Rücken. Wohl aber den Finger, der uns dort plötzlich anstupst.

Wie zentral der Berührungssinn ist, zeigt sich nicht zuletzt daran, dass er sich als erster unserer Sinne herausbildet – bereits in der achten Schwangerschaftswoche zeigt der heranwachsende Embryo Reaktionen auf Berührungen. Danach muss er ständig stimuliert werden, damit sich der Mensch gesund entwickelt.

Auch wissen wir letztlich erst dadurch, dass wir die Welt rundherum spüren, dass wir existieren. Unsere Haut vermittelt uns eine Vorstellung von uns selbst. Hätten wir sie nicht, wäre uns nicht klar, wo wir beginnen und wo wir aufhören. Man kann darum sagen: Unsere Haut macht uns zu dem, was wir sind.

Da überrascht es nicht, dass Berührungen unser Wohlergehen maßgeblich beeinflussen und wir uns ein Leben lang nach Hautkontakt sehnen: Zärtliche Berührungen lassen unseren Blutdruck sinken. Der Herzschlag beruhigt sich. Unser Gehirn schüttet Stoffe aus, die uns ein Gefühl von Behaglichkeit bescheren. Wir empfinden Freude.

Wird unsere Haut stimuliert, wird also zugleich gewissermaßen unser Innerstes, unsere Seele gestreichelt. Die Hülle unseres Körpers – sie ist eine Quelle für tief empfundenes Glück ●

AUF EINEN BLICK

Aufbau

Die Haut besteht aus drei Schichten. Gemeinsam bilden sie das größte Organ des Körpers.

Funktionen

Die Körperhülle dient uns als Schutzwall vor äußeren Gefahren, als Klimaanlage, Energiespeicher und hochpräzises Sinnesorgan.

Regeneration

Die Oberhaut bildet fortwährend neue Zellen. Im Lauf von etwa vier Wochen verhornen sie, sterben ab und werden schließlich abgestoßen.

Lebensraum

Millionen Bakterien und andere Mikroorganismen besiedeln die Haut. Viele davon sind harmlos, manche behindern sogar die Ausbreitung von Krankheitserregern.

7 Fragen zur **Haut**

Die Körperhülle schützt uns, doch auch sie bedarf der Pflege. Oft allerdings greifen wir zu den falschen Produkten – und schaden ihr damit sogar

Illustrationen: **Claudia Meitert**

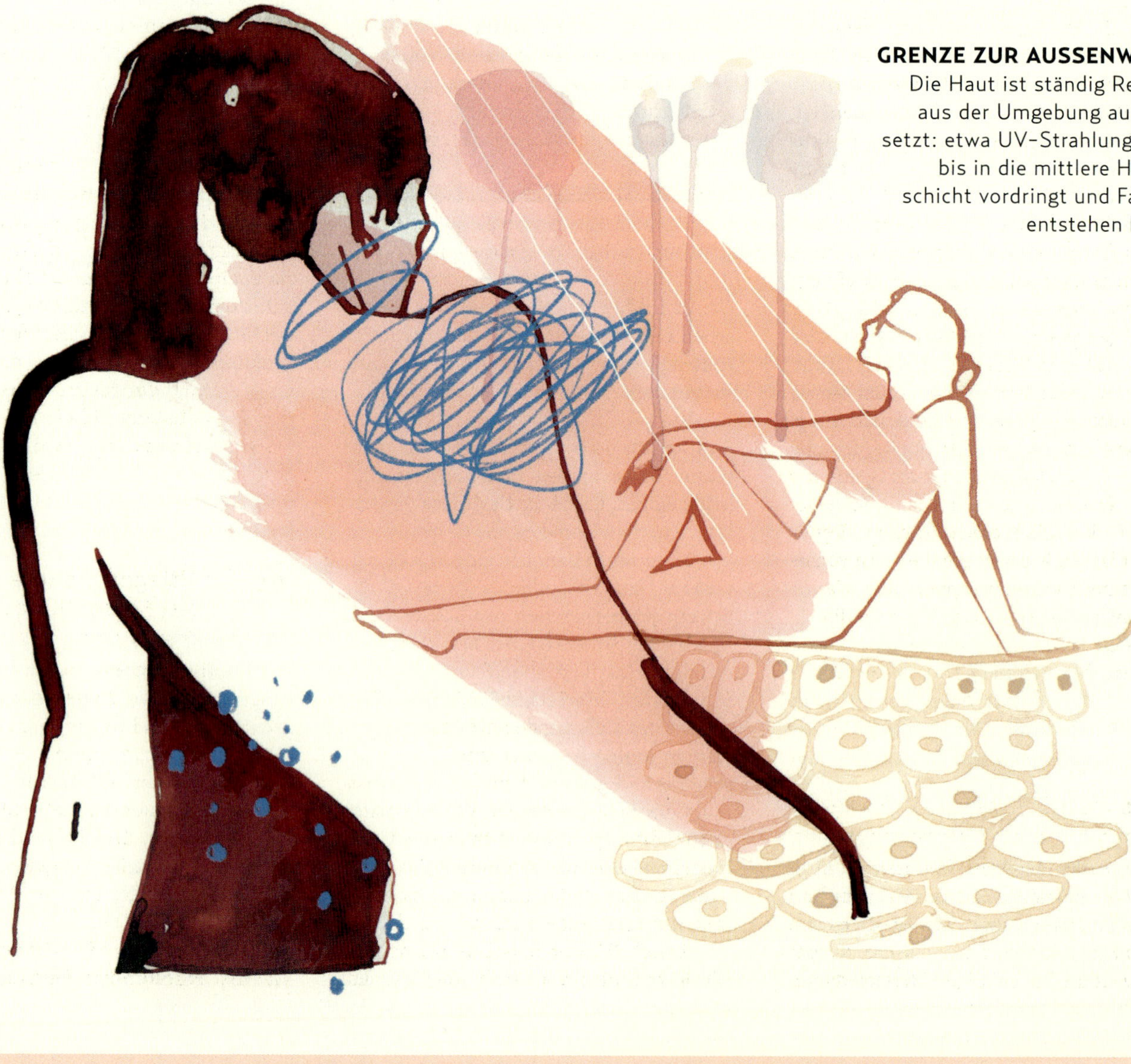

GRENZE ZUR AUSSENWELT
Die Haut ist ständig Reizen aus der Umgebung ausgesetzt: etwa UV-Strahlung, die bis in die mittlere Hautschicht vordringt und Falten entstehen lässt

(1)

Was hilft bei unreiner Haut?

Vor allem fettige Haut neigt zu Unreinheiten. Wird sie mit für diesen Typ passenden Produkten gepflegt, beugt das dauerhaft vergrößerten Poren und Akne vor. Ist allerdings bereits eine ausgeprägte Akne entstanden, sollte ein Hautarzt aufgesucht werden.

Bei leichteren Unreinheiten muss die Körperhülle morgens und abends gründlich mit dafür vorgesehenen Reinigungsmitteln gesäubert werden, um überschüssiges Fett aus den Talgdrüsen zu entfernen. Geeignet sind spezielle synthetische Produkte für zu Akne neigende Haut – oder Lösungen aus der Apotheke, die Alkohol und Salicylsäure enthalten.

Einmal wöchentlich kann zudem ein Peeling sehr sinnvoll sein. Falls die Haut stark spannt, muss ihr Feuchtigkeit zugeführt werden. Dafür empfehlen sich fettarme Cremes oder Gels für unreine Haut. Sie sollten – ebenso wie Kosmetik und Sonnenschutzmittel – den Hinweis enthalten, dass die Inhaltsstoffe für Akne-Haut geeignet und nicht komedogen (also nicht Mitesser fördernd) sind.

Bei Bedarf können Mitesser regelmäßig durch spezielle Kosmetikbehandlungen entfernt werden. Dermatologen raten wegen der Gefahr von Entzündungen und Narbenbildung davon ab, Mitesser und Pickel selber auszudrücken. Wer es nicht lassen kann, sollte die Haut vorher mit einem warmen Lappen oder Wasserdampf anwärmen. Tief liegende Pickel, die sich nicht leicht ausdrücken lassen, sollten aber in Ruhe gelassen werden.

(2)

Weshalb schadet viel Sonne?

Ohne die Sonne könnten wir nicht existieren, aber zu viel von ihrer Strahlung schadet unserer Haut. Besonders relevant für unsere Körperhülle ist die kurzwellige Ultraviolettstrahlung, die wir nicht mit den Augen wahrnehmen können. Sie wird unterteilt in die UV-A- und die UV-B-Strahlung.

Die UV-A-Strahlung dringt bis in die mittlere Hautschicht (Dermis) vor und wirkt dort auf das Bindegewebe: Die Haut verliert nach und nach an Elastizität, sie wird schlaff und faltig. Die energiereichere UV-B-Strahlung gelangt zwar nur bis in die äußere Hautschicht (Epidermis). Dort aber kann sie Sonnenbrand auslösen und das Erbgut der Zellen schädigen. Gelingt es dem Organismus nicht, die Schäden zu reparieren, besteht die Gefahr, dass Zellen entarten und sich unkontrolliert vermehren: Es kommt zu Hautkrebs.

Von welcher Dosis an Sonnenstrahlung gefährlich wird, unterscheidet sich von Mensch zu Mensch und hängt auch von der Gewöhnung ab: Wer selten an der Sonne ist, sich im Urlaub starker Strahlung aussetzt, ist eher in Gefahr, Hautkrebs zu entwickeln, als etwa ein Bauarbeiter, der sich ständig im Freien aufhält.

Das liegt vermutlich daran, dass sich die Haut nach einer Weile einen eigenen Sonnenschutz zulegt: Sie lässt ihre äußerste Schicht aus verhornten Zellen anwachsen und produziert den Farbstoff Melanin, der bräunt und einen Teil der gefährlichen Strahlung absorbiert.

Außerdem scheint ein regelmäßiges Sonnenbad das körpereigene Reparatursystem zu trainieren, sodass es Erbgutschäden schneller behebt.

(3)

Wie oft sollen wir uns waschen?

Waschen beeinträchtigt den Säureschutzmantel, der die äußerste Schicht der Oberhaut überzieht. Intensives Waschen greift zudem die sogenannten Barrierelipide an; das sind Fette, die wie eine Art Mörtel zwischen den Zellen der Hornschicht liegen und diese wasserdicht versiegeln.

Durch Wasser und Seifen trocknet die Körperhülle aber nicht nur aus: Es können auch schädliche Mikroorganismen leichter in sie eindringen. Um das Hautmilieu zu erhalten, raten Dermatologen, leicht saure, seifenfreie Syndets mit synthetischen waschaktiven Substanzen zur Reinigung zu verwenden. Erkennbar sind diese Produkte meist an Aufschriften wie „seifenfrei“ oder „Syndet“.

Das Gesicht sollte jeden Abend sanft, aber gründlich mit einem speziellen Gesichtsreiniger gesäubert werden. Die restliche Körperhaut benötigt theoretisch lediglich einmal pro Woche eine Reinigung, doch das entspricht nicht dem Hygieneempfinden der meisten Menschen.

Bei häufigerem Duschen ist es ratsam, die Zeit auf fünf Minuten zu begrenzen, und die Wassertemperatur sollte 39 Grad nicht überschreiten, da höhere Temperaturen die Hautfette lösen können. Auch gegen kurze, möglichst nur lauwarme Wannenbäder ist nichts einzuwenden, sofern in der Folge kein Juckreiz auftritt.

Falls die Haut nach dem Duschen oder Baden spannt oder sich trocken anfühlt, kann eine Feuchtigkeit spendende Creme oder Lotion die Hautbarriere schützen. Es empfiehlt sich, dieses Pflegemittel auf den noch leicht feuchten Körper aufzutragen: Es bildet dann einen dünnen Film, der das anhaftende Wasser für einige Zeit einschließt – so kann die Haut es nach und nach aufnehmen.

(4)

Welche Pflegeprodukte braucht die Körperhülle?

Beim Auftragen von Pflegeprodukten gilt es, Augenmaß zu bewahren: Das Eincremen soll die Haut schützen, doch zu häufig und zu reichlich aufgetragene Pflegecremes können deren Säureschutzmantel und die Hautbarriere stören. Die Folge: Die Schutzhülle produziert ihre eigenen Fett- und Feuchthaltesubstanzen nicht mehr in ausreichendem Maß.

Morgens sollte eine auf den eigenen Hauttyp abgestimmte Feuchtigkeit spendende Tagescreme – möglichst mit Lichtschutzfaktor – im Gesicht aufgetragen werden. Abends ist eine Nachtcreme sinnvoll, gerade in höherem Alter und bei trockener oder empfindlicher Haut. Denn sowohl die abendliche Gesichtsreinigung als auch Hitze, Kälte und mechanische Reizungen können eventuell kleine Schäden in der Hautbarriere verursachen. Außerdem zeigen Studien, dass die Haut am Abend besonders aufnahmefähig ist.

Spezielle, dem natürlichen Hautfett ähnelnde Cremes mit Phytosterolen oder Ceramiden (in der Produktdeklaration ersichtlich) können helfen, die Hautbarriere über Nacht zu regenerieren.

Bestimmte Feuchthaltesubstanzen in den Mitteln wie etwa Hyaluronsäure, Glyzerin, Urea, Aloe vera oder Allantoin vermögen zudem Wasser in der obersten Hautschicht zu binden.

Wichtig ist es daneben, seine Haut immer wieder zu beobachten und zu befühlen: Wie steht es um den Glanz, die Straffheit, ist sie trockener geworden, haben sich Pickel entwickelt? Denn die Bedürfnisse der Haut wandeln sich; so wird sie mit den Jahren sowohl fett- als auch feuchtigkeitsärmer.

Extreme Temperaturen können einen Cremewechsel erforderlich machen. So führt etwa die Winterkälte unter anderem dazu, dass sich die hauteigenen Lipide schlechter auf dem Gesicht verteilen. Daher sollte man vor dem Aufenthalt im Freien eine lipidhaltige Creme auftragen.

Im Sommer wiederum produziert die Haut zumeist mehr Talg und mehr hauteigene Lipide. In dem Fall ist es sinnvoll, auf eine Gesichtscreme mit weniger Fett umzusteigen.

(5)

Was bringen Anti-Aging-Cremes?

Straffere Haut und weniger Falten: Das versprechen die Hersteller von Anti-Aging-Cremes. Zwei Gruppen von Wirkstoffen stoppen angeblich die Hautalterung: zum einen Antioxidantien wie die Vitamine C, E und Niacin oder das Koenzym Q10. Sie sollen „freie Radikale" neutralisieren – aggressive Sauerstoffverbindungen, die als Hauptursache der Hautalterung gelten.

Zum anderen sollen sogenannte Zellregulatoren helfen; das sind Substanzen, die Reparaturmechanismen der Haut anregen und die Kollagenbildung unterstützen sollen (darunter Vitamin-A-Abkömmlinge, Peptide und Phytohormone).

Tatsächlich aber geht es bei diesen Anti-Aging-Mitteln (die als Kosmetika keiner Zulassungspflicht unterliegen) allenfalls um Verbesserungen im Bereich von Millimeter-Bruchteilen. Daher ist umstritten, ob diese Substanzen überhaupt wahrnehmbar und auch langfristig Falten reduzieren. Von Wundermitteln gegen Hautalterung kann keine Rede sein.

Im Jahr 2015 hat die Stiftung Warentest 270 Frauen vier Wochen lang neun Cremes in Preisklassen zwischen 2,45 und 87 Euro testen lassen. Anschließend konnten die Forscher vereinzelt Verbesserungen im Mikrometerbereich feststellen, jedoch keine mit bloßem Auge sichtbare Faltenreduktion, wie sie auf den Verpackungen der Produkte suggeriert wird.

Ohnehin ist es sinnvoller, Falten gar nicht erst so rasch entstehen zu lassen. Dazu gehört vor allem, sich ausreichend vor dem stärksten Beschleuniger der Hautalterung zu schützen: der Sonne. Daher könnte man sagen: Sonnencreme ist das wirksamste Anti-Falten-Mittel.

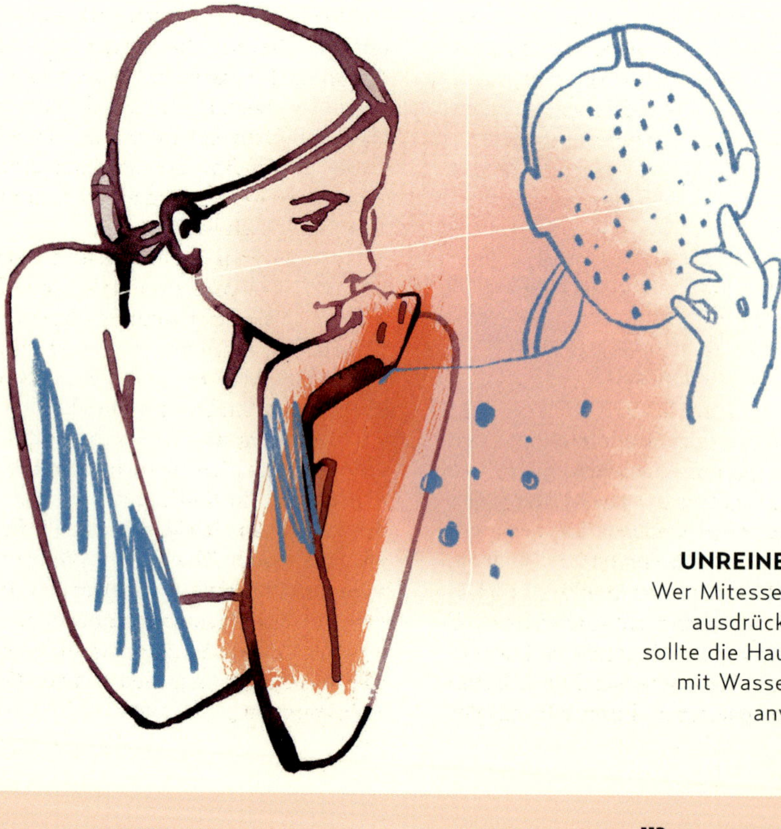

UNREINE HAUT
Wer Mitesser selber ausdrücken will, sollte die Haut zuvor mit Wasserdampf anwärmen

(6)

Wie kann man sich vor Hautkrebs schützen?

Die Zahl der Hautkrebsfälle nimmt in Deutschland stark zu, trotz aller Warnungen vor ungeschütztem Sonnenbaden. Zu spät entdeckt, ist das maligne Melanom eine der tödlichsten Krebsarten, da es sehr schnell Tochtergeschwülste bildet.

In der häufigsten Form zeigen sich die Tumoren als Flecken mit unregelmäßigen Rändern, meist erscheinen sie aus mehreren Teilen zusammengesetzt. Allerdings wirken so viele harmlose Leberflecke verdächtig. Speziell für Menschen mit zahlreichen Pigmentflecken empfehlen Mediziner daher auch die Regel: Passt ein Hautmal in Form und Farbe nicht zu den anderen, sollte es untersucht werden.

Maligne Melanome entstehen durch Mutationen der pigmentbildenden Zellen der Oberhaut, die sich in der Folge verändern und als Tumorzellen vermehren. Wichtigster auslösender Faktor ist die Schädigung des Erbguts durch UV-Strah-

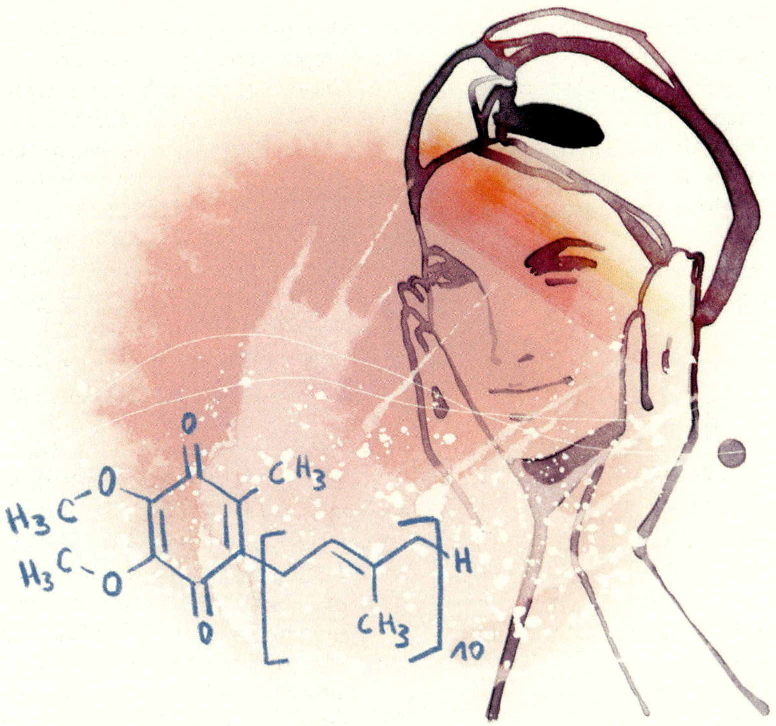

ZWEIFELHAFTE WUNDERMITTEL
Weit wirksamer gegen Falten als alle Anti-Aging-Produkte ist: ausreichend Sonnencreme aufzutragen

lung, wobei vermutlich vor allem übermäßige Sonnenexposition in den ersten 15 Lebensjahren die Gefährdung erhöht. Betroffen sind fast immer hellhäutige, lichtempfindliche Menschen. Zudem spielen wohl noch verschiedene erbliche Genvarianten eine Rolle, die teilweise nicht mit dem Hauttyp zusammenhängen.

Jede Hauterscheinung, bei der Verdacht auf einen bösartigen Tumor besteht, wird chirurgisch entfernt. Bestätigt die Laboranalyse des entnommenen Zellmaterials die Diagnose, wird oft weiteres Gewebe herausgeschnitten. Haben sich Tochtergeschwülste gebildet, werden befallene Lymphknoten entfernt; Betroffene erhalten zudem meist eine Strahlentherapie (nur selten auch Chemotherapie).

Generell gilt: Jedermann sollte auf Hautveränderungen achten und regelmäßig zu Vorsorgeuntersuchungen gehen. Für Menschen mit zusätzlichen Risikofaktoren (etwa einer großen Zahl an Pigmentflecken) empfehlen sich neben dem Standard-Screening häufigere Untersuchungen mit genaueren Bildanalyse-Methoden. Und auch wenn diese Verfahren noch nicht von den gesetzlichen Krankenkassen übernommen werden, lohnt sich der finanzielle Aufwand.

Denn mithilfe von Mikroskop-Kameras kann der Dermatologe auffällige Flecken in starker Vergrößerung und bis tief in weiter unten liegende Hautschichten besonders exakt untersuchen.

(7)

Wie entsteht Neurodermitis?

Sie können zum Teil nachts vor Juckreiz nicht schlafen, kratzen sich zuweilen am Körper blutig und fühlen sich wegen ihrer wunden Haut ausgegrenzt: Menschen, die an Neurodermitis leiden. Etwa drei bis vier Millionen Deutsche sind von der Krankheit zumindest zeitweise betroffen.

Die Ursachen der Krankheit sind in weiten Teilen noch nicht aufgeklärt, doch Forscher vermuten, dass sich dahinter ein komplexes Zusammenspiel genetischer, immunologischer und umweltbedingter Faktoren verbirgt. Inzwischen haben sie mehr als 30 Gene identifiziert, die bei der Entstehung von Neurodermitis eine Rolle spielen.

Diese Erbfaktoren haben vor allem eine Wirkung: Sie beeinflussen die natürliche Barrierefunktion der Haut. Dadurch können Krankheitskeime, Schadstoffe und Allergene in die Haut gelangen – und lösen dort Entzündungen aus: Immunzellen greifen die Eindringlinge an, die Haut rötet sich, schwillt an und juckt.

Hinzu kommt, dass das Immunsystem vieler Neurodermitis-Patienten offenbar besonders heftig auf Fremdstoffe reagiert und sich auch gegen bestimmte Allergene richtet – also gegen an sich harmlose Substanzen.

Fundament jeder Behandlung ist die sogenannte Basistherapie. Dazu gehört zum einen, die trockene Haut regelmäßig mit fettenden Cremes oder Salben zu pflegen, die möglichst wenig Zusatz- und keinerlei Duftstoffe enthalten.

Zudem ist alles zu meiden, was die Symptome auslöst oder verschlimmert. Etwa Allergene wie Pollen und Tierhaare. Oder auch starkes Sonnenlicht, Hitze, Kälte. Nicht zu unterschätzen ist zudem der Einfluss der Psyche: Stress wirkt sich auf das Immunsystem aus und kann so die Symptome verstärken oder neue Schübe hervorrufen.

Bei einem Ausbruch geht es insbesondere darum, die Entzündung zu dämpfen, also das überaktive Abwehrsystem zu bremsen. Diese Aufgabe übernehmen vor allem kortisonhaltige Medikamente, die auf die juckenden Hautpartien aufgetragen werden und dort die Immunzellen in Schach halten.

In schweren Fällen müssen Betroffene Medikamente einnehmen, die das Immunsystem im gesamten Körper drosseln. Neben Arzneimitteln ist in vielen Fällen auch eine Behandlung mit wohldosierter UV-Strahlung sinnvoll.

Besonders wichtig ist es für Betroffene, dass sie sich über ihre Krankheit informieren. In Neurodermitis-Schulungen kann man sich Wissen über Pflegeprodukte und Therapiemöglichkeiten aneignen und lernen, Auslöser zu erkennen und Triggerfaktoren zu meiden.

Um so den Schüben vorzubeugen oder sie selbstständig wieder in den Griff zu bekommen ●

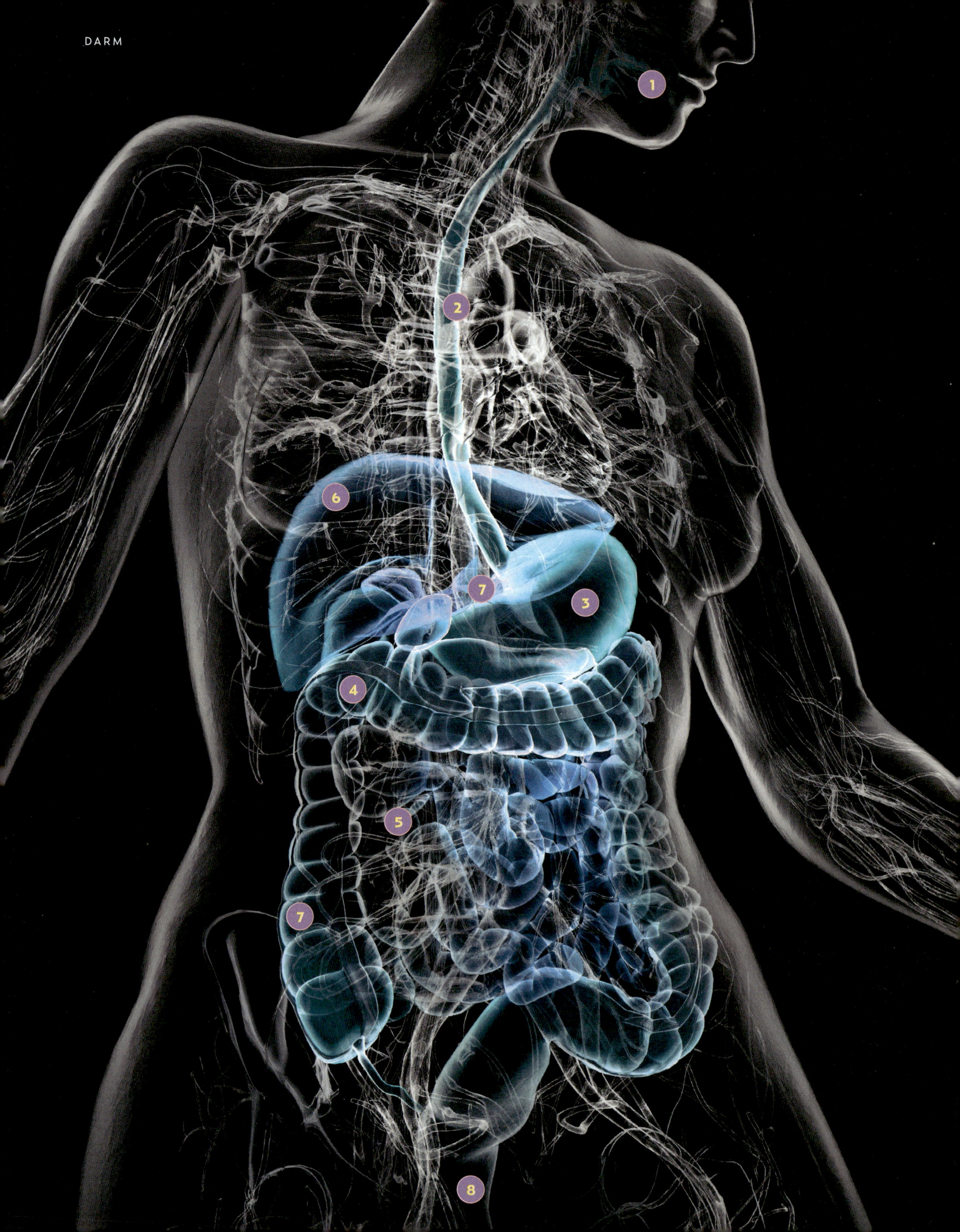
1
2
6
7
3
4
5
7
8

IM REICH DER KÖRPER-MITTE

Er hat eine Oberfläche von rund 40 Quadratmetern, beherbergt mehr als 100 Billionen Mikroben und organisiert unsere Verdauung: der Darm. Nun haben Forscher entdeckt, dass das Organ auch unser Immunsystem beeinflusst – und sogar wohl verblüffend stark auf unsere Psyche wirkt

Text: **Katharina von Ruschkowski**

Illustrationen: **Bryan Christie**

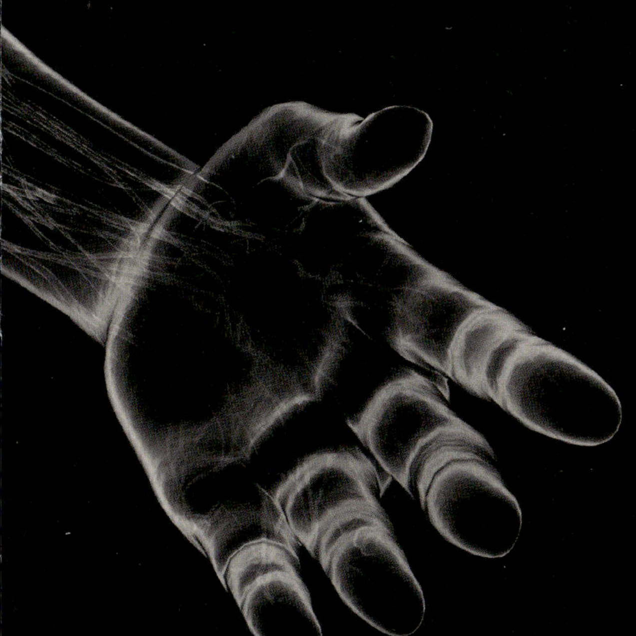

DER WEG DER NAHRUNG

Bei der Verdauung transportieren Magen und Darm alles Verzehrte durch unseren Körper und extrahieren lebenswichtige Nährstoffe

Alles, was wir essen, nimmt seinen Weg durch unsere Verdauungsorgane, wird kleingehäckselt, mit Enzymen traktiert, eingedickt und wieder ausgeschieden. Der Prozess beginnt im **Mund** (1), wo Zähne die Speisen zu Bröckchen zerstoßen; Speichel macht diese schlüpfrig und beginnt mit dem Umbau von Stärke zu Zucker. Die rund 25 bis 30 Zentimeter lange **Speiseröhre** (2) befördert alles in den **Magen** (3). Dort zersetzt die aggressive Magensäure die Nahrungsbestandteile in eine dickflüssige Masse. Nach oft einigen Stunden gelangt der Speisebrei dann in den **Zwölffingerdarm** (verdeckt, 4), wo Gallensäuren und Enzyme für die folgende Verdauung hinzugefügt werden. Auf seinem weiteren Weg durch den schlauchförmigen **Dünndarm** (5) wird das Gegessene in noch kleinere Nährstoffmoleküle zerlegt. Die gelangen über die Darmwand in die Lymphe oder ins Blut und zur **Leber** (6). Unverdautes landet im **Dickdarm** (7). Dort werden die Überreste von Bakterien zersetzt, mittels Wasserentzug verdickt und durch den **Anus** (8) ausgeschieden.

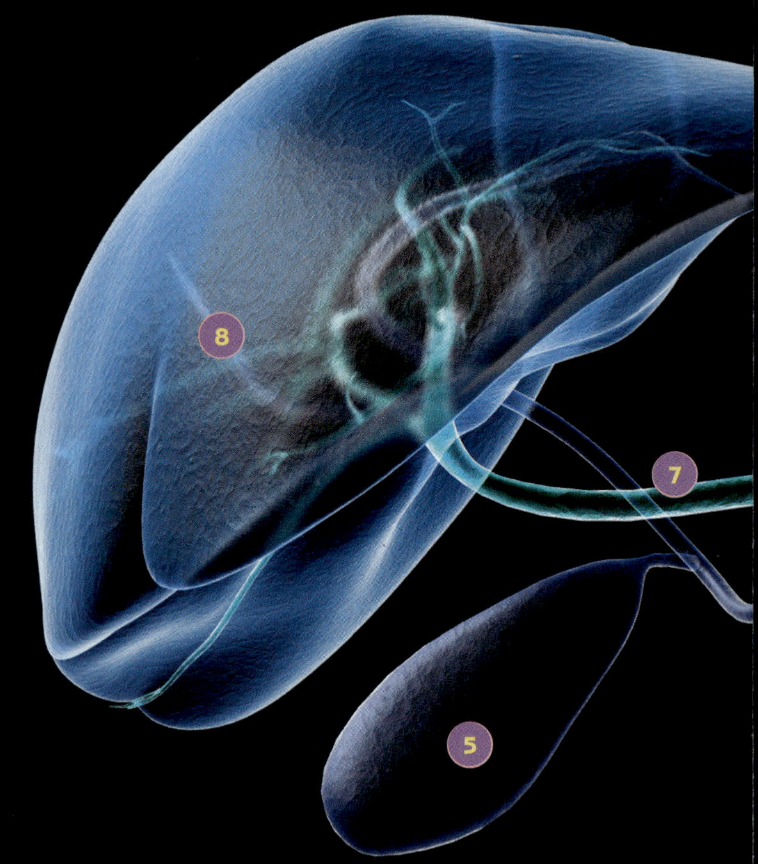

Im Grunde wissen wir Laien längst, was Forscher erst seit Kurzem zu entdecken beginnen: dass der Darm weit mehr ist als ein schlichter Verdauungsschlauch, der aus der Nahrung die Energie zum Leben gewinnt. Dass er uns (zusammen mit Mikroorganismen) nicht nur versorgt, sondern auch das Gemüt beeinflusst – und auf ihre eigene, geheimnisvolle Weise vielleicht sogar unser gesamtes „Ich“.

Denn seit jeher verorten Menschen den Sitz ihrer Gefühle im Bauch: dort, wo Liebe Schmetterlinge flattern lässt, Angst auf den Magen schlägt und erlebtes Übel verdaut werden muss. So viel scheinen die Eingeweide über uns zu wissen, dass man rät, tief in sich hineinzuhören und Entscheidungen aus dem Bauch heraus zu treffen. Asiatische Weisen beschreiben den Darm gar als Zentrum des Körpers – und Tor zum Leben.

Jahrhundertelang haben Wissenschaftler all dies überhört und den Menschen als rein kopfgesteuertes Wesen betrachtet. Die Kurven und Krümmungen in unserer Körpermitte wurden vernachlässigt, verkannt, tabuisiert.

Seit einigen Jahren aber hat sich dies verändert, weil Wissenschaftler herausgefunden haben, dass der Magen-Darm-Trakt die größte Ansammlung von Nervenzellen außerhalb des Gehirns besitzt – und Bauch und Kopf überdies über spezielle Signalrouten in ständiger Verbindung stehen.

Daher ist inzwischen von einer zweiten Schaltzentrale des Körpers (neben dem Gehirn) die Rede, die viele lebenswichtige Aufgaben übernimmt.

Der Darm erfüllt vor allem vier grundlegende Funktionen:

• Verdauung. Er sorgt, fast völlig unabhängig vom Gehirn, für die Verwertung unserer Nahrung.

VON SÄURE UND GALLE

Magen, Gallenblase und Bauchspeicheldrüse liefern Substanzen, die den Nahrungsbrei in immer kleinere Bestandteile zerlegen

Durch die **Speiseröhre** (1) gelangen die mit Speichel versetzten Nahrungsbrocken zunächst in den **Magen** (2). Dessen Schleimhautzellen sondern einen Saft aus Salzsäure, Enzymen, Schleim und Wasser ab. Der Magensaft vernichtet Keime und zerkleinert die zerkaute Nahrung chemisch zu Speisebrei. Etwa alle drei Minuten kontrahiert die Muskulatur der Magenwand und mischt den Inhalt durch. Das Magengewebe selber ist durch eine dicke Schleimhautschicht vor der Säure geschützt. Nach ein bis acht Stunden entlässt ein ventilartiger Schließmuskel, der **Pförtner** (3), den Nahrungsbrei portionsweise in den **Zwölffingerdarm** (4). Der heißt so, weil er in etwa so breit ist wie zwölf Finger (20 bis 30 Zentimeter). Hierein münden die Gänge der **Gallenblase** (5), deren Säuren die Auflösung von Fetten erleichtern, sowie der **Bauchspeicheldrüse** (6), deren Enzyme Fette, Eiweiße und Kohlenhydrate spalten. Schon jetzt werden erste aus Magen und Zwölffingerdarm zerkleinerte Nährstoffe über die **Pfortader** (7) zur **Leber** (8) transportiert. Diese filtert Giftiges heraus, speichert Zucker und Fett und setzt die Nahrungspartikel zu neuen Stoffen, etwa Cholesterin, zusammen, die sie in den Blutkreislauf speist.

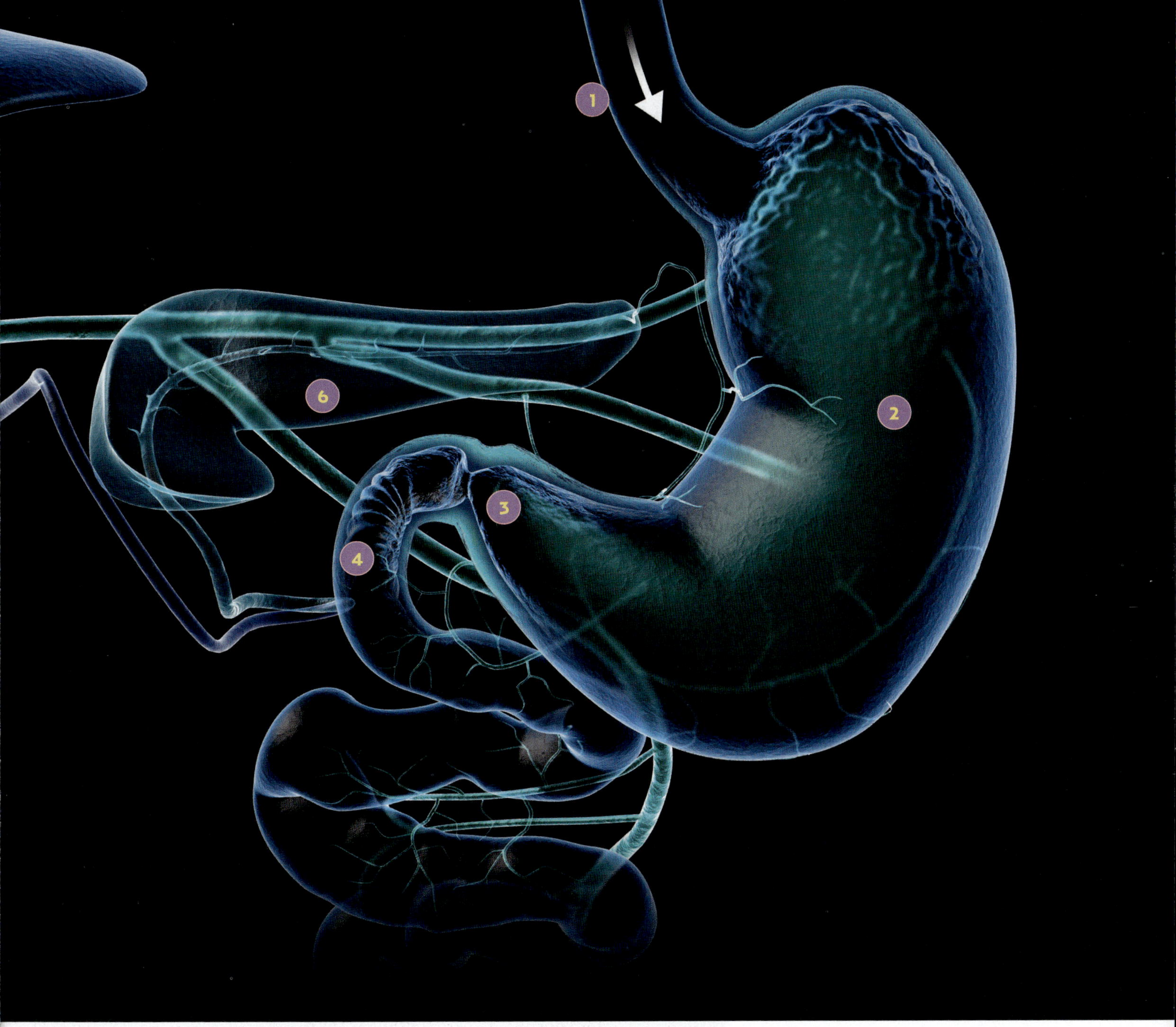

• Abwehr. Der Darm ist unser größtes Immunorgan, in dem sich über drei Viertel aller Abwehrzellen befinden.

• Nervensystem. Er unterhält gewissermaßen eine Standleitung zum Gehirn – und wirkt so an vielen Handlungen mit.

• Lebensraum. Im Verdauungstrakt existieren Billionen Mikroben, die offenbar Einfluss auf Körper und Seele haben.

Das vielfältige Wirken des Darms reicht also weit über Aufnahme, Verwertung und Ausscheiden der Nahrung hinaus. Und die Forscher gewinnen immer neue überraschende Erkenntnisse über das größte Organ in unserem Körper.

I. Verdauung

Die perfekte Verwertungsmaschine

Wir müssen essen, um uns etwa mit Energie und Baustoffen zu versorgen. Je nach Alter, Geschlecht und Aktivität benötigen wir rund 2000 Kilokalorien täglich, um den Körper zu versorgen, ihn auf etwa 37 Grad Celsius Temperatur zu halten und zu erneuern.

Unser Verdauungssystem sorgt dafür, aus der Nahrung die Energie zum Überleben zu gewinnen. Im Prinzip ist es ein simples, rund sieben Meter langes Rohr, das im Mund beginnt und am Rektum endet. Ein Schlauch, bestehend aus Mundhöhle, Speiseröhre, Magen, sowie Dünn- und Dickdarm.

Mit etwa sechs Meter Länge machen Dünn- und Dickdarm den Großteil des Verdauungstraktes aus – und erledigen zugleich die Hauptarbeit. In ihnen wird die Nahrung, die den Körper passiert, nach Brauchbarem abgesucht.

Die Vorbereitungen beginnen bereits im Mund. Ein Bissen Pizza etwa wird dort von den Zähnen zermalmt. Speichel, der aus Hunderten Drüsen innerhalb der

Mundhöhle fließt, macht den Nahrungsbrei geschmeidig für den Weitertransport in die Speiseröhre.

Überdies enthält der Schleim Abwehrstoffe, die manche der mit der Nahrung aufgenommenen Bakterien abtöten, und Enzyme, die bereits im Mund bestimmte Kohlenhydrate (etwa aus dem Pizzateig) zu zerteilen beginnen. Anschließend befördert die Zunge den nun zerkleinerten und angefeuchteten Bissen im Mund nach hinten. Dann öffnet sich das Gaumensegel und kleine Portionen des Nahrungsbreis werden durch die Speiseröhre in den Magen gedrückt.

In der Zwischenzeit hat das Gehirn dem Magen angeordnet, in den Drüsen seiner Wand vermehrt ätzende Salzsäure zu produzieren und abzusondern.

Bis zu 500 Milliliter der aggressiven Substanz ergießen sich auf den Pizzabrei. Ließe man der Magensäure ausreichend Zeit, würde sie sogar Metall und Steine zersetzen. Damit sie nicht auch die Magenwände angreift, bilden andere Drüsen eine sich immerzu erneuernde Schutzschicht aus zähem Schleim, der das gesamte Hohlorgan innen überzieht.

Gleichzeitig walkt der Magen durch Muskelbewegungen den Speisebrei durch – und lässt ihn so immer weiter zerfallen.

Erst jetzt kommt die Pizza im Dünndarm an, und zwar zunächst in seinem ersten Abschnitt, dem etwa 25 Zentimeter langen Zwölffingerdarm. Enzyme aus der Bauchspeicheldrüse und Sekret aus der Gallenblase fangen an, die Nahrung in kleinste Bestandteile zu zerlegen, sodass sie für den Körper verwertbar sind.

Hier und im weiteren Verlauf des Dünndarms werden die Nahrungspartikel weiter zerkleinert und die meisten ihrer Inhaltsstoffe vom Körper aufgenommen.

Insgesamt ist der Dünndarm ein fünf Meter langer, rund vier Zentimeter dicker Schlauch, der vielfach gewunden fast unsere gesamte Bauchhöhle ausfüllt.

In seinem Inneren wirft er ungezählte ringförmige Falten, die von ein Millimeter hohen Zotten übersät sind. Aus ihnen ragen fadenförmige Ausstülpungen empor. Striche man all diese Strukturen glatt, hätte der gesamte Darm eine Oberfläche von 30 bis 40 Quadratmetern.

Er ist damit das mit Abstand größte Organ des Menschen – und muss sich so großmachen, um der Nahrung auf dem Weg durch den Verdauungstrakt alle Nährstoffe zu entziehen.

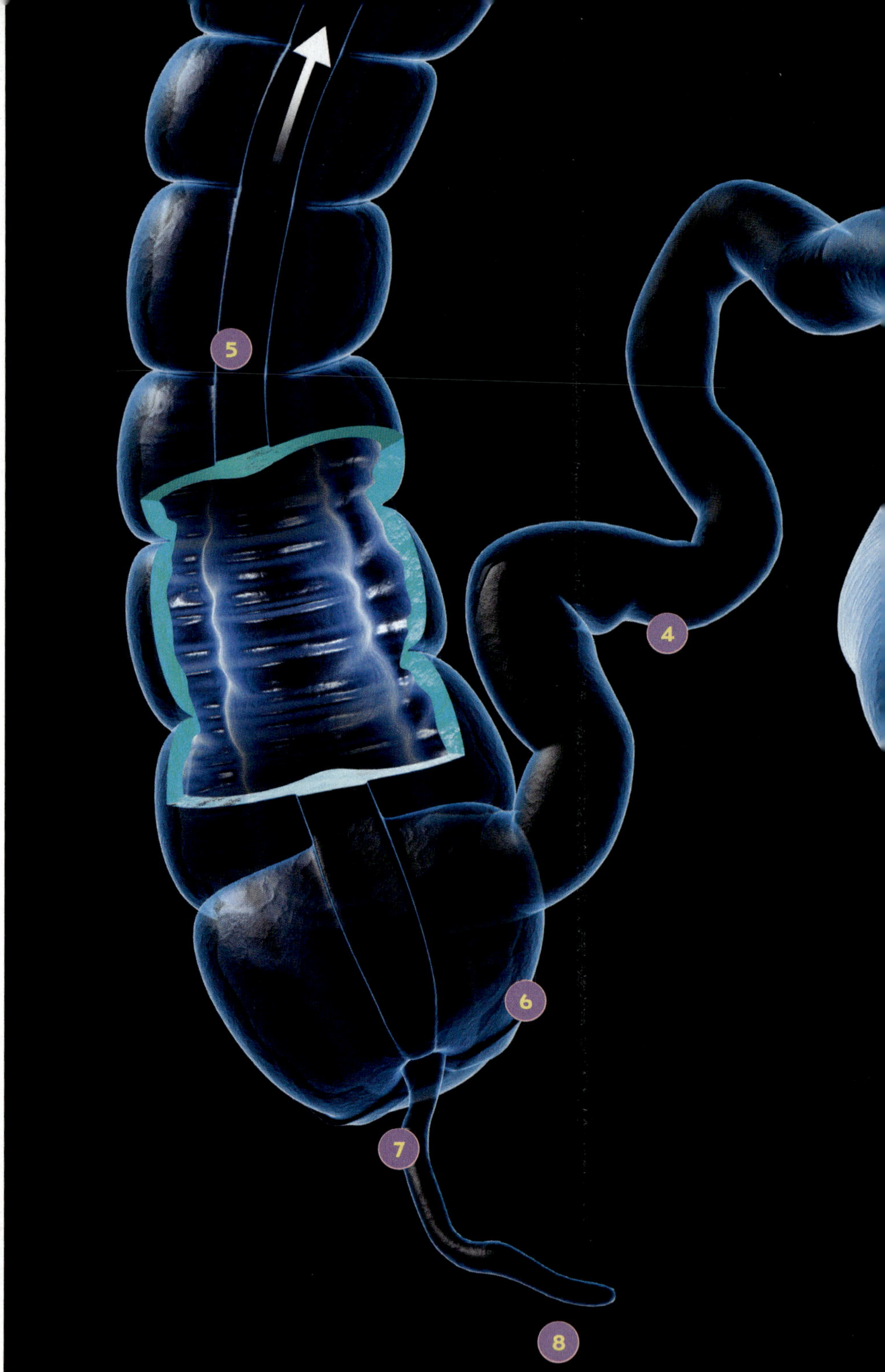

Der **Dünndarm** (1) – etwa fünf Meter lang, vier Zentimeter dick – spielt die Hauptrolle in der Verdauung. Nachdem der Speisebrei im Zwölffingerdarm mit den Säften aus Gallenblase und Bauchspeicheldrüse vermischt wurde, wird er langsam weiter durch den Dünndarm geschoben. Dies geschieht mittels gezielter Kontraktion der Längs- und **Ringmuskeln** (2), die den Darm umschließen. Ein Geflecht aus **Nervenfasern** (3) registriert, wo sich der Nahrungsbrei befindet, und sendet Signale an die Darmmuskulatur, die das Gegessene vorwärtsschiebt. Währenddessen zerlegen Verdauungsenzyme die Nahrung unablässig in immer kleinere Moleküle. Eiweiß zerfällt zu Aminosäuren, langkettige

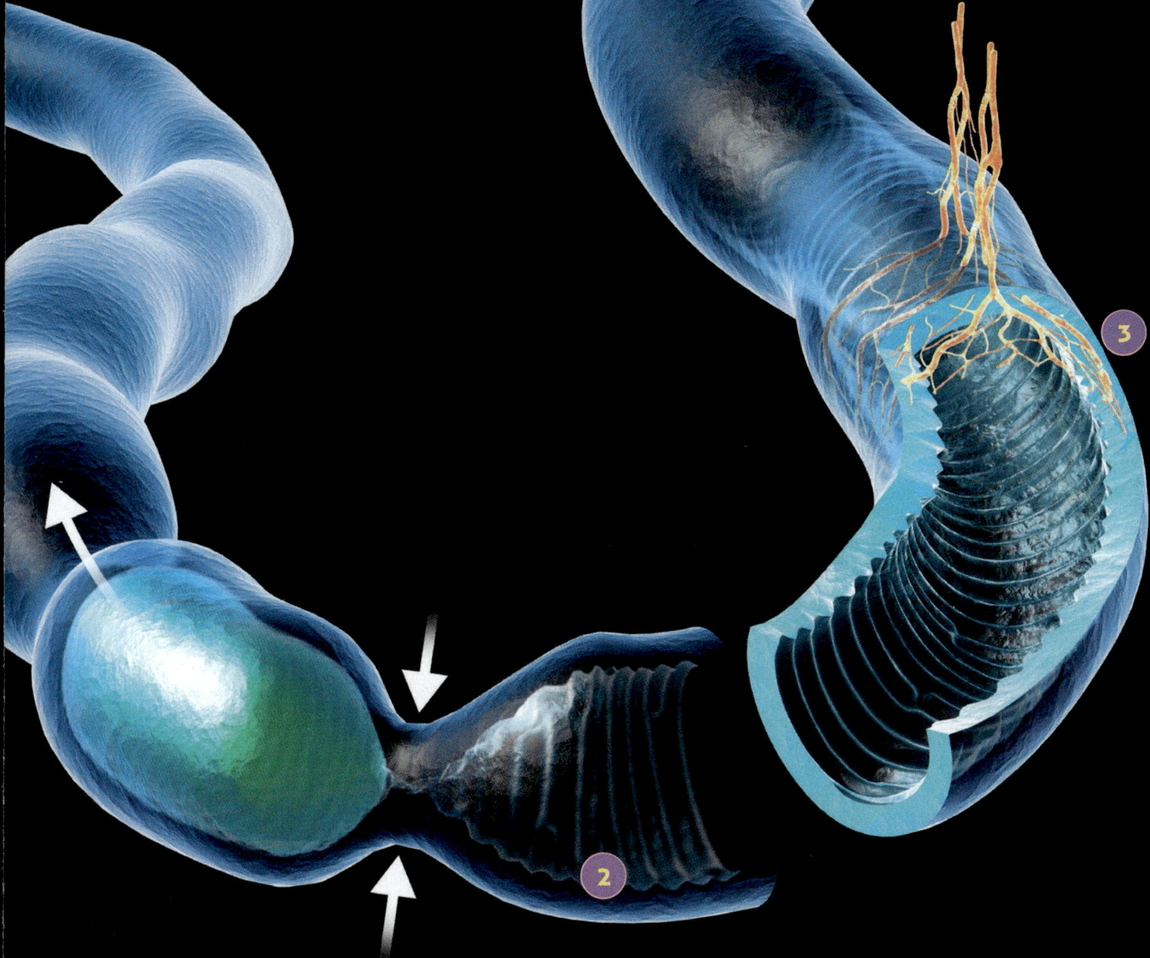

DURCH DÜNN- UND DICKDARM

Der Darm schiebt den Nahrungsbrei mit Muskelkraft voran, Bakterien verwerten die Reste, bevor die Masse verdickt und ausgeschieden wird

Kohlenhydrate werden zu kurzkettigen Zuckern, und Fette zerfallen zu Fettsäuren und Glycerin. Die Millionen Zellen der Darmschleimhaut nehmen diese samt Vitaminen und Mineralstoffen auf. Am Ende des Dünndarms, im **Krummdarm** (4), wird schließlich ein Großteil der Verdauungssäfte aus dem Restbrei zurückgewonnen. Erst dann gelangt er durch eine Öffnung in den **Dickdarm** (5), wobei abermals ein ventilartiger **Schließmuskel** (6) verhindert, dass der Nahrungsbrei zurückfließt. Den Eingang des mehr als ein Meter langen und sechs Zentimeter starken Dickdarms bildet der **Blinddarm** (7) mit dem länglichen **Wurmfortsatz** (8). Der Blinddarm enthält reichlich lymphatisches Gewebe, das zur Körperabwehr von schädlichen Erregern wichtig ist. Im Dickdarm wimmelt es von Billionen Mikroben, die helfen, Unverdautes zu zersetzen und daraus weitere Nährstoffe zu gewinnen. Durch Wasserentzug (bis zu ein Liter pro Tag) wird der Restbrei zudem verdickt und weitergeschoben. Was am Ende noch übrig ist, wird zusammen mit abgestorbenen Mikroben über den Anus ausgeschieden.

DAS GEHEIMNIS DER ZOTTEN

Der Dünndarm ist von innen keineswegs glatt. Vielmehr faltet er sich, bildet Ausstülpungen und ist mit mikroskopisch kleinen Strukturen besetzt, die ihm eine gigantische Oberfläche verleihen

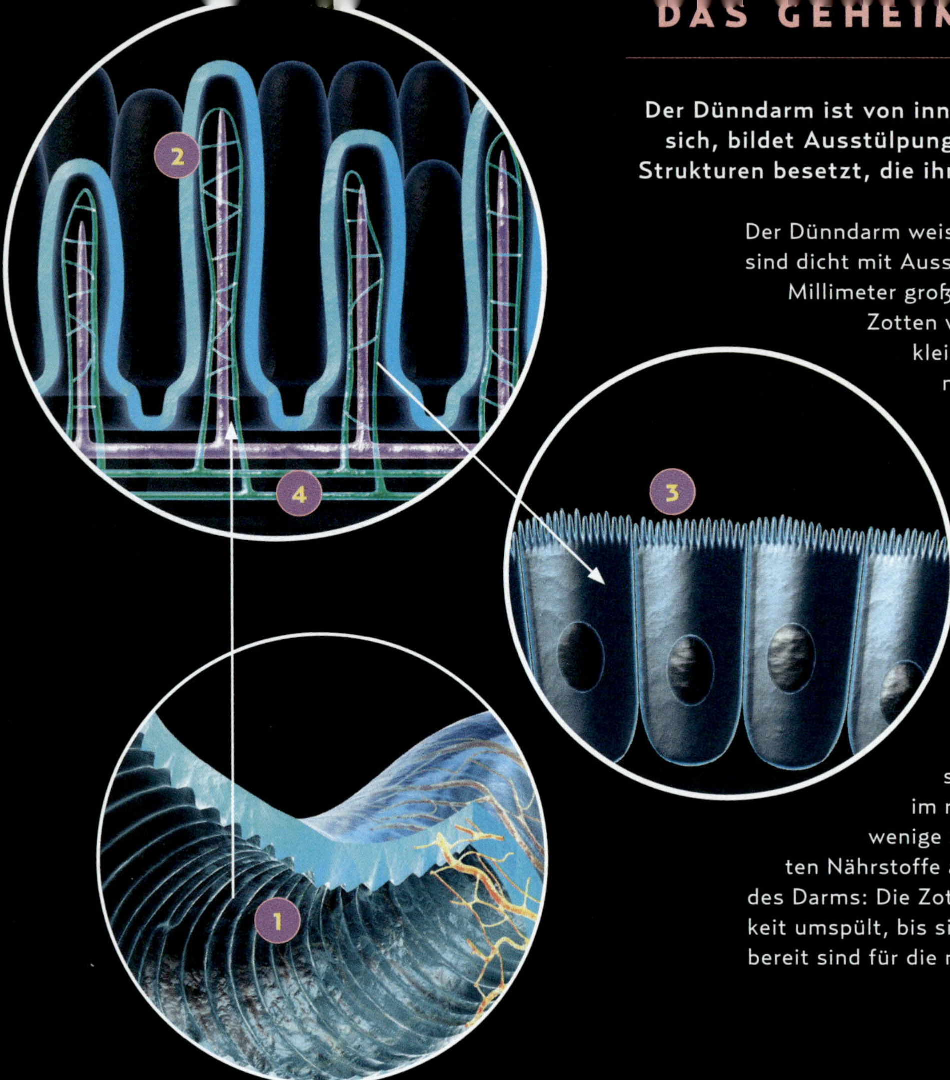

Der Dünndarm weist zahlreiche **Falten** (1) auf. Die Falten sind dicht mit Ausstülpungen besetzt, den jeweils rund ein Millimeter großen **Zotten** (2). Auf der Oberfläche der Zotten wiederum befinden sich weitere, Mikrometer kleine Strukturen: die **Mikrovilli** (3). Zusammengenommen erhöhen die Falten, Zotten und Mikrovilli die Oberfläche und damit die Aufnahmekapazität des Dünndarms auf fast 40 Quadratmeter – das ist ungefähr so groß wie ein halbes Badmintonfeld. Nur dank dieser gewaltigen Fläche ist der Darm in der Lage, häufig binnen eines Tages nahezu sämtliche Nährstoffe aus unseren Speisen zu extrahieren. Ein Netz aus **Blut-** und **Lymphbahnen** (4) nimmt die Moleküle auf. Die Pfortader transportiert Zucker und Aminosäuren zur Leber und das Lymphsystem leitet Fette in Blutbahnen, die sie im restlichen Körper verteilen. Oft schon wenige Stunden nach einer Mahlzeit sind die meisten Nährstoffe absorbiert. Dann erfolgt die Selbstreinigung des Darms: Die Zotten und Mikrovilli werden von Flüssigkeit umspült, bis sie samtig glänzen – und wieder aufnahmebereit sind für die nächste Mahlzeit.

Kommt der inzwischen oft bereits auf Molekulargröße zerkleinerte Speisebrei im Dünndarm an, umspült er alle Zotten und Ausstülpungen. Sie sind bedeckt von einer hauchdünnen, durchlässigen Schicht von Schleimhautzellen. Die nehmen alle verwertbaren Nahrungsbestandteile aus dem Brei auf:

- die zu Zuckerbestandteilen zerkleinerten Kohlenhydrate aus dem Teig,
- die in Aminosäuren aufgespaltenen Eiweiße aus dem Käse,
- die in Tröpfchen zerfallenen Fette aus dem Schinken.

Da die Konzentration der Stoffe in den Zellen der Darmwand geringer ist als außerhalb, gelangen viele Moleküle nach und nach ganz von allein in die Zellen. Andere werden von speziellen Transportmolekülen durch die Zotte hindurchgeschleust. Winzige Kapillaren in deren Innerem nehmen die Nährstoffe auf: Blutbahnen die Zucker und Aminosäuren, Lymphbahnen die Fette. Über die weit verzweigten Blut- und Lymphgefäße werden die Nahrungspartikel anschließend zu allen Teilen des Körpers transportiert.

Mit den Muskeln, die seine Wände umschlingen, schiebt der Dünndarm die Nahrung immer weiter durch sich, bis von der Pizza fast nichts mehr übrig ist.

Oft schon Stunden nach einer Mahlzeit hat er die meisten Nährstoffe absorbiert – und beginnt mit der Selbstreinigung. Innenaufnahmen des Dünndarms, die schluckbare Kameras seit einige Jahren liefern, sind daher für viele Laien überraschend: Das Röhrensystem in unserer Mitte ist keinesfalls dreckig, sondern samtig und meistens sauber.

Die letzte Station für den Nahrungsbrei ist der rund 1,50 Meter lange Dickdarm, der um den Schlingen des Dünndarms liegt; hier landen dessen noch unverwertete Speisereste.

Anstelle von Zotten überziehen Billionen Bakterien die Wände des Dickdarms. Spätestens mit dem Tag der Geburt nehmen Menschen solche Mikroben aus der Umwelt auf; die siedeln vor allem im Dickdarm und helfen ihm unter anderem dabei, einen Teil der übrig gebliebenen Pflanzenfasern in Mehrfachzucker umzuwandeln und so für den Körper noch nutzbar zu machen.

Die am Ende des Dickdarms fast vollends ausgelaugten und entwässerten

Nahrungsreste werden zusammen mit abgestorbenen Darmzellen und Bakterien schließlich durch starke Muskeln in den Dickdarmwänden zum Anus geschoben.

Rund 24 Stunden nach einer Mahlzeit (manchmal aber auch erst drei Tage später) kommen sie dort an.

Der Nahrungstransport ist ein komplexer Mechanismus, den der Darm fast unabhängig vom Gehirn ausführt. Dieser „peristaltische Reflex" kann nur funktionieren, weil ein Nervengeflecht die Muskeln der Darmwand durchzieht. Dehnt der Speisebrei ein bestimmtes Darmsegment, werden die Nervenzellen über Neurotransmitter stimuliert. Sogleich senden sie Signale an die Muskeln, die den Darm dann an genau jener Stelle zusammenziehen und wieder weiten – um den Inhalt so langsam vorwärts zu schieben.

Es ist ein hochsensibles System: Sind die Darmwände zu entspannt, bedeutet dies Verstopfung, Übererregung führt zu Durchfall. Daher muss das Steuerungsnetzwerk des Darms (das enterische Nervensystem) immerzu nachregulieren.

Allein für den Nahrungstransport und die Energiegewinnung bräuchte der Magen-Darm-Trakt nicht ein so komplexes Nervensystem, dass immerhin etwa 100 bis 200 Millionen Nervenzellen umfasst. Doch der Darm hat neben der Verdauung noch viele weitere Aufgaben.

Darunter: die Immunabwehr.

II.
Abwehrkräfte

Die Immunzentrale unseres Körpers

Der Darm ist nicht nur das größte Organ des Körpers, er bildet auch dessen größte Kontaktfläche zur Außenwelt. Mit der Nahrung passieren tonnenweise Produkte aus der Umwelt unseren Leib, mit bisweilen heimtückischen Keimen darin.

Und doch nehmen wir nur höchst selten Schaden: Denn unser Darm verfügt über eine ganz besondere Verteidigungslinie – die Darmbarriere. Sie wird aus einer funktionellen Einheit von Darm-Mikrobiota, Darmschleimhaut und das dem Darm assoziierte Immunsystem gebildet.

Im Darm sitzen etwa 80 Prozent aller Abwehrzellen des Körpers. Vor allem in den ersten Lebensjahren lernen sie nach und nach, die Millionen einströmender Stoffe und Keime in Gut und Böse zu unterscheiden – eine außerordentlich komplexe Aufgabe.

Denn „nützlich" oder „schädlich" ist für die körpereigene Abwehr bisweilen nur schwer zu ermitteln: zu ähnlich sind oft die Strukturen der vielen Nahrungsbestandteile, sowie der sowohl förderlichen als auch gefährlichen Bakterien.

Daher müssen die Abwehrzellen extrem wachsam sein, um angemessen zu reagieren – und wirklich nur im Ernstfall zerstörende Antikörper auszusenden.

Nirgendwo sonst im Körper trifft unser Immunsystem auf so viele unterschiedliche Substanzen und Organismen wie im Darm. Daher gilt er als Zentrale unseres Immunsystems – und als dessen „Trainer". Viele der sich dort entwickelnden Abwehrzellen können später auch in anderen Geweben eingesetzt werden, in die sie über Lymphbahnen gelangen.

Den Kampf gegen die teils tödlichen Invasoren organisiert der Darm weitgehend selbstständig. In jeder Sekunde registriert er über sein Nervensystem, was im Nahrungsbrei vor sich geht und kann auf viele Zustände reagieren, ohne dass das Gehirn einen Befehl geben muss.

Gelangen jedoch gefährliche Gifte in den Verdauungstrakt, die er allein nicht zu bekämpfen vermag, arbeiten Darm und Hirn unverzüglich zusammen. Die Eingeweide alarmieren vor allem über das Nervensystem das Denkorgan, das dann ein Notfallprogramm aktiviert: Erbrechen wird ausgelöst, der Magen- oder Darminhalt nach oben gedrückt.

Daher stehen Darm und Hirn in ständiger Verbindung. Als Partner treffen sie wichtige Entscheidungen, nicht nur in Notfällen – auch unsere Stimmung und sogar unser Verhalten werden offenbar vom Bauch mitbestimmt.

Bestimmte Bakterienspezies im Darm machen uns vermutlich zufriedener

III.
Zweites Gehirn

Der Einfluss des Bauchgefühls

Dass Kopf und Bauch zusammenhängen, lehrt den Laien bereits die Erfahrung: Ein köstliches Mahl kann einen noch Stunden später von innen heraus beglücken – Stress dagegen drückt auf den Darm.

Die Forschung aber nahm diese geradezu alltäglichen Erkenntnisse lange Zeit nicht ernst. Allzu dominant war insbesondere in der westlichen Heiltradition die Vorstellung, dass allein das Hirn den Körper regiert – und alle anderen Organe nur dessen Funktionieren dienen.

Doch vor einigen Jahren ist diese Annahme ins Wanken geraten. Wissenschaftler hatten entdeckt, dass der Darm zugleich eine riesige Chemiefabrik ist, die Dutzende Nervenbotenstoffe herstellt. Darunter die Substanz Serotonin, die bestimmte Signale im Gehirn beeinflussen und so für Wohlgefühle sorgen könnte.

Zugleich stellten die Forscher fest, dass auf der direktesten Verbindung zwischen Darm und Hirn, dem Vagus-Nerv, rund 90 Prozent der ausgetauschten Informationen vom Darm entsendet werden. Im Hirn angekommen, werden sie unter anderem auch in jenen Regionen verarbeitet, die unsere Emotionen beeinflussen.

In der Regel dringen nur die Alarmsignale des Darms in unser Bewusstsein, etwa das Erbrechen nach Vergiftungen. Die allermeisten Botschaften sind so etwas wie Statusmeldungen aus der Bauchregion, die unbewusst verarbeitet werden – und die doch nicht unbedeutsam sind.

Denn das Gehirn – weit entfernt vom Körperzentrum und so gut isoliert wie kein zweites Organ – fühlt durch diese Darm-Signale in den Organismus hinein: Liefert die Nahrung ausreichend Nährstoffe? Vermehren sich die freundlichen oder die feindlichen Mikroben?

Läuft alles glatt, übersetzt das Gehirn diese Signale in Wohlsein und gute

Laune. Gerät aber etwas durcheinander, drückt dies auf das Befinden.

Der Darm ist damit natürlich nicht der alleinige Stimmungsmacher, schafft allerdings, so eine plausible Annahme, eine Art Gemütsrauschen, einen Stimmungsteppich. Wie mächtig der Einfluss des Leibes auf die Seele zu sein scheint, zeigt sich daran, dass viele Darmerkrankungen wie Reizdarm oder chronische Entzündungen begleitet sind von Angst, Stress, sogar Depressionen.

Der Darm fühlt – aber er denkt gewissermaßen auch mit. Denn so, wie dem Gehirn nichts über seinen Zustand verborgen bleibt, ist er ebenfalls über vieles im Bilde, was im Kopf geschieht. Empfindet das Hirn etwa großen Stress, registriert dies auch der Darm. Im Nu regelt er seine Arbeit herunter. Die Folgen: Appetitlosigkeit oder Durchfall. Die dadurch eingesparte Energie kann das Gehirn nun nutzen, um den Stress zu bewältigen.

Allerdings wird der Darm durch solche Reaktionen geschwächt, vor allem wenn Phasen der Anspannung lange andauern: Die Darmschleimhaut baut sich ab, feindliche Bakterien haben die Chance, sich zu vermehren. Der Darm meldet diese Bedrohung ans Gehirn, das die Bauchempfindungen offenbar abspeichert.

Forscher gehen davon aus, dass das Kopfhirn über eine Art Datenbank verfügt, in der es die Reaktionen sammelt, die ihm der Bauch in herausfordernden Situationen hinauffunkt – schönen wie stressigen. Gerät ein Mensch später in ähnliche Umstände, zieht er vermutlich unbewusst diese Daten zurate.

Sie könnten dann das gute oder ungute Bauchgefühl bewirken, das unser Verhalten möglicherweise mit lenkt – und wohl auch jede unserer Entscheidungen beeinflusst. Vielleicht genauso wie alle Daten und Fakten, die der Verstand wägt.

Denn in unserem Gehirn formen sich die Entscheidungen offenbar auf erstaunliche Weise: Noch ehe der Kopf zu kalkulieren beginnt, drängen vermutlich auch die hinaufgefunkten Bauchgefühle eine Entscheidung oft schon ganz am Anfang in eine bestimmte Richtung. Das Wissen würde dann später nur noch dazu dienen, den emotionalen Impuls zu bestärken (oder zu widerlegen).

Wer auf den Bauch hört, ist demnach nicht naiv, sondern folgt einer zwar unbewussten, doch verlässlichen Instanz: einem zweiten Gehirn. Und das zieht immer mehr Wissenschaftler in seinen Bann. Deren jüngste Ergebnisse lassen staunen: Kann es tatsächlich sein, dass sich der Darm – und mit ihm unser Urteilsvermögen und unsere Stimmung – womöglich durch die Wahl unserer Nahrung beeinflussen lassen?

AUF EINEN BLICK

Verdauung

Rund sieben Meter legt eine Mahlzeit durch unseren Körper zurück. Dabei wird sie so lange zerkleinert und traktiert, bis alle Nährstoffe aufgenommen sind.

Nervensystem

Der Darm verfügt über mehr als 100 Millionen eigene Nervenzellen und wirkt über eine Verbindung zum Gehirn offenbar an vielen Entscheidungen mit.

Immunabwehr

Zudem befinden sich mehr als drei Viertel aller Abwehrzellen im Darm. Er ist das größte Immunorgan.

Mikrobiom

Im Dickdarm leben Billionen von Mikroben, deren Stoffwechselprodukte unsere körperliche und geistige Gesundheit beeinflussen.

Mehr als 1500 Bakterienarten leben im Darm. Sie produzieren Vitamine und Botenstoffe

IV. Symbiose

Mikroben als Stimmungsmacher

Unser Körper beherbergt, vor allem im Darm, mehr als 100 Billionen Bakterien – mindestens so viele, wie er eigene Zellen zählt. Jeder Mensch besitzt dabei eine ganz eigene bakterielle Sammlung, die er sich im Laufe der Jahre durch seinen Lebensstil und seine Ernährungsweise aufbaut. Sie trägt bis zu zwei Kilogramm zum Körpergewicht bei und ist individueller noch als ein Fingerabdruck. Die mehr als 1500 verschiedenen Bakterienarten, die man bislang in Därmen entdeckt hat, sind nicht nur Verdauungshelfer. Sie liefern auch wichtige Stoffwechselprodukte an ihren menschlichen Wirt: Vitamine, bestimmte Fettsäuren, sogar Stoffe, die vermutlich über Signalkaskaden im Darm die Gehirnaktivität anregen.

Umso erstaunlicher, dass sich die Wissenschaft erst seit relativ kurzer Zeit damit befasst. Und schon jetzt ist klar, dass die in und mit uns lebenden Kleinstorganismen unsere Leib- und Seelenzustände entscheidend beeinflussen.

Die verblüffendsten Hinweise dazu kommen bislang aus Versuchen mit Labormäusen. Forscher der kanadischen MacMaster University pflanzten einer von Natur aus eher verzagten Rasse die Darmbakterien wagemutiger Nager ein.

Bald darauf wirkten diese Mäuse wie verwandelt und agierten tatsächlich abenteuerlustiger. Bei Labornagern bestimmen also ganz offenbar Darmbakterien die Charakterzüge mit.

Und beides lässt sich relativ leicht von außen beeinflussen – zumindest im Tierversuch. Verabreichten Forscher in einem anderem Experiment Mäusen über einen längeren Zeitraum hinweg ein Bakterium, das auch in Joghurt vorkommt, wurden diese Tiere mutiger und resignierten in schwierigen Situationen nicht so schnell wie Artgenossen, die normales Futter bekamen.

Würde dies auch beim Menschen funktionieren? Einige Forscher und Firmen witterten die Sensation: Heilen durch Essen! Manche sahen gar Ansatzpunkte für neue Therapien gegen Ängste und Depression.

Tatsächlich liefern mittlerweile auch erste Studien mit Menschen Hinweise darauf, dass die Einnahme spezieller darmfreundlicher Bakterien einen Effekt auf die Psyche haben kann. Die Mikroben sorgten zwar nicht für plötzliche, drastische Stimmungs-, gar Wesensumschwünge wie im Mäuseversuch. Doch Probanden, die über einige Wochen hinweg ein bestimmtes Bakterium zu sich nahmen, waren danach oftmals besser gelaunt oder reagierten auf negative Reize weniger stark als die Vergleichspersonen.

In einem anderen Experiment hatte die Einnahme eines bestimmten Bakteriums nachweislich entspannende Wirkung: Testpersonen empfanden danach ihren Stress geringer als solche, die ein Placebo-Präparat geschluckt hatten.

Zudem gibt es erste Hinweise, dass besondere Bakterien die Therapie von Depressions-Patienten positiv unterstützen.

Noch aber ist es für bestimmte Empfehlungen viel zu früh. Die Forscher haben erst begonnen zu verstehen, in wie viele Prozesse der Darm in unserem Körper eingebunden ist. Noch stehen sie gewissermaßen am Anfang der Erkenntnisse über das zweite Gehirn in unserem Unterleib, das ebenso wichtig für die Abwehr von Keimen wie offenbar auch für unsere Stimmung ist.

Und noch haben die Wissenschaftler längst nicht vollends begriffen, wie genau Mensch und Mikroben miteinander interagieren. Fest steht wohl, dass man niemals das Superbakterium finden wird, das vom Darm aus alles Leid beseitigt.

Eines aber scheint sicher: Unser Darm mitsamt seiner vielfältigen Besiedlung hält entscheidende Schlüssel für unsere körperliche und seelische Gesundheit bereit. Denn anders als unser Genom ist unser Mikrobiom nicht vollkommen schicksalhaft, sondern mindestens in Teilen veränderbar: durch unsere Art zu leben und zu essen.

Und so ist womöglich auch an jener alten Weisheit etwas dran: „Du bist, was du isst" •

KATHARINA VON RUSCHKOWSKI, Jg. 1981, ist Wissenschaftsautorin und lebt in Nieheim bei Detmold.

IMPRESSUM

Gruner + Jahr GmbH, Am Baumwall 11, 20459 Hamburg.
Postanschrift der Redaktion: Brieffach 24, 20444 Hamburg.
Tel.: 040/37 03-0, Fax: 040/37 03 56 47
Internet: www.GEOkompakt.de

CHEFREDAKTEUR
Michael Schaper

STELLVERTRETENDE CHEFREDAKTEURE
Rainer Harf, Claus Peter Simon

ART DIRECTION
Torsten Laaker

TEXTREDAKTION
Sebastian Witte (Konzept dieser Ausgabe); Tilman Botzenhardt, Maria Kirady, Bertram Weiß

BILDREDAKTION
Ulrike Jürgens, Jochen Raiß, Carla Rosorius

VERIFIKATION
Regina Franke; Dr. Götz Froeschke, Susanne Gilges, Stefan Sedlmair, Bettina Süssemilch

LAYOUT
Lena Uphoff

CHEF VOM DIENST/SCHLUSSREDAKTION
Ralf Schulte

TECHNISCHER CHEF VOM DIENST
Rainer Droste

REDAKTIONSASSISTENZ
Ümmük Arslan; Anastasia Mattern, Thomas Rost

HONORARE/SPESEN
Angelika Györffy

GESCHÄFTSFÜHRENDE REDAKTEURIN
Maike Köhler

VERANTWORTLICH FÜR DEN REDAKTIONELLEN INHALT
Michael Schaper

PUBLISHER
Dr. Gerd Brüne, Frank Thomsen

EXECUTIVE DIRECTOR DIRECT SALES
Heiko Hager/G+J Media Sales

VERANTWORTLICH FÜR DEN ANZEIGENTEIL
Daniela Porrmann, Director Brand Solutions, G+J e|MS, Am Baumwall 11, 20459 Hamburg.
Es gilt die jeweils aktuelle Preisliste.
Infos hierzu: www.gujmedia.de

SALES DIRECTOR
Franziska Bauske, DPV Deutscher Pressevertrieb

MARKETING
Pascale Victoir

HERSTELLUNG
G+J Herstellung, Heiko Belitz (Ltg.), Oliver Fehling
Litho: 4mat Media, Hamburg
Druck: appl druck GmbH, Senefelderstraße 3–11, 86650 Wemding

Bankverbindung: Deutsche Bank AG Hamburg,
IBAN: DE30200700000032280000,
BIC: DEUTDEHH
Heft-Preis: 10 Euro (mit DVD: 16,50 Euro)
ISBN 978-3-652-00856-3 (978-3-652-00860-0);
ISSN 1614-6913

USA: GEOkompakt is published by Gruner + Jahr GmbH. K.O.P.: German Language Pub., 153 S Dean St, Englewood NJ 07631.
Periodicals Postage is paid at Paramus NJ 07652.
Postmaster: Send address changes to GEOkompakt, GLP, PO Box 9868, Englewood NJ 07631.
KANADA: Sunrise News, 47 Silver Shadow Path, Toronto, ON, M9C 4Y2, Tel.: +1 647-219-5205, E-Mail: sunriseorders@post.com.

GEO-LESERSERVICE

FRAGEN AN DIE REDAKTION
Tel.: 040/37 03 20 84, Fax: 040/37 03 56 48
E-Mail: briefe@geokompakt.de

ABONNEMENT- UND EINZELHEFTBESTELLUNG
Online-Kundenservice: www.geo.de/kundenservice
Tel.: 0049/40/55 55 89 90
Service-Zeiten: Mo–Fr 7.30–20 Uhr, Sa 9–14 Uhr
Postanschrift: GEO-Kundenservice, 20080 Hamburg
Preis Jahresabonnement: 40,00 € (D)/ 46,00 € (A)/70,40 sfr (CH);
Preise für weitere Länder auf Anfrage erhältlich.

BESTELLADRESSE FÜR GEO-BÜCHER, GEO-KALENDER, SCHUBER ETC.
GEOkompakt-Kundenservice, 74569 Blaufelden,
Tel.: 0049/40/42236427, Fax: 0049/40/42236663
E-Mail: guj@sigloch.de

BILDNACHWEIS

Anordnung im Layout: l. = links, r. = rechts, o. = oben, m. = Mitte, u. = unten

TITEL
Oliver Burston/Ikon Images
EDITORIAL
Benne Ochs für GEOkompakt: 3 o. r.
INHALT
siehe entsprechende Seiten
DAS NEUE BILD DES KÖRPERS
Anne Gabriel-Jürgens: 6/7, 16–19; Stefan Braun: 8/9; Berthold Steinhilber/laif: 10/11; Charles Yunck/B.Z.: 12/13; Paula Markert: 14/15; Frank Bauer für GEOkompakt: 20/21
DAS GERÜST DES LEBENS
Illustrationen: Science Photo Library/Leonello Calvetti: 22/23; Dorling Kindersley/Peter Ball: 24; Science Photo Library/Sciepro: 25 u., 27, 28; Science Photo Library/Science Picture Co: 25 m. r.; Science Photo Library/Sebastian Kaulitzki: 26; Dung Vo Trung/Look at Sciences: 29
DAS GEHEIMNIS UNSERER KRAFTPAKETE
Aaron Hewitt: 30/31; Scott McDermott: 33, 35, 38; Michael Llewellyn: 34; Artwork: Bryan Christie Design: 30–35, 38; Illustrationen: Tim Wehrmann: 36; Science Photo Library/Sciepro: 37
VOM GREIFEN UND BEGREIFEN
Illustrationen: Karl Wesker: 40–47
7 FRAGEN ZU KNOCHEN UND MUSKELN
Illustrationen: Claudia Meitert für GEOkompakt: 48–51
DER MOTOR DES LEBENS
Illustrationen: Bryan Christie Design: 54; Karl Wesker: 56, 57
DER ROTE SAFT IN UNS
Illustrationen: mauritius Images: 58/59; Karl Wesker: 60; Science Photo Library/Sciepro: 61, 62
7 FRAGEN ZU HERZ UND KREISLAUF
Illustrationen: Claudia Meitert: 64–67 für GEOkompakt
DER KERN UNSERES SEINS
Illustrationen: Tim Wehrmann: 68/69, 72; Ian Cuming/Ikon Images: 70
DIE WELT DER SINNE
Illustrationen: Tim Wehrmann: 74–85
7 FRAGEN ZUM GEHIRN
Illustrationen: Claudia Meitert für GEOkompakt: 86–89
DIE HEILKRAFT DES ATEMS
Illustrationen: Flonline: 92/93, 96 o.; Science Photo Library: 95; Markus Voll: 96 m.; Nicole Krohn: 96 u.
7 FRAGEN ZUR ATMUNG
Illustrationen: Claudia Meitert für GEOkompakt: 98–101
UNSERE WUNDERBARE HÜLLE
Angélica Dass: 102–106, 108; Illustration: Axel Kock: 107
7 FRAGEN ZUR HAUT
Illustrationen: Claudia Meitert für GEOkompakt: 110–113
IM REICH DER KÖRPERMITTE
Illustrationen: Bryan Christie Design: 114–120
DAS GROSSE FRESSEN
Science Photo Library/Steve Gschmeissner: 124/125, 127 o., 128, 129, 131, 132; Science Photo Library/Donald Bliss: 127 u.; Science Photo Library/Eye Of Science: 130 l.; NCT Heidelberg/Philip Benjamin: 130 r.
»AKTIVIEREN SIE IHREN INNEREN ARZT!«
Henning Ross: 134, 136
7 FRAGEN ZU DARM UND IMMUNSYSTEM
Illustrationen: Claudia Meitert für GEOkompakt: 140–143
HOFFNUNG AUF EIN ZWEITES LEBEN
Science Photo Library/Claus Lunau: 144/145; David Sandison/laif: 146; Ko Sasaki/laif: 147; Illustration: Bryan Christie Design: 148; Grant Hindsley/laif: 149 o.; Keck Medicine/University of California: 149 u.; Illustration: Shutterstock: 150 o.; Max-Planck-Institut für molekulare Biomedizin/Yotam Menuchin Laskowski, David Sebinger, Thomas Rauen: 150 u.; Dominick Reuter/laif: 151; The Independent/eyevine/laif: 152 o.; Rii Schroer/eyevine/laif: 152 u.; Benoit Decout/REA/laif: 153

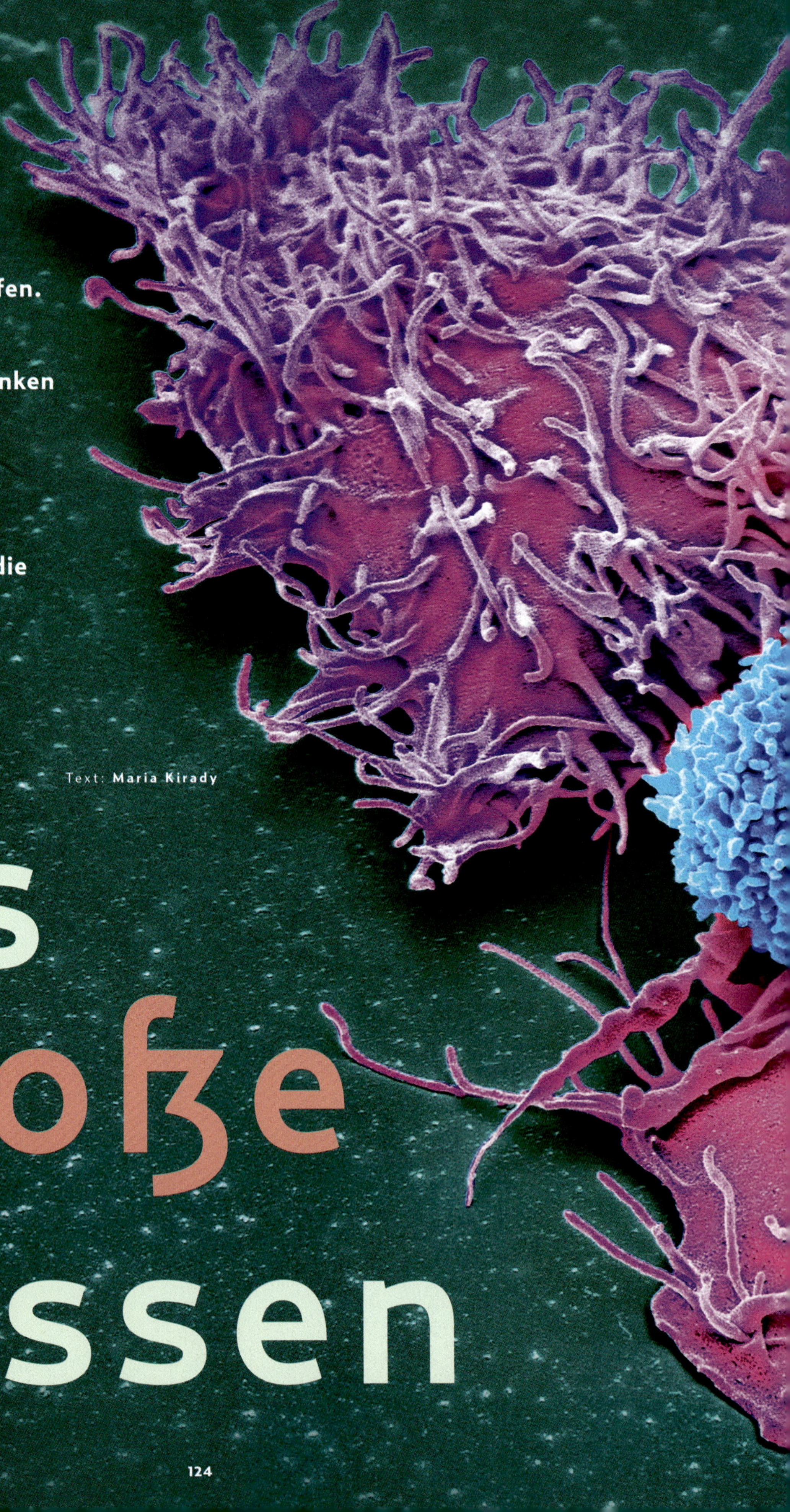

Überall wimmelt es von Bakterien und Viren, die unseren Körper angreifen. Dass wir trotzdem meist unbehelligt bleiben, verdanken wir einem raffinierten Schutzsystem in unserem Inneren: Unermüdlich vernichten dessen Zellen die Angreifer – und erweisen sich dabei als verblüffend intelligent

Text: **Maria Kirady**

Das große Fressen

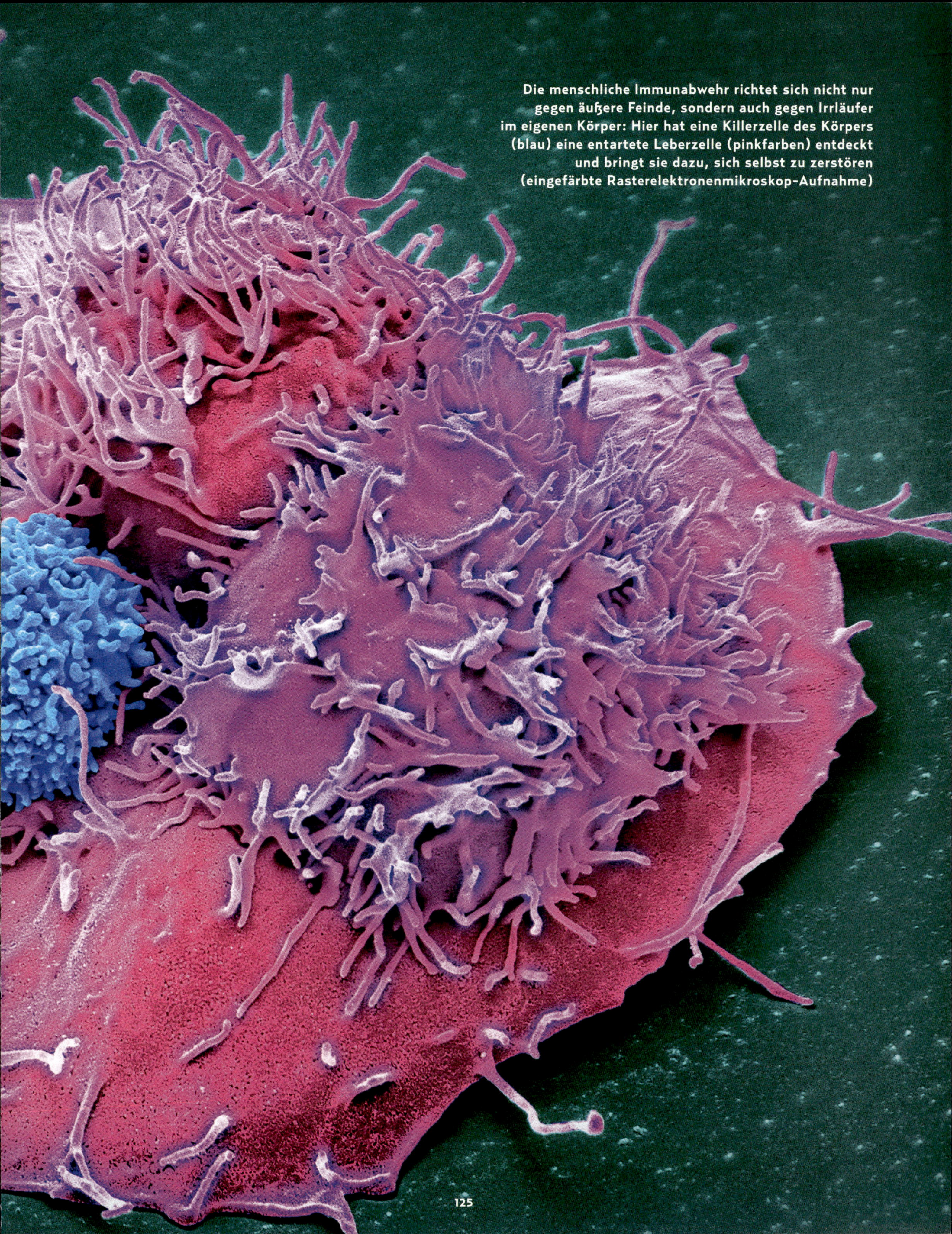

Die menschliche Immunabwehr richtet sich nicht nur gegen äußere Feinde, sondern auch gegen Irrläufer im eigenen Körper: Hier hat eine Killerzelle des Körpers (blau) eine entartete Leberzelle (pinkfarben) entdeckt und bringt sie dazu, sich selbst zu zerstören (eingefärbte Rasterelektronenmikroskop-Aufnahme)

Dramatische Gefechte spielen sich Tag für Tag in unserem Körper ab. Ohne dass wir etwas davon bemerken, versuchen in jeder Sekunde aggressive Krankheitserreger in unser Innerstes vorzudringen und die Herrschaft über Blutgefäße, Organe und Gewebe zu übernehmen.

Forscher kennen mehr als 1400 Arten von Bakterien, Viren und Parasiten, die sich auf den Menschen spezialisiert haben und millionenfach in unserer Umwelt lauern. Zwar sind die meisten Erreger nur mikroskopisch klein (viele Bakterien erreichen nur rund ein Zehntel der Größe einer normalen Körperzelle). Doch jeder dieser Winzlinge stellt eine tödliche Gefahr für unseren Organismus dar.

Denn einmal in den Körper gelangt, schleudern die Angreifer womöglich mit Giften um sich oder schmuggeln sich mit raffinierten Tricks in das Innere der Zellen. Überdies vervielfachen sie sich unentwegt, wobei sie beständig von unserer Substanz zehren. So kann aus einer Handvoll Erregern binnen eines Tages eine überwältigende Armee werden.

Bis zu 90 Prozent aller Infektionen verlaufen nahezu unbemerkt

Dass wir dem feindlichen Ansturm standzuhalten vermögen, liegt nur daran, dass unser Körper den Angreifern eine eigene, schlagkräftige Streitmacht entgegensetzt: das Immunsystem.

Rund um die Uhr sind die Truppen dieses Schutzsystems aktiv, bewachen Gewebe und zirkulieren in den Blutgefäßen, schwärmen in jeden Winkel unseres Körpers aus, um Feinde aufzuspüren und zu zerstören. Dabei kommunizieren die Abwehrzellen miteinander in einer komplexen Sprache aus biochemischen Signalen.

Dieses erstaunlich ausgeklügelte Kampfsystem ist das Produkt von Jahrmillionen Evolution – in seiner Komplexität vergleichbar nur dem menschlichen Gehirn. Ihm allein ist es zu verdanken, dass etwa eine Erkältung kein Todesurteil bedeutet und wir in einer Umgebung überleben können, die von Mikroorganismen nur so wimmelt. Man könnte sogar sagen: Die Immunabwehr zählt zu den genialsten und wichtigsten Errungenschaften des Körpers.

Und doch haben die wenigsten von uns eine Ahnung von den Schlachten, die sich täglich in ihrem Inneren zwischen Krankheitserregern und Körperabwehr zutragen. Erst wenn wir mit einem Infekt ermattet im Bett liegen, wird uns auf einmal die existenzielle Bedeutung des Immunsystems spürbar.

Mitunter drängen dann Fragen ins Bewusstsein wie: Was geschieht genau bei einer Infektion in unserem Körper? Weshalb sind wir gegen manche Erreger immun, während uns andere wochenlang ins Bett zwingen oder gar in tödliche Gefahr bringen?

Und mit welchen Methoden gelingt es der Körperabwehr, die Eindringlinge zu erkennen und zu zerstören?

Um die Antworten zu verstehen, muss man eintauchen in eine faszinierende Welt von verblüffend klugen Abwehrzellen, von biologischen Kampfstoffen und miniaturisierten Waffenfabriken.

Forscher haben das getan – und durch zahlreiche Studien herausgefunden, dass der Körper im Wesentlichen auf zwei einander ergänzende Strategien setzt, um Angreifer abzuwehren:

- Dringen Erreger in den Körper ein, werden sie erst von Zellen der „angeborenen Immunabwehr“ bekämpft. Diese schnelle Eingreiftruppe vermag viele Mikroben und Viren zu erkennen und zu vernichten;
- reicht sie nicht aus, greifen die noch schlagkräftigeren Einheiten der „erworbenen Immunabwehr“ ein. Sie können selbst gut getarnte Eindringlinge aufspüren und mit raffinierten, maßgeschneiderten Waffen vernichten. Allerdings dauert ihre Aktivierung deutlich länger.

Was dabei im Einzelnen geschieht, lässt sich anhand eines alltäglichen Beispiels nachvollziehen, das jeder schon erlebt hat: einer bakteriellen Infektion.

Begrüßen wir jemanden mit Handschlag, der an einer von Bakterien verursachten Entzündung im Hals leidet und sich beim Räuspern die Hand vor den Mund hält, haben wir anschließend Myriaden der krank machenden Mikroben auf unseren Fingern.

Mit hoher Wahrscheinlichkeit handelt es sich dabei um Streptokokken. Manche Arten dieser Bakterien sind typische Auslöser von Rachen- und Mandelentzündungen.

Auf unserer Handfläche vermögen die Winzlinge zunächst noch keinen Schaden anzurichten: Die aus mehreren Schichten aufgebaute Hautbarriere ist für sie undurchdringlich. Durch gründliches Händewaschen lassen sich die Keime leicht wieder loswerden.

Geschieht dies aber nicht rechtzeitig, können die Erreger in unseren Körper gelangen – etwa wenn wir uns mit der infizierten Hand die Nase reiben oder den Rand der Kaffeetasse berühren, aus der wir anschließend trinken. Daraufhin gelangen die Bakterien in unseren Rachen.

Dort treffen sie zunächst auf eine Schleimhaut, die sie überwinden müssen, um tiefer ins Körpergewebe vorzudringen.

Ähnlich wie die Haut den Körper an der Außenseite umschließt, ummanteln uns Schleimhäute gewissermaßen von innen – an den Wänden von im Körper liegenden Hohlräumen wie Mund, Rachen, Atem- und Verdauungstrakt, die durch Nahrung und Luft mit der Außenwelt in Kontakt kommen.

Schleimhäute besitzen aber keine weitgehend undurchlässige Schutzschicht wie unsere äußere Hülle, vielmehr sondern sie ein gelartiges Sekret ab, in dem die Eindringlinge gewissermaßen fest-

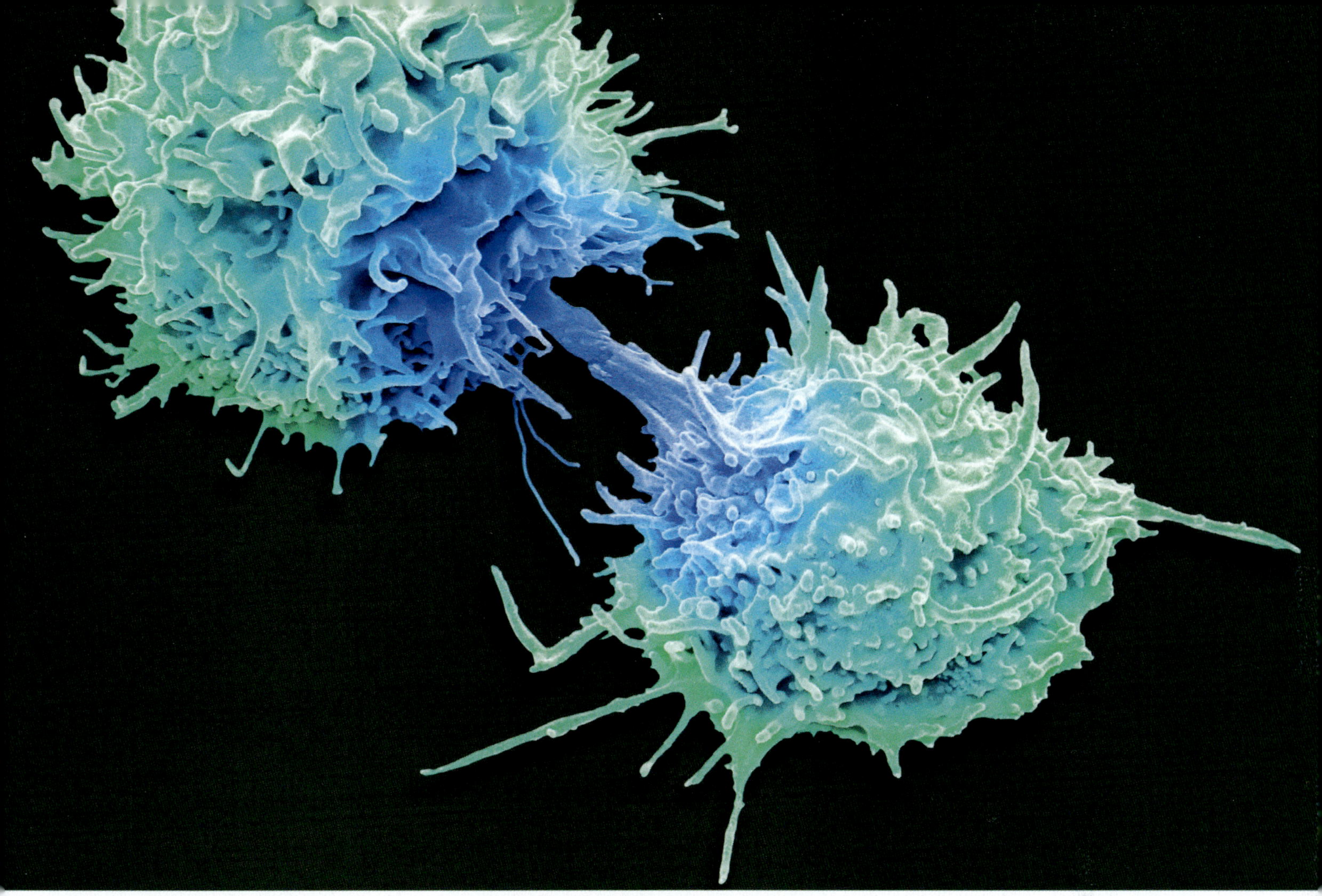

Zwei T-Lymphozyten gehen aus einer Zellteilung hervor. Manche dieser Abwehrzellen sind in der Lage, sogar Erreger aufzuspüren, die sich im Inneren von Körperzellen verstecken

gesetzt werden. Der Schleim behindert die Bewegungsfähigkeit der Bakterien und enthält zudem Substanzen, welche die Mikroorganismen angreifen.

Darüber hinaus sitzen auf der Schleimhaut der Atemwege winzige Flimmerhärchen. Die bewegen sich wellenförmig, ähnlich einem im Wind wogenden Kornfeld, und transportieren den Schleim mitsamt den darin verfangenen Fremdkörpern in Richtung Mund- und Nasenöffnung.

Etliche Eindringlinge lassen sich auf diese Weise wirksam aufhalten. Gelangt aber ein ganzer Schwall von Bakterien der Spezies *Streptoccus pyogenes* in den Rachen, besteht die Gefahr, dass sie sich dort ansiedeln, sich vermehren und dass einige schließlich die Hürde überwinden und den Körper infizieren.

Eine Fresszelle des Immunsystems verschlingt eine mit einem tödlichen Virus infizierte menschliche Zelle

Zudem ist gerade in der kalten Jahreszeit die Barrierefunktion der Atemwegsschleimhäute durch Kälte und Austrocknung geschwächt. Zwischen den normalerweise dicht gepackten Zellen können sich dann Lücken bilden, die zu Einfallstoren für die Erreger werden.

Haben die Streptokokken ein solches Schlupfloch in der Schleimhaut gefunden, dringen sie auf der Suche nach Nahrung und einem Lebensraum in das Rachengewebe ein. Dort beginnen sie sich einzunisten und sich zunächst langsam, dann immer schneller zu vermehren.

Blieben die Eindringlinge nun unbemerkt, würden sie über kurz oder lang die Herrschaft über alle Gewebe, Blutbahnen und Organe des Körpers übernehmen – was unseren sicheren Tod bedeutete.

Doch es kommt meist anders: Binnen kurzer Zeit erregen die Eindringlinge die Aufmerksamkeit einer extrem wachsamen Killertruppe: der angeborenen menschlichen Immunabwehr.

Als Erstes entdecken die Makrophagen (die „großen Fresszellen") die Strep-

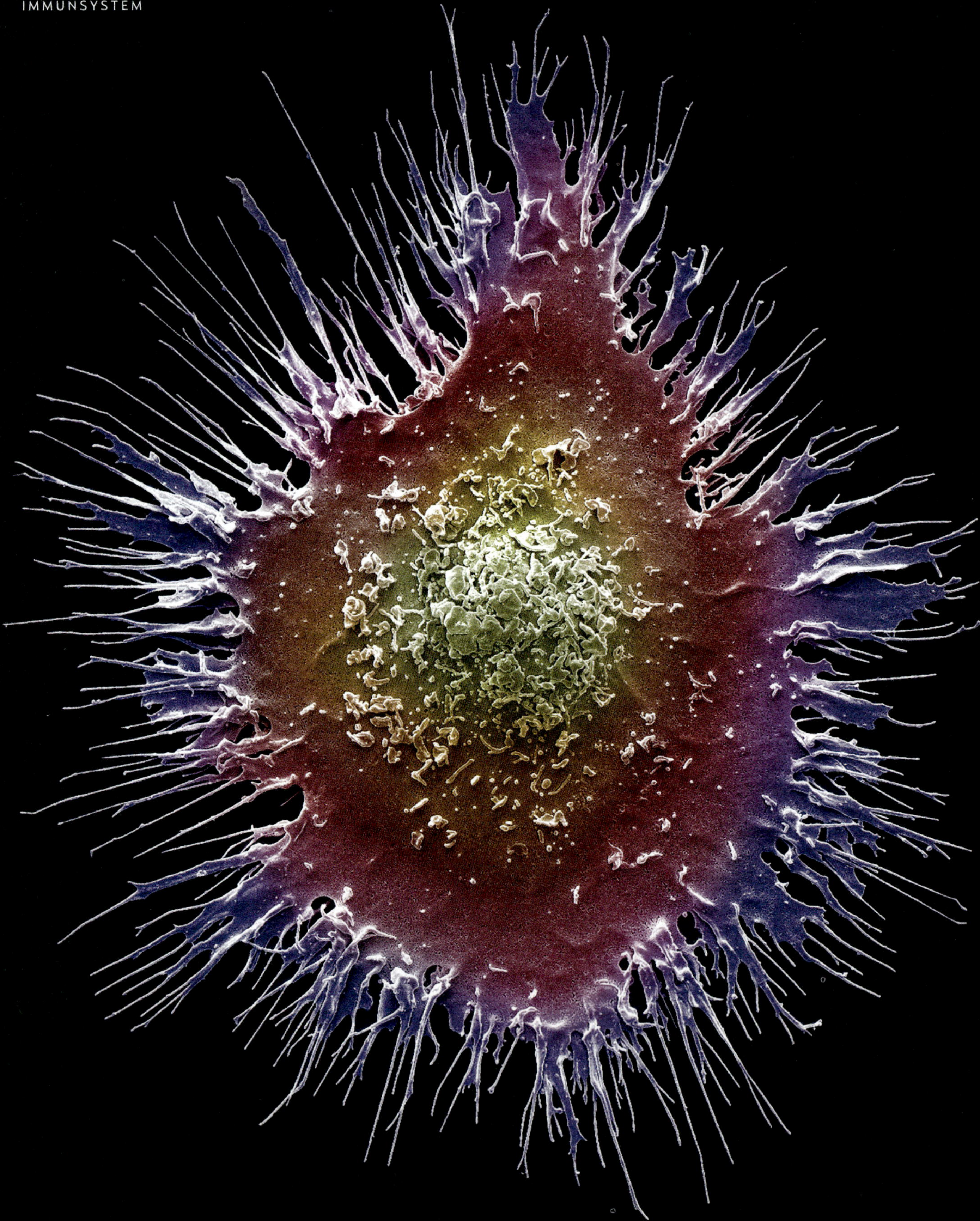

Dendritische Zellen spielen eine Schlüsselrolle bei der Immunabwehr: Stoßen sie im infizierten Gewebe auf einen Erreger, bewegen sie sich über Lymphgefäße zum nächsten Lymphknoten. Dort treffen sie auf T-Zellen des menschlichen Immunsystems, denen sie molekulare Merkmale des Erregers präsentieren – und so besonders schlagkräftige Kampftruppen aktivieren

tokokken. Diese Abwehrkräfte sitzen wie eine Art Wachpatrouille in fast allen Geweben und achten auf Eindringlinge – sie sind also bereits vor Ort, wenn es zu einer Infektion kommt.

Sobald die Makrophagen mit Bakterien in Kontakt treten, prüfen sie zunächst, ob es sich tatsächlich um körperfremde Mikroben handelt. Dazu setzen sie eine Vielzahl von Rezeptoren ein, mit deren Hilfe sie molekulare Strukturen oder bestimmte Substanzen erkennen, die sich an der Oberfläche der Bakterien befinden.

Diese Oberflächenmerkmale sind zwar je nach Erreger verschieden – aber trotzdem gibt es Kennzeichen, die für sehr viele Gruppen typisch sind und ausreichen, um ihre Träger als Feind auszumachen. Zudem sind sie evolutionär so alt, dass der Bauplan für ebenjene Rezeptoren, mit denen viele Immunzellen sie detektieren können, in unserer DNS festgeschrieben ist.

Weil unser Körper mit diesem Wissen auf die Welt kommt, sprechen Wissenschaftler vom „angeborenen Immunsystem". Es hat sich vermutlich vor 750 Millionen Jahren bei frühen tierischen Lebewesen entwickelt, die sich damit aggressive Einzeller vom Leib hielten.

Zwar arbeitet dieses Abwehrsystem nicht besonders präzise, aber es kann schnell und in vielen Fällen auch effektiv zuschlagen.

Erkennen die Makrophagen nun, dass sie ein feindliches Bakterium gefunden haben, greifen sie an: Dazu stülpen sie Auswüchse ihrer Zellmembran über den Eindringling, umhüllen ihn und nehmen ihn dann in sich auf.

Anschließend werden die in den Fresszellen eingeschlossenen Bakterien mit chemischen Werkzeugen traktiert, zersetzt und in ihre Bestandteile zerlegt. Gleichzeitig senden die Makrophagen Alarmstoffe aus, um weitere Typen von Abwehrzellen aus dem Blutkreislauf herbeizurufen. Auf diese Weise kommen beispielsweise Granulozyten herbei, in deren Innerem Gifte gespeichert sind, welche die Bakterien absterben lassen.

Oder Killerzellen, die die von Erregern befallenen Körperzellen auflösen.

In der Regel gelingt es dem angeborenen Immunsystem mit diesem Arsenal an Abwehrzellen und etlichen weiteren Komponenten, die Angreifer zügig und vollständig zu vernichten. Die Infektion wird daher oft schon erfolgreich bekämpft, bevor es überhaupt zu einer nennenswerten Ausbreitung kommen kann, und verläuft nahezu symptomfrei.

In anderen Fällen ist die angeborene Immunantwort durchaus spürbar: Die betroffene Stelle rötet sich, sie wird warm, schwillt an und schmerzt. Diese Reaktion des Immunsystems mit ihren typischen Erscheinungen bezeichnen Mediziner als Entzündung.

Bis zu 90 Prozent aller Infektionen, so schätzen Forscher, kann der Körper auf diese Weise schnell und einfach zurückschlagen: begleitet von unangenehmen, aber letztlich harmlosen Beschwerden, oder sogar ohne dass wir etwas davon bemerken. Doch zuweilen ist das angeborene Immunsystem überfordert – etwa wenn derart viele Erreger in den Körper eindringen, dass die Zellen der ersten Abwehrreihe nicht mit ihnen fertigwerden.

Oder wenn sich die Eindringlinge so gut getarnt haben, dass viele von ihnen nicht schnell genug erkannt werden und sich ungehindert vermehren.

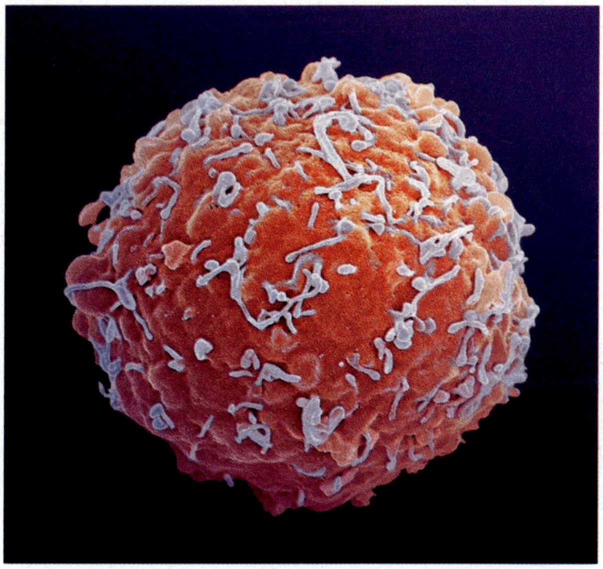

Abwehrzellen wie dieser Lymphozyt reifen nach ihrer Aktivierung zu Fabriken heran, die maßgeschneiderte Waffen gegen Erreger produzieren

Hohes Fieber erschwert vielen Erregern die Vermehrung

Nun treten die dendritischen Zellen auf den Plan, die als eine Art Boten vom Schlachtfeld fungieren.

Wie die Makrophagen vermögen auch sie Erreger in sich aufzunehmen und zu zersetzen. Doch ihre eigentliche Aufgabe ist eine andere: Sie rufen Verstärkung herbei – und zwar aus dem erworbenen Immunsystem. Dazu frisst eine dendritische Zelle einen der Angreifer und zerlegt diesen in ihrem Inneren, oder sie nimmt von den Eindringlingen produzierte Substanzen auf.

Aus dem fremden Material gewinnt sie bestimmte Moleküle, die sie anschließend in ihre eigene Hülle einbaut.

Unterdessen bewegt sich die dendritische Zelle über Lymphgefäße aus dem betroffenen Gewebe zum nächstgelegenen unter den vielen Lymphknoten, die sich überall im Körper befinden (beispielsweise am Hals beiderseits unterhalb des Unterkiefers).

Was nun geschieht, gehört zu den spektakulärsten Vorgängen im menschlichen Körper. Denn in den Lymphknoten warten Truppen des zweiten Abwehrsystems: T- und B-Zellen. Sie können selbst gut getarnte Angreifer zielsicher aufspüren und vernichten.

Doch dazu müssen sie erst aktiviert werden. Das geschieht so: Die mit dem Erkennungszeichen der Erreger ausgestattete dendritische Zelle präsentiert den T-Zellen die Moleküle auf ihrer Oberfläche – was nichts anderes bedeutet, als dass die Moleküle mit speziellen Rezeptoren der T-Zellen in direkten Kontakt kommen.

IMMUNONKOLOGIE

Wenn der Körper den Krebs besiegt

Neben Operation, Bestrahlung und Chemotherapie nutzen Mediziner seit einiger Zeit auch die Schlagkraft des Immunsystems – mit ersten Erfolgen

Fast jeder zweite Deutsche muss damit rechnen, irgendwann Krebs zu entwickeln. Rund 500 000 Frauen und Männer werden 2019 erstmals mit dieser Diagnose konfrontiert sein. Und für die meisten wird die Behandlung herkömmlich verlaufen: Ärzte werden die Tumoren möglichst vollständig herausschneiden und mit Strahlen- sowie Chemotherapie versuchen, die Krebszellen abzutöten. Doch das hilft nur in gut jedem zweiten Fall. Hunderttausende werden auch dieses Jahr an Krebs sterben.

Vielen anderen jedoch könnten vielleicht in absehbarer Zeit neue Verfahren das Leben retten. Denn ein Durchbruch in der Krebstherapie zeichnet sich ab: die Immunonkologie.

Bei diesem Ansatz setzen Mediziner die Kräfte des Immunsystems gegen bösartige Wucherungen ein. Denn unsere Abwehrzellen können nicht nur Krankheitserreger aufspüren, sondern auch entartete Zellen des eigenen Gewebes.

Allerdings wehren sich Tumoren gegen die Attacken. Manche produzieren Stoffe, die verhindern, dass Immunzellen zu ihnen vordringen. Andere präsentieren biochemische Strukturen auf ihrer Oberfläche, die denen gesunder Körperzellen ähneln und Immunzellen vom Angriff abhalten.

Details über die Beschaffenheit dieser Strukturen haben vor einigen Jahren zwei Forscher entdeckt, die dafür 2018 mit dem Nobelpreis für Medizin ausgezeichnet wurden – der Amerikaner James P. Allison und der Japaner Tasuku Honjo.

Die zwei konnten zudem Substanzen identifizieren, die die „Nicht-Angriffs-Signale" der Tumoren gleichsam unleserlich machen, sodass das Immunsystem sie attackieren kann. Solche „Checkpoint-Inhibitoren" haben bereits zu Medikamenten geführt, die Patienten mit fortgeschrittenem schwarzem Hautkrebs und einer bestimmten Form von Lungenkarzinomen helfen sollen (bei denen es sonst nur geringe Heilungschancen gibt).

Auch andere Forscher haben immunonkologische Verfahren entwickelt, darunter Impfungen mit Tumorfragmenten, welche die körpereigenen Abwehrkräfte anstacheln, gegen den Krebs vorzugehen. Oder eine Behandlung mit künstlich hergestellten Antikörpern: Wie diese sonst von den B-Zellen des Immunsystems gebildeten Eiweiße können sie Tumoren erkennen und markieren.

Vielversprechend erscheint auch die adoptive zelluläre Immuntherapie. Dafür entnehmen Ärzte dem Patienten spezielle Abwehrzellen und suchen jene heraus, die auf die spezifischen biochemischen Merkmale des Tumors reagieren – und ihn angreifen. Die werden im Labor dann millionenfach vermehrt und dem Betroffenen injiziert, damit sie sämtliche Krebszellen im Körper aufspüren und vernichten.

Ein verwandtes Verfahren nutzt gentechnisch modifizierte T-Zellen, die mit einem künstlichen Rezeptor versehen sind, der ihnen hilft, den Tumor aufzuspüren und zu vernichten.

Mittlerweile sind einige Behandlungsformen zugelassen, und Hun-

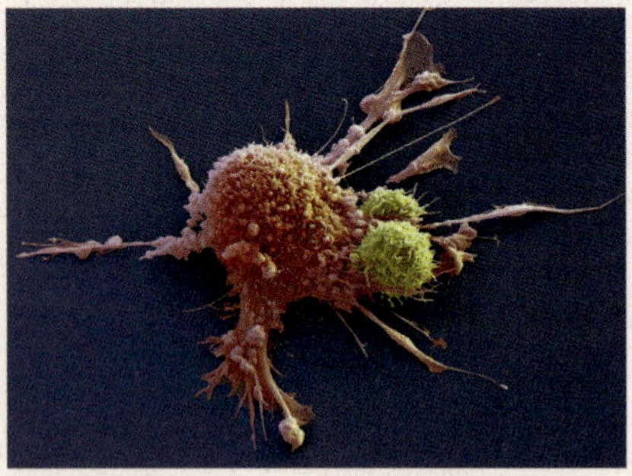

Im Labor verändern Forscher körpereigene Immunzellen (Bild links, gelb) so, dass sie fortan Krebszellen (rot) aufspüren und attackieren können

derte weitere Wirkstoffe befinden sich in der Entwicklung. Eingesetzt werden die Verfahren bisher vor allem bei einigen Arten von Haut-, Blut-, Harnwegs- und Lungenkrebs. Mit zum Teil beeindruckenden Erfolgen.

Allerdings schlägt die Immunonkologie nicht bei jedem Patienten an. Checkpoint-Hemmer etwa wirken nur bei rund jedem fünften Erkrankten. Und nicht alle Tumorarten sprechen auf eine Immuntherapie an.

Zudem mutieren Krebszellen ständig, während sie sich teilen und vermehren, sodass es nicht immer möglich ist, genau eine zelluläre Zielstruktur zu finden.

Auch können entartete Zellen durch das Mutieren der Attacke des Immunsystems ausweichen – etwa weil sie sich neue Markierungen zulegen, die sie als harmlos ausweisen.

Bei manchen Patienten lassen sich schlicht nicht genügend Abwehrkräfte in ihrem Körper mobilisieren. Oder die Tumoren wachsen nach der Therapie sogar noch schneller. Auch kommt es vor, dass das aufgestachelte Immunsystem plötzlich gesunde Organe im Körper angreift.

Dennoch ist mit der Immunonkologie eine Waffe entwickelt worden, die zweifellos mächtig ist. „Unser Immunsystem ist hoch entwickelt, lernfähig und überall im Körper verfügbar", so Professor Dirk Jäger, Leiter des Nationalen Centrums für Tumorerkrankungen in Heidelberg: „Wenn es gelingt, seine Schlagkraft gegen Krebs einzusetzen, kann ich mir keine wirkungsvollere Therapie vorstellen." *Ute Eberle*

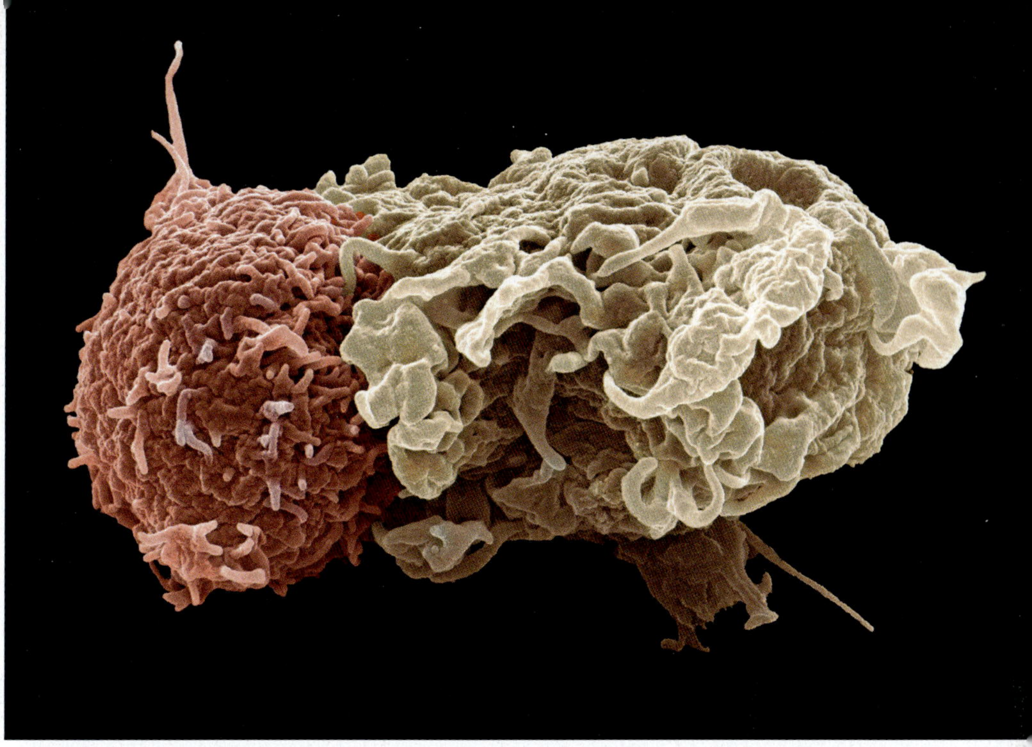

Eine Fresszelle des Immunsystems (beigefarben) hat einen Erreger verschlungen und präsentiert dessen Merkmale einer T-Helferzelle (rot): Die unterstützt die Fresszelle daraufhin bei der Vernichtung des Angreifers

Anders als die Zellen des erworbenen Immunsystems sind die rund 400 Milliarden T-Zellen im Körper eines Menschen hochspezialisiert. Jede einzelne von ihnen ist so beschaffen, dass sie nur auf ein bestimmtes Molekül reagiert (und alle anderen ignoriert).

Da der Körper aber eine derart große Bandbreite an T-Zellen bereithält, wird mit hoher Wahrscheinlichkeit mindestens eine von ihnen durch genau jene Struktur aktiviert, die einen bestimmten Erreger kennzeichnet.

Sobald eine T-Zelle mit ihrem spezialisierten Rezeptor ein passendes Erreger-Molekül berührt, erwacht sie gewissermaßen und wird aktiv: Sie entwickelt sich zu einem bestimmten Typ und beginnt, sich durch Teilung zu vermehren. Auf diese Weise kann eine einzelne T-Zelle binnen einiger Tage mehrere Tausend identische Nachkommen hervorbringen.

Dieser Prozess ist von außen sichtbar: Während die Produktion läuft, schwellen die Lymphknoten an, werden hart und schmerzen – ein Zeichen dafür, dass die Immunantwort auf eine Infektion in vollem Gange ist.

Die Nachkommen von T-Zellen eines speziellen Typs schwärmen anschließend aus, um die Angreifer im befallenen Gewebe zu finden und zu zerstören.

Ihr Ziel sind Erreger, die sich im Inneren von Körperzellen eingenistet haben, vor allem Viren. Kurzerhand werden sie zusammen mit der befallenen Körperzelle vernichtet, die selbst das Signal dazu gibt: Sie präsentiert auf ihrer Oberfläche jenes Molekül, auf das die Killer-T-Zellen reagieren.

Eine andere Gruppe von T-Zellen verbleibt nach ihrer Aktivierung hingegen in den Lymphknoten und bringt dort eine weitere, ebenfalls raffinierte Abwehrriege auf den Weg: die B-Zellen.

Sie haben die Aufgabe, speziell jene Angreifer abzuwehren, die sich in den Zellzwischenräumen des infizierten Gewebes ausbreiten.

Die B-Zellen sind ebenfalls hochspezialisiert, greifen aber nicht direkt an, sondern reifen in einem komplexen, mehrere Tage in Anspruch nehmenden Prozess zu miniaturisierten Fabriken, die maßgeschneiderte molekulare Waffen herstellen: die Antikörper.

Diese y-förmigen Eiweißmoleküle werden schließlich massenhaft ins Blut ausgeschüttet und über die Gefäße in alle Körperregionen verteilt. Treffen sie auf den Feind, für den sie eine genau passende Bindungsstelle besitzen, heften sie sich an dessen Zellwand und helfen so, ihn zu zerstören.

Manche Eindringlinge wie dieser Einzeller (grün) sind so groß, dass die Fresszellen des Immunsystems sie nicht verschlingen können. Stattdessen rücken spezielle Abwehrzellen (rot) mit Giftstoffen gegen sie aus

Darüber hinaus verfügt unser Organismus über Antikörper, die sich an schädliche Substanzen in der Gewebsflüssigkeit binden, etwa von Bakterien produzierte Giftstoffe, die bei manchen Infektionen die größte Gefahr für den Körper darstellen. Fresszellen können dann alle von Antikörpern markierten Elemente erkennen und zerstören.

Nach und nach reiben sich in diesem Vernichtungskampf zwischen Eindringlingen und Verteidigern auf beiden Seiten immer mehr Zellen auf. Die Überreste der Zerstörungsschlacht reichern sich bei einer bakteriellen Rachenentzündung oft als zähe, gelbliche Masse an: als Eiter.

Gleichzeitig sorgen bestimmte Alarmstoffe dafür, dass sich die Körpertemperatur erhöht, was vielen Erregern die Vermehrung erschwert, Wachstum, Beweglichkeit und Effizienz der Immunzellen hingegen fördert.

All das verursacht Krankheitssymptome wie Fieber und Schmerzen. Der entzündete Rachen brennt nun, das Schlucken wird zur Qual, und eine Mattigkeit senkt sich über Betroffene, die sie ins Bett taumeln lässt.

Schonung ist nun unerlässlich. Wer jetzt aus dem Haus geht, riskiert zudem, sich weiteren Erregern auszusetzen, die die Immunabwehr vor eine noch größere Herausforderung stellen.

In seltenen Fällen – etwa wenn die Person ohnehin geschwächt ist oder gleich mehrere aggressive Erregertypen den Körper attackieren – können die Auswirkungen sogar zum Kollaps des gesamten Körpers führen. Denn die Immunabwehr wirft im Ringen um Leben oder Tod irgendwann alle Waffen auf einmal in die Schlacht, auch um den Preis verheerender Kollateralschäden.

Gelangt eine Infektion beispielsweise in die Blutbahn, kommt es zur Sepsis. Bestimmte Botenstoffe bewirken dann im gesamten Körper, was sie sonst nur in einem begrenzten Bereich auslösen: Die Blutgefäße weiten sich, und ihre Wände werden durchlässig.

Schnell kommt es zu einer Unterversorgung von Nieren, Lunge oder Herz, es drohen Kreislaufzusammenbruch, Multiorganversagen und schließlich der Tod.

Doch in der Regel ist das Schlimmste nach einigen Tagen bis Wochen ausgestanden. Sobald das Immunsystem die Oberhand gewinnt, tritt eine spürbare Verbesserung ein. Dann gilt es, das Schlachtfeld aufzuräumen, die Schäden zu beseitigen und vor allem die aktiv gewordenen Immunzellen wieder auszuschalten. Dazu besitzen die T-Zellen einen Mechanismus, der beim Ausbleiben von Signalen der Erreger den eigenen Tod einleitet.

Nur einige B- und T-Zellen, die direkt nach ihrer Aktivierung eine besondere Entwicklung durchlaufen haben, überleben – als Gedächtniszellen. Sie bilden das Archiv der Abwehrkräfte, das die Information über Jahre speichern kann.

Taucht der Erreger irgendwann wieder auf, wird er viel schneller erkannt; die Gedächtniszellen vermehren sich rasch, und die Immunreaktion kommt weitaus früher in Gang, sodass die Angreifer besonders effektiv bekämpft werden können und es gar nicht erst zum Ausbruch einer Krankheit kommt.

Gleich ob es sich um ein Bakterium oder einen Virus handelt: Der Körper ist jetzt immun gegen diesen Erreger. Er hat im wahrsten Sinne des Wortes aus der Infektion gelernt.

AUF EINEN BLICK

Immunreaktion

Infizieren wir uns mit Erregern, rücken zunächst Zellen des angeborenen Immunsystems an, um die Angreifer zu zerstören.

Verstärkung

Reicht das nicht aus, werden die Truppen der erworbenen Immunabwehr aktiv, die Erreger noch zielsicherer vernichten können.

Symptome

Beim Abwehrkampf werden Stoffe ausgeschüttet, die Schwellung, Schmerzen und Fieber auslösen.

Gedächtnis

Spezielle Immunzellen merken sich die Eigenschaften der Erreger und können bei der nächsten Infektion einen Ausbruch verhindern.

An eine Maserninfektion erinnert sich der Körper ein Leben lang

Wegen der Fähigkeit, Erkennungsmechanismen für praktisch jeden Erreger auszubilden, die nicht im Erbgut festgelegt sind, sprechen Forscher vom „erworbenen Immunsystem".

Es hat sich vermutlich vor 450 Millionen Jahren bei Urfischen entwickelt, zu deren Nachkommen fast alle heute lebenden Wirbeltiere einschließlich des Menschen zählen. Offenbar stellte es einen entscheidenden evolutionären Vorteil dar. Und bis heute profitieren wir von dem raffinierten Zusammenspiel von angeborenem und erworbenem Immunsystem.

Daher bleibt etwa eine Maserninfektion, die man mit drei Jahren überstanden hat, ein Leben lang im Gedächtnis des Körpers haften – die Krankheit bricht kein zweites Mal aus.

Auch Schutzimpfungen funktionieren nach diesem Prinzip. Dazu werden geschwächte Bakterien oder Viren, oft auch nur Bruchstücke von Erregern mit den verräterischen Molekülen, ins Blut injiziert. Die Partikel können allenfalls in extrem seltenen Fällen die Krankheit auslösen.

Sie alarmieren aber das erworbene Immunsystem, das die genau passenden Abwehrzellen aktiviert, vervielfältigt und als Gedächtniszellen verwahrt, sodass es sich noch Jahre später an die Merkmale des Erregers erinnert.

So wächst im Laufe des Lebens mit jeder Impfung wie auch mit überstandenen Krankheiten das Archiv jener Feinde, die der Körper schon einmal besiegt hat.

Sodass wir beim nächsten Mal verschont bleiben.

MARIA KIRADY, Jg. 1985, ist Redakteurin im Team von GEOkompakt.

»Aktivieren Sie Ihren inneren Arzt!«

Prof. Dr. Tobias Esch
Der Allgemeinmediziner leitet das Institut für Integrative Gesundheitsversorgung an der Universität Witten/Herdecke: Patienten können dort nach den Regeln der Komplementärmedizin behandelt werden

Der Mediziner Prof. Dr. **Tobias Esch** erklärt, über welche Selbstheilungskräfte der menschliche Körper verfügt, wie jeder sie stärken kann – und weshalb Stress ein gefährlicher Gegenspieler ist

Interview: **Maria Kirady** und **Claus Peter Simon**

Fotos: **Henning Ross**

GEOkompakt: *Herr Professor Esch, was ist unter Selbstheilung zu verstehen? Für manche Menschen klingt der Begriff ein wenig esoterisch.*

Prof. Dr. Tobias Esch: Selbstheilung ist die Fähigkeit des Körpers, Krankheitszustände zu überwinden und wieder gesund zu werden. Daran ist nichts esoterisch. Denken Sie an eine Wunde, die sich von allein schließt. Das ist eine typische Form der Selbstheilung.

Manche Umstände behindern eine solche Wundheilung allerdings – zum Beispiel eindringende Keime oder Stress, der das Immunsystem in seiner Funktion beeinträchtigt.

Andere Faktoren beschleunigen sie dagegen, so etwa eine Ruhigstellung der Verletzung oder auch guter Schlaf.

Wir pendeln ständig zwischen Krankheit und Gesundheit. Zu einer Krankheit kommt es, wenn die Selbstheilungskräfte des Körpers überfordert sind, etwa durch dauerhaften Stress, starke Gifte – oder Tumoren: In solchen Fällen reicht die Selbstheilungsfähigkeit dann nicht mehr aus, um wieder gesund zu werden.

Sollte ich bei einer Erkrankung auf die Selbstheilungskräfte vertrauen und erst zum Arzt gehen, wenn die nicht reichen?

Nein, das ist eine falsche Vorstellung. Heilung beruht auf drei Faktoren:

- Der erste steht für das, was der Arzt mit dem Patienten macht, von der Diagnose über Röntgenbilder bis hin zur Operation.
- Der zweite umfasst alles, was der Patient vom Arzt bekommt, ob Medikamente, Therapien oder Hilfsmittel.
- Und der dritte schließlich ist die Selbstheilungskraft des Patienten.

Wie kann ein Mediziner die in seine Behandlung mit einbeziehen?

Er sollte schauen, was den „inneren Arzt" eines Patienten behindert – und was ihn fördert. Der Mediziner muss einen ganzheitlichen Blick auf die Lebensumstände des Betroffenen haben, ihn unterstützen und ermutigen.

Das gilt unabhängig vom Schweregrad einer Erkrankung?

Ja, der Faktor Selbstheilung ist in jedem Fall wichtig – ob es sich nun um einen grippalen Infekt handelt oder darum, den Genesungsprozess nach einer schweren Krebsoperation zu unterstützen, etwa durch Bewegung.

Was genau ist der „innere Arzt"?

Der Begriff zielt auf die enge Verbindung zwischen Geist und Körper und berücksichtigt insbesondere, auf welche Weise mentale Faktoren Einfluss auf die Gesundheit nehmen. Eine gute Medizin stellt daher den Patienten mit dessen Ressourcen in den Mittelpunkt: Ihr Anliegen ist es, bei dem Betroffenen die Überzeugung zu wecken, dass er selbst viel Gutes für seine Gesundheit bewirken kann.

Wie funktioniert das konkret?

Wir wissen beispielsweise, dass jemand, der Sport treibt, nicht nur seinen Körper stärkt, sondern auch das sogenannte Belohnungssystem in seinem Gehirn aktiviert: Es schüttet Botenstoffe aus, die Angst und Stress reduzieren, aber auch den Blutdruck senken und Entzündungsprozesse bremsen. Der Betroffene setzt die körpereigene Apotheke in Gang. Ich kann als Patient also schon mit einer simplen Maßnahme wie Bewegung enorm viel für mich selbst tun und bin nicht allein abhängig von der Medizin.

Insgesamt gibt es vier Mittel, mit denen sich die Selbstheilungskräfte stärken lassen. Neben ausreichend Bewegung sind es: gesunde Ernährung, ein stressreduzierendes Verhalten und regelmäßige Entspannung.

Wie wirken sich diese Faktoren positiv auf eine Erkrankung aus?

Es ist seit Langem bekannt, dass mehr als 80 Prozent aller Diabetes-Typ-2-Erkrankungen mit dem Lebensstil zusammenhängen. Oft führt die Krankheit zu einer deutlich eingeschränkten Lebenserwartung; auch die Lebensqualität sinkt, es kommt zu dramatischen Begleiterkrankungen bis hin zur Erblindung oder Amputation von Gliedmaßen. Solange die Begleiterscheinungen eines Diabetes noch nicht stark ausgeprägt sind, kann ich als Patient sehr wirksam gegensteuern. Das heißt, wenn ich gesund esse, Sport treibe, Stress vermeide und mich zu entspannen lerne, kann ich die Erkrankungssymptome in der Regel deutlich mildern – und in manchen Fällen ist sogar eine Heilung möglich. Das gilt auch für andere große Zivilisationsleiden wie Herz-Kreislauf-Erkrankungen, viele Schmerzzustände, Magen-Darm-Störungen oder Übergewicht.

Dass Sport und gesunde Ernährung hilfreich sind, leuchtet sofort ein. Aber inwiefern sind Entspannung und Stressreduktion für die Selbstheilungskräfte wichtig?

Übermäßiger Stress ist der wohl größte Saboteur der Selbstheilung – ihn gilt es zu verhindern. Dazu muss man

Vor allem Zivilisationsleiden wie Magen-Darm-Erkrankungen oder Übergewicht, so Esch, können Betroffene durch Stärkung ihrer Selbstheilungskräfte mildern

wissen, dass Stress evolutionär eine Reaktion auf eine lebensbedrohliche Situation ist. Etwa: Ich ziehe die Schultern hoch, um das Genick zu schützen, was zu Verspannungen führt. Oder: Ich aktiviere die Rumpfmuskulatur, um die Organe zu schützen, kann dadurch nur noch flach und schnell atmen. Oder: Ich beiße die Zähne zusammen, um das Gebiss zu schützen. Das Blut verdickt sich, damit ich bei einer Verwundung nicht verblute. Die Verdauung kommt zum Erliegen. Und das Stresshormon Kortisol gibt mir Kraft für Kampf oder Flucht, unterdrückt aber das Immunsystem.

Normalerweise beruhigt sich der Körper nach einer akuten Stressphase wieder. In den meisten Fällen haben wir es jedoch heutzutage mit psychosozialem Stress zu tun, im Büro oder auch in der Familie. Der ist oft nicht auf einzelne Situationen begrenzt, sondern wird schnell zur Dauerbelastung.

Der Körper befindet sich dann langfristig im Ausnahmezustand, eine vollständige Regeneration findet kaum mehr statt. Und viele Menschen sind sich dessen nicht einmal bewusst.

Wie kommen Sie zu der Annahme, dass man das selbst nicht bemerkt?

Eine natürliche Reaktion wäre ja, etwas an seinem Leben zu verändern. Sehr viele Menschen gehen aber stattdessen wegen körperlicher Symptome zum Hausarzt. Aus Studien ist belegt, dass zwei von drei Patienten, die einen Hausarzt aufsuchen, Beschwerden haben, die mit Stress einhergehen: unklare Schmerzzustände im Rücken, häufige Darmbeschwerden, Herz-Kreislauf-Probleme, Bluthochdruck, Fettstoffwechselstörungen. Das alles wird zwar in den meisten Fällen nicht direkt von Stress verursacht, aber von Stress begleitet und gefördert. Selbst Menschen mit Multipler Sklerose haben nach stressigen Ereignissen im Leben eine deutlich höhere Wahrscheinlichkeit, einen nächsten Schub zu erleiden.

Insofern hat Stress für die individuelle Krankheitsbiografie in sehr vielen Fällen eine enorme Bedeutung.

Ist Stress denn immer negativ?

Stressforscher unterscheiden heute nicht mehr wie früher zwischen gutem und schlechtem Stress. Die Folgen von Stress hängen vielmehr davon ab, ob wir ihn selbst kontrollieren können und ob er einen Anfang und ein Ende hat – und nicht so sehr davon, was konkret der Auslöser war.

Das heißt, auch positive Ereignisse können negative Folgen haben?

Es gibt eine Rangfolge von Stressfaktoren: Ganz oben steht der Verlust eines lieben Angehörigen. Das ist nachvollziehbar, denn die Trauer hat oftmals kein natürliches Ende und sie lässt sich schwerlich kontrollieren.

Unter den Top-Stressfaktoren finden sich aber auch Hochzeiten und Weihnachtsfeste, obwohl beide positiv besetzt sind. Würden wir mehrmals im Jahr Weihnachten feiern oder heiraten, bekämen wir wahrscheinlich alle Bluthochdruck. Oder denken Sie an die Fußball-WM 2006, ebenfalls ein freudiges Ereignis. Aber während der Spiele der deutschen Mannschaft hat die Zahl der Herzinfarkte bei Männern signifikant zugenommen. Das war dann zu viel Stress für manche Fans.

Es ist also eine Fehlannahme, dass es guten und schlechten Stress gibt.

Was kann ich ganz konkret in akuten Stresssituationen für mich tun?

Ein einfaches Beispiel: Kürzlich saß ich am Abend im Zug von Berlin nach Hamburg, er fuhr schon seit einiger Zeit langsam, dann ein Knacken im Lautsprecher, jeder ahnte schon, was kommen würde – Oberleitungsschaden oder ähnliche Reizworte, die man als Bahnkunde nur zu gut kennt.

Die Folge war: Die Passagiere, die eben noch ruhig neben mir saßen, hatten buchstäblich Schweißperlen auf der Stirn, telefonierten aufgeregt mit ihren Angehörigen, man konnte regelrecht spüren, wie die Temperatur im Wagen stieg. Blutdruck und Puls gehen dann hoch, Stress pur.

Sofort drehte sich auch in meinem Kopf das Gedankenkarussell: Kriege ich noch meinen Anschlusszug? Werde ich heute überhaupt noch nach Witten zurückkommen? Ich wollte mit meinem Sohn am Abend Englisch üben – verhaut er jetzt womöglich die Klassenarbeit?

Wie sind Sie dem entronnen?

Durch eine einfache Übung der sogenannten kognitiven Umstrukturierung: Dabei gilt es, das eigene Denken zu überdenken. Ich habe mich gefragt, ob ich präzise Hinweise dafür habe, dass alles so schlimm kommen wird? Nein, hatte ich nicht. Und selbst wenn, wäre das wirklich so dramatisch? Sicher auch nicht. Kann ich das Geschehen also auch anders sehen? Und wer bin ich eigentlich, dass ich mich für so wichtig halte, dass gerade mein Zuspätkommen eine Katastrophe ist? Hat nicht die Frau neben mir mit dem quengelnden Kind auf dem Arm ein viel größeres Problem als ich?

Man könnte auch sagen: Sie haben sich die Situation schöngeredet.

Ich habe sie realistischer eingeschätzt. Natürlich macht mich so eine einzelne Situation nicht krank, aber wenn mir das ständig in vielen Lebenslagen vorkommt – was bei vielen Menschen der Fall ist, wie wir heute wissen –, wirkt sich das eben doch negativ aus. Wichtig ist es dann, überhaupt wahrzunehmen, was in einer solchen Situation in einem vorgeht. Wer den eigenen Stress realisiert, kann sich dann zum Beispiel ruhig hinsetzen und ein paar Mal tief durchatmen, etwa mittels Zwerchfellatmung.

Wie funktioniert das?

Das können sie jederzeit machen, ob an einer roten Ampel oder in der Schlange an der Supermarktkasse: Legen Sie die Hände knapp unterhalb des Nabels auf den Bauch und nehmen Sie einen tiefen Atemzug in den Bauch. Spüren Sie das Heben und Senken Ihrer Hände und der Bauchdecke. Wenn Sie dies bewusst wahrnehmen, sind Sie auf dem besten Wege, aktiv zu entspannen. Der positive Effekt tritt ziemlich schnell ein, und er ist nicht nur körperlich, sondern auch mental feststellbar; er beruhigt das Gedankenkarussell.

Lässt sich tatsächlich nachweisen, dass solche Entspannungsübungen eindeutig auf unseren Körper einwirken?

Ja, etwa durch die Messung der Hauttemperatur bei einer Meditation. Die Hände werden schon nach wenigen Minuten wärmer. Was daran liegt, dass der Blutdruck sinkt, weil sich die Gefäße in den Händen und Füßen weiten und mehr warmes Blut in die Extremitäten gelangt.

Haben Sie weitere Ratschläge bei Alltagsstress, die sich leicht umsetzen lassen?

Viele Menschen tragen zwischenmenschliche Konflikte mit sich herum, schlafen aufgrund dessen mitunter auch schlecht. In einem derartigen Fall sind zum Beispiel abendliche Dankbarkeitsübungen ratsam – so wie Fürbittengebete früher ein Ritual vieler Religionen waren.

Heutzutage könnte der Betreffende vielleicht ein Dankbarkeitstagebuch führen, in dem er vor dem Zubettgehen ein paar Dinge notiert, die er als positiv wahrgenommen hat. Das mag ein wenig merkwürdig klingen, ist es aber gar nicht, da es der Selbstwirksamkeit dient: Es hilft, sich nicht so sehr als Opfer ungünstiger Umstände zu sehen, sondern als Handelnder – als jemand, der danken kann, der wegen etwas glücklich ist, der anderen auch vergeben kann. Dadurch kommt derjenige nach stressigen Tagen wieder zurück auf ein normales Stimmungslevel.

Worum geht es dabei?

Darum, aus dem negativen Gedankenkarussell auszusteigen. Da hilft schon allein die Vorstellung eines inneren Stoppschildes, das Durchbrechen der üblichen Automatismen, indem ich etwa einen tiefen Atemzug mache und überlege, wie ich in der Situation reagieren könnte – auch bewusst anders als sonst, mich zum Beispiel an Glücksmomente aus dem Alltag erinnere.

Wenn ich neben meinen ganz normalen Verpflichtungen auch noch meditiere, Sport mache, ein Dankbarkeitstagebuch führe, meinen gesamten Lebensstil verändere: Kann das nicht zusätzlicher Stress werden?

Niemand muss so etwas machen, wenn er es nicht für nötig hält. Es ist ein Angebot. Wir haben hier an der Universität Witten/Herdecke Ende 2018 die erste Universitätsambulanz in Deutschland für Integrative Gesundheitsversorgung und Naturheilkunde eröffnet.

Zu uns kommen Menschen, die bei anderen Medizinern eine ganz normale medizinische Behandlung bekommen haben oder benötigen – Blutdrucksenker, Physiotherapie, was auch immer –, ohne dass es ihnen nachhaltig geholfen hätte oder allein ausreichen würde. Bei uns treffen sie nun nicht nur auf konventionelle Ärzte, sondern auch auf Experten für die von mir erwähnten vier Säulen eines gesunden Lebenswandels.

Wir stülpen den Menschen aber nicht etwas über, was ihren Alltag sprengt, sondern was für sie gut integrierbar ist.

Was heißt das konkret?

Wir raten ihnen zum Beispiel, sich 30 Minuten am Tag zusätzlich zu bewegen, beim Spazierengehen oder Joggen. Und 20 Minuten innere Einkehr: Das heißt, sie sollen üben, im Jetzt zu sein, durch eine Meditation oder Yoga.

Überdies empfehlen wir gesundes Essen, zum Beispiel mediterrane Kost ohne verarbeitete Fleischwaren. Und dass sie sich achtsam ernähren: also bewusst schmecken und riechen, mit Zunge und Lippe tasten, dabei Ablenkung vermeiden, alles sinnlich erfahren. Gut ist auch Intervallfasten – also 14 bis 16 Stunden lang nichts essen oder zumindest häufiger eine Mahlzeit ausfallen lassen. Denn Nahrungsverzicht wirkt sich positiv auf Entzündungsprozesse im Körper aus.

Welche Bedeutung hat Achtsamkeit, ist das mehr als ein Modewort?

Bewusst wahrzunehmen, wie man handelt: Das ist ungemein wichtig. Es hilft dabei, sich selbst besser zu spüren, im Negativen wie auch Positiven. Achtsamkeit durchbricht unser reines Reagieren, schaltet den Autopiloten ab und gibt uns Kontrolle zurück. Sie versetzt uns in die Lage, bewusst zu entscheiden, wie wir auf Dinge reagieren. Wir erkennen dann auch Bedürfnisse unseres Körpers besser. Im Grunde ist Achtsamkeit die Vorausset-

» Schon simple Maßnahmen wie Bewegung setzen die körpereigene Apotheke in Gang «

zung für Selbstregulation. Sie ist ein „Zur-Besinnung-Kommen“, denn das kann man nur im Hier und Jetzt. Und das wirkt oft stressreduzierend.

Bedeutet das nicht in letzter Konsequenz, dass der Einzelne am Ende selbst schuld ist, wenn er krank wird? Dass er nicht genug getan hat, um seine Selbstheilungskräfte zu stärken, seinen inneren Arzt zu aktivieren?

Nein, das heißt es nicht. Selbstverständlich trägt jeder Verantwortung für seinen Lebensstil und seine Gesundheit – aber nicht die alleinige, denn dafür ist der Einfluss von genetischer Veranlagung und von nicht veränderbaren Umwelteinflüssen zu groß.

Auch können wir häufig nichts für die Umstände, in die wir geraten, schon mit unserer Geburt. Sie müssen bedenken, dass wir in eine bewegungslos und dick machende Welt geboren werden, deren Verlockungen nicht leicht zu widerstehen ist. Ich kann also auch ohne eigenes Zutun krank werden. Daher kann einem niemand versprechen, dass man durch die richtige Lebensweise immer gesund bleibt oder wieder wird. Aber das kann im Umkehrschluss nicht heißen, dass man es nicht versuchen sollte.

Zeigen die östlichen Gesundheitslehren nicht schon lange, wie wichtig die Selbstheilungskräfte des Menschen sind? Macht das ihre Faszination aus?

Auch in der traditionellen europäischen Heilkunde spielen die Kräfte des Körpers schon lange eine wichtige Rolle. Als im antiken Griechenland die moderne Medizin begründet wurde, gehörten Bewegung, Ernährung, guter Schlaf und Zerstreuung, etwa durch Musik und Theater, selbstverständlich zu einer gesunden Lebensweise.

Oder denken Sie an die Ordensfrau Hildegard von Bingen, die sich mit der Wirkung von Kräutern befasst hat, an Sebastian Kneipp mit seinen Wasseranwendungen und der Ordnungstherapie. Diese traditionelle europäische Heilkunde ist angesichts der wissenschaftlich geprägten Medizin mit ihren großen Erfolgen ein wenig aus dem Fokus geraten.

Also zurück zu den Ursprüngen?

Ich möchte nicht für eine falsche Romantik plädieren, doch wäre es wichtig, in der westlichen Welt die Spaltung zwischen konventioneller Medizin und anderen Heilmethoden zu überwinden. Nicht um irgendwelche Scharlatanerie zu unterstützen, sondern um mit wissenschaftlicher Hilfe zu erkennen, was hilft – und was nicht.

Muss sich die Rolle der Ärzte ändern?

Ja. Es gibt eine repräsentative Umfrage unter Hausärzten, die nach den wichtigsten nicht-pharmakologischen Therapien gefragt wurden. Mehr als 80 Prozent nannten Entspannungsverfahren. Die nächste Frage war: Legen Sie diese auch ihren Patienten nahe? Das taten kaum zehn Prozent.

Dies ist ein kulturelles Problem, Entspannungsmethoden galten lange Zeit – und gelten zum Teil noch heute – als Wellness, als Privatsache, als unter der Würde von Ärzten. Zum Glück ändert sich das langsam.

Schauen Ärzte zu sehr auf isolierte Krankheiten und nicht auf die Lebensumstände?

Sie sind dazu ausgebildet, krankhafte Zustände zu erkennen, zu verhindern und zu behandeln. Es geht immer um das Kranke, darin sind die meisten Ärzte auch richtig gut. Dieses sogenannte „pathogenetische Prinzip“ sollte aber durch das „salutogenetische Prinzip“ ergänzt werden – also darum, zu erkennen, was uns Menschen schützt und die Gesundheit stärkt. Und das sollten alle Mediziner ihren Patienten nahebringen.

» Nahrungsverzicht kann Entzündungsprozesse im Körper lindern «

Das kommt in der medizinischen Ausbildung aber kaum vor.

Daher weise ich den Ärzten auch keine Schuld zu, dass sie diesen Aspekt nicht in die Behandlung einbeziehen. Sie haben es zumeist nicht gelernt. Womöglich lässt sich beides auch nicht in einer Person vereinen: Der pathogenetische Ansatz und der salutogene stehen sich manchmal im Wege.

Daher haben wir in unserer Ambulanz in Witten die Zweitürenregelung: Der Patient trifft auf konventionelle Ärzte und auf Therapeuten, die sich um die Ressourcenaktivierung der Patienten hinsichtlich Ernährung, Bewegung, Entspannung und Stressreduktion kümmern.

Solche Teams können meist mehr erreichen als eine einzelne Person. Das nennen wir dann Integrative Medizin.

Was tun Sie persönlich, um sich gesund zu halten?

Es sind viele kleine Dinge. Ich steige beispielsweise oft eine Bushaltestelle vor dem Ziel aus oder fahre mit dem Fahrrad in die Uni. Wenn ich zum Kopierer gehen muss, laufe ich zuvor manchmal die Treppen bis in die Tiefgarage runter und dann wieder rauf. Eine Sanduhr sagt mir zudem alle halbe Stunde, dass es Zeit ist aufzustehen und fünf Minuten im Stehen zu arbeiten.

Und wenn ich jemanden treffe, nehme ich mir vorher etwas Zeit, um gedanklich herunterzufahren und tief durchzuatmen, mich einzustimmen. Am Morgen meditiere ich, mache Yoga.

Wäre das nicht ein Rezept für alle Ihre Patienten?

Das ist erst einmal mein persönlicher Weg zu mehr Gesundheit. Bei anderen Menschen kann der anders aussehen. Daher ist es wichtig, jeden Patienten zu fragen: Was könnte Ihr Weg sein? Über welche Ressourcen verfügen Sie? Wie könnten Sie mithilfe der vier Säulen Ihren Alltag stressfreier gestalten?

All das sind Fragen, bei denen wir versuchen, für jeden Einzelnen bestmögliche Antworten zu finden •

7 Fragen

zu **Darm** und **Immunsystem**

Antibiotika, Stress, Fasten, Ballaststoffe und Probiotika: Was nützt der Verdauung, was schadet ihr? Und wie kann der Darm unsere Abwehrkräfte stärken?

Illustrationen: **Claudia Meitert**

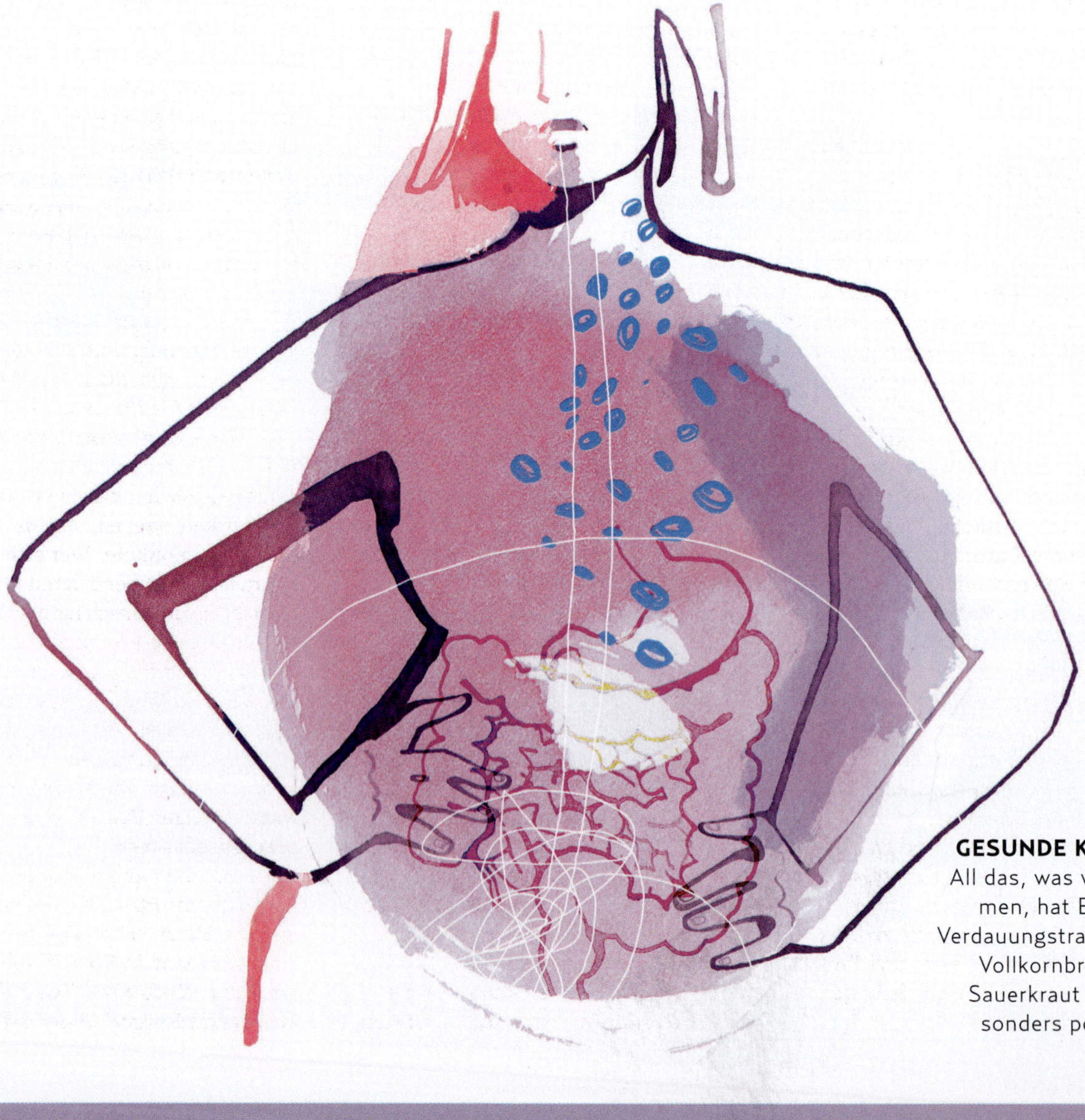

GESUNDE KÖRPERMITTE
All das, was wir zu uns nehmen, hat Einfluss auf den Verdauungstrakt. Speisen wie Vollkornbrot, Joghurt und Sauerkraut haben eine besonders positive Wirkung

(1)

Welche Kost tut dem Darm gut?

Die Ernährung ist ein wichtiger Schlüssel, um auf den Darm Einfluss zu nehmen. Denn die Zusammensetzung der darmeigenen Bakterien passt sich – oft schon binnen Tagen – an die jeweilige Ernährungsweise an. Und je nachdem, welche Bakterienarten überwiegen, liefern sie unterschiedliche Stoffwechselprodukte an ihren menschlichen Wirt, gute wie schlechte.

Noch zögern Experten, konkrete Ernährungsempfehlungen auszusprechen. Doch es erscheint sinnvoll, das zu essen, was seit Jahrzehntausenden verfügbar ist: Gemüse, Obst, Vollkornprodukte – alles reich an Ballaststoffen.

Diese weitgehend unverdaulichen pflanzlichen Nahrungsbestandteile fördern die Bewegung des Darms, da erst im Dickdarm einige von ihnen aufgeschlossen werden, während andere den Verdauungstrakt gar fast unverändert passieren. Außerdem sind sie wichtig für viele Bakterien. Erhalten die keine Nahrung, verkümmern sie. Stattdessen vermehren sich andere, schädliche Mikroben.

Auch der Verzehr fermentierter Lebensmittel wie Joghurt, Sauerkraut oder der milchsauer vergorenen asiatischen Chinakohl-Variante Kimchi, wirkt sich positiv auf unseren Darm aus. Denn die fermentierten Speisen erleichtern dem Darm die Arbeit. Die Bakterien stellen außerdem Vitamine her und Säuren, die schädliche Bakterien im Darm abtöten.

Die wohl wichtigste Regel aber lautet: Je vielseitiger das ist, was wir zu uns nehmen, desto vielfältiger und widerstandsfähiger ist unsere Bakterienbesiedlung. Die typisch westliche, in Fabriken genormte Nahrung mit raffiniertem Zucker und Weißmehlprodukten ist ein Feind der uns eigenen Bakterien-Diversität.

Und: Ausreichend zu trinken (als Richtwert gelten etwa 1,5 Liter pro Tag) nützt ebenfalls dem Darm; so bleibt dessen Inhalt geschmeidig.

(2)

Schaden Antibiotika der Darmgesundheit?

Antibiotika haben Nebenwirkungen – vor allem auf den Darm. Denn sie wirken zunächst im Verdauungstrakt und töten dort nicht nur die krank machenden, sondern auch die nützlichen Keime ab. Ein Breitbandantibiotikum kann so – über einen längeren Zeitraum eingenommen – bis zu 90 Prozent der darmeigenen Bakteriensammlung tilgen; erst nach einigen Monaten ist die wieder aufgebaut – und womöglich fehlen einige besonders empfindliche Arten dauerhaft. Schädliche Bakterien, sonst von den anderen in Schach gehalten, gewinnen dadurch Zeit und Raum, sich zu vermehren. Daher leiden so viele Menschen während oder nach der Antibiotika-Einnahme unter Beschwerden wie Durchfall – manchmal sogar dauerhaft. So kann etwa der Darmkeim *Clostridioides difficile* heftige Beschwerden auslösen.

Antibiotika sollten daher nicht auf Verdacht eingenommen werden. Zwar sind bedrohliche Krankheiten wie eine Lungenentzündung nur damit erfolgreich zu behandeln. Doch hierzulande werden Antibiotika am häufigsten bei Erkältungen eingenommen. Und die entstehen in fast 90 Prozent der Fälle nicht durch Bakterien, sondern durch Viren, gegen die Antibiotika machtlos sind.

(3)

Was hat es mit Pro- und Präbiotika auf sich?

Laut sind die Versprechen der Hersteller vieler Milchprodukte, die ihre Joghurts und Drinks mit eigens gezüchteten Kulturen von Probiotika (übersetzt: „für das Leben") anreichern: Angeblich aktivieren sie die Abwehrkräfte, und regulieren die Darmtätigkeit. Ob sich die Verheißungen auch erfüllen, ist allerdings wissenschaftlich umstritten. Jüngere Studien raten eher zur Vorsicht.

Probiotika-Kulturen überstehen zu einem hohen Prozentsatz die Passage durch Magen und Dünndarm und gelangen in den Dickdarm, wo sie sich ansiedeln und schädliche Mikroorganismen verdrängen. Das aber geschieht längst nicht bei jedem Menschen. In Studien zeigte sich, dass einige Probanden die eingenommenen Bakterien teils einfach wieder ausscheiden. Weshalb, ist unklar.

Probiotika sind damit oft wirkungslos – und schaden zuweilen möglicherweise sogar der Gesundung. In anderen Untersuchungen gingen die Forscher nämlich der Frage nach, ob Probiotika – wie vielfach proklamiert – dabei helfen, die darmeigene Bakteriensammlung nach einer Krankheit oder der Einnahme von Antibiotika wiederaufzubauen. Und tatsächlich siedelten sich die fremden Bakterien relativ rasch im geschädigten Darm an. Allerdings verhinderten sie dadurch bei manchen Probanden, dass sich das ureigene Mikrobiom natürlicherweise wieder aufbaute.

Anstelle teurer probiotischer Nahrungsergänzungsmittel sollte man daher lieber Nahrungsmittel verzehren, die von sich aus Probiotika enthalten. In Joghurt oder Sauerkraut zum Beispiels finden sich Milchsäurebakterien und damit darmfreundliche Mikroben, die wohl ähnlich wirken wie ein eigens eingenommenes Probiotikum. Wer sich gesund ernährt, ist ausreichend damit versorgt und braucht, so die Einschätzung vieler Experten, keine Extra-Produkte.

Ganz ähnlich verhält es sich mit Präbiotika – also Nahrungsbestandteilen, die Wachstum und Aktivität darmfreundlicher Bakterienstämme fördern. Dabei handelt es sich vor allem um spezielle wasserlösliche Ballaststoffe wie Inulin oder Oligofruktose.

Auch die werden mittlerweile manchen Lebensmitteln zugesetzt. Dabei liefert die Natur auch hier genug davon: Präbiotika sind in Spargel, Chicorée, Topinambur, Knoblauch, Zwiebeln, Pastinaken, Lauch, Roggen, Hafer enthalten.

(4)

Was hilft einem gestressten Darm?

Es mag auf der Hand liegen und wird doch leicht übersehen: Entspannungstechniken, die uns zur Ruhe kommen lassen, nutzen auch einem gereizten Darm. Ein warmes Bad oder ein langer Spaziergang wirken bisweilen gar besser als Schonkost oder Medikamente. Denn die Ursache vieler Verdauungsbeschwerden sind oft nicht allein körperlicher, sondern teils auch seelischer Natur.

In Phasen der Anspannung benötigt das Gehirn viel Energie, die es dem Darm entzieht. Der drosselt die Verdauungsarbeit. Die Folgen: Erbrechen, Durchfall, Bauchkrämpfe, Appetitlosigkeit.

Wenn eine solche Ausnahmesituation zur Regel wird und Stressphasen lange andauern, trägt der Darm Schäden davon. Die fehlende Durchblutung sowie die geringere Schleimhautproduktion schwächen ihn. Zugleich schütten Immunzellen in der Darmwand in Stressphasen besonders viele alarmierende Signalstoffe aus. Der Darm wird gewissermaßen überreizt – und reagiert bald immer empfindlicher. Zuweilen genügt dann schon ein zu enger Hosenknopf, um die Symptome auszulösen.

Das Reizdarm-Syndrom ist zu einer Volkskrankheit geworden, unter der bis zu jeder vierte Deutsche leiden soll; Frauen sind häufiger betroffen als Männer. Gesicherte Ursachen für das Reizdarm-Syndrom kennt man allerdings nicht, auch das Krankheitsbild selbst ist nicht einheitlich.

Experten sehen jedoch im chronischen Stress, der Menschen mehr denn je plagt, einen der Gründe dafür, dass Darmbeschwerden zunehmen.

Doch die sind meist ein stilles Leiden: Denn nur jeder dritte Betroffene traut sich, mit Darmbeschwerden zum Arzt zu gehen. Dabei ist eine medizinische Abklärung höchst sinnvoll.

Leiden die Patienten unter starken Beschwerden, verschreiben ihnen Ärzte mitunter Antidepressiva. Da die Nervenzellen des Bauchhirns nachgewiesenermaßen empfindlich auf Psychopharmaka reagieren, kommt in der Folge auch der Darm besser zur Ruhe.

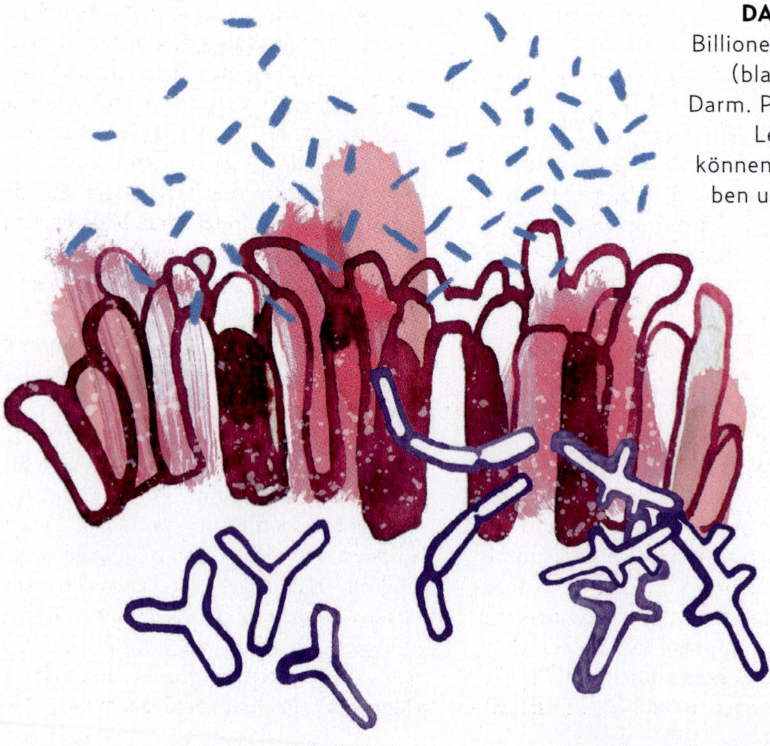

DARMFLORA Billionen Bakterien (blau) leben im Darm. Probiotische Lebensmittel können die Mikroben unterstützen

(5)

Trägt Fasten wirklich dazu bei, den Darm zu reinigen?

Unser Körper speichert organische Gifte wie beispielsweise Dioxine in seinem Fettgewebe. Diese Substanzen, die er normalerweise nur sehr langsam abbaut, werden bei radikalen Fastenkuren vergleichsweise rasch mit dem Fett freigesetzt und dann entsorgt – und daher kann eine Fastenkur tatsächlich von Zeit zu Zeit nützlich sein.

Überdies sammeln sich im Darm über die Monate immer mehr Nahrungsrückstände und Zellmüll. Neuere Studien legen nahe, dass ein Nahrungsentzug dem Verdauungstrakt helfen kann, sich davon zu befreien. Denn auf diese Weise haben unsere Eingeweide, sonst ja immer in Aktion, während des Fastens die Möglichkeit zu einer gründlichen Sanierung.

Dazu startet der Dünndarm – wie immer in mehrstündigen Ruhephasen – ein umfassendes Selbstreinigungsprogramm.

Nach zwei Tagen des Fastens trägt dann noch ein anderer Mechanismus zur Darmreinigung bei: Da nun schnell greifbare Kohlenhydrat-Reserven (vor allem aus der Leber) verbraucht sind, zieht der Körper vermehrt Eiweißreserven zur Energiegewinnung heran. Als rasch nutzbare Proteine stehen ihm da Enzyme aus dem Verdauungstrakt sowie falsch zusammengebaute Enzyme und Darmzotten aus der Schleimhaut zur Verfügung.

All diese Eiweißverbindungen werden genutzt und nach der Fastenkur wieder neu aufgebaut.

Zugleich zeigt sich, dass sich in einem ruhiggestellten Darm die Vielfalt der Mikrobenarten wieder erhöht.

Um die heilbringenden Effekte des Fastens zu verspüren, muss man nicht gleich tage- oder wochenlang auf Nahrung verzichten: Es genügt schon, ab und zu einen Fastentag einzulegen – oder die Anzahl der Mahlzeiten am Tag regelmäßig zu reduzieren.

Die Essenspausen sollten möglichst lange andauern, am besten 16 Stunden,

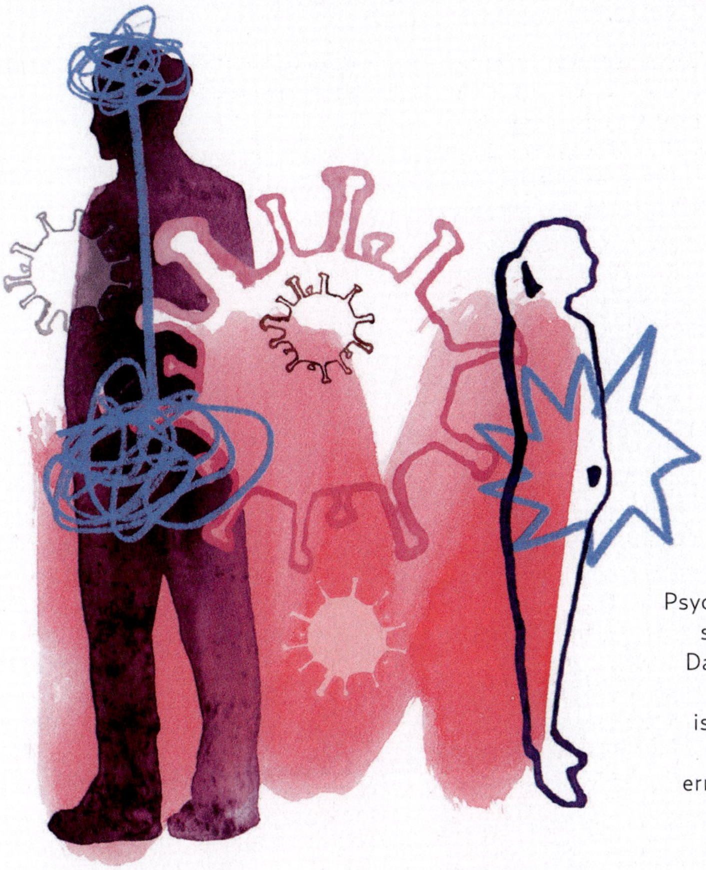

WENIGER ABWEHR
Psychischer Stress schlägt auf den Darm. Die Folge: Unser Körper ist anfälliger für Krankheitserreger wie Viren und Bakterien

denn dann kommt nicht nur im Darm, sondern im gesamten Körper ein wirkungsvolles Recyclingprogramm in Gang.

(6)

Was genau bringen Immunstimulanzien?

Für frei verkäufliche Immunstimulanzien, die Erkältungen, Husten, Fieber oder Gliederschmerzen vorbeugen sollen, geben Menschen hierzulande jedes Jahr viele Millionen Euro aus. Können die Präparate aber halten, was sie versprechen? Die Antwort unabhängiger Mediziner, Pharmazeuten und Immunologen darauf ist einhellig negativ.

Viele Produkte folgen einem einfachen Rezept: In ihnen werden zahlreiche Vitamine und Mineralstoffe sowie mitunter bestimmte Amino- oder Fettsäuren zusammengemischt.

Dies sind allesamt Substanzen, die der Körper nachweislich für wichtige Funktionen braucht – darunter auch die Immunabwehr – und die ihm regelmäßig von außen zugeführt werden müssen.

Doch Mediziner und Ernährungsexperten betonen immer wieder: Eine Unterversorgung an diesen Stoffen ist bei normaler Ernährung in Ländern wie Deutschland höchst selten.

Selbst wenn jemand tatsächlich einen Mangel an einem Mineralstoff oder Vitamin aufweist, ist es wenig sinnvoll, dass er einen Cocktail zahlloser Mikronährstoffe zu sich nimmt; allenfalls die Supplementierung eben dieser fehlenden Substanz käme da in Frage (und das möglichst unter ärztlicher Begleitung). Die von den Herstellern suggerierte Annahme, die spezielle Kombination mehrerer Stoffe brächte besondere Wirkungen, entbehrt laut Experten jeder Grundlage.

Keine Zweifel bestehen hingegen, dass jeder durchaus einiges tun kann, um sein Immunsystem gegen lästige Infekte zu stärken. Unter anderem durch regelmäßige Bewegung an frischer Luft, genügend Schlaf, wenig Stress, nicht rauchen.

Und bei Erkältungswellen ist häufiges Händewaschen das effektivste Mittel, einer Infektion vorzubeugen. Denn die Viren sind sehr stabil und haften lange an Türgriffen, Griffen in Bus und Bahn, an Kleidung, Tastaturen und Händen.

(7)

Weshalb stärkt ein Aufenthalt im Wald die Körperabwehr?

Forscher haben herausgefunden, dass die Körper von Versuchspersonen, die sich in einem Wald aufgehalten haben, mehr Killerzellen produzieren. Das sind jene machtvollen Abwehreinheiten des Immunsystems, die Krankheitserreger und potenzielle Tumorzellen bekämpfen (siehe Seite 124).

Diesen Effekt führen die Wissenschaftler vor allem auf eine Gruppe pflanzlicher Duftstoffe zurück, die wir im Wald einatmen: die Terpenoide.

Mehrere Zehntausend dieser flüchtigen Substanzen sind bekannt, und sie gehören zu jenen Stoffen, die besonders intensiv riechen. Bäumen dienen sie unter anderem als eine Art Kommunikationsmittel, etwa um Artgenossen vor gefräßigen Insekten zu warnen.

Medizinisch besonders wirksam sind jene Terpenoide, die Nadelbäume wie etwa Fichten, Kiefern und Tannen verströmen. Unter Laborbedingungen haben Wissenschaftler diese Terpenoide bestimmten Zellkulturen zugefügt, die entstehende Tumoren enthielten – und die Naturstoffe töteten die Krebszellen prompt ab.

Verfütterten die Forscher Terpenoide an Tiere, die an Krebs litten, bildeten sich deren bösartige Geschwüre zurück.

In anderen Versuchen mit Tieren verhinderten Terpenoide sogar, dass Krebs überhaupt ausbrach. Bislang getestet wurde die Wirkung etwa bei Brust-, Lungen- oder Darmkrebs.

Wie stark die Heilkraft der Bäume beim Menschen ist, wird derzeit erforscht. Immerhin: Wer einen Tag lang Waldatmosphäre aufnimmt, hat anschließend, so zeigt eine Studie, fast 40 Prozent mehr Killerzellen im Blut – und der Effekt hält etwa eine Woche an. Nach zwei Tagen steigert sich die Zahl der Killerzellen sogar um 100 Prozent, und es dauert einen Monat, bis das Niveau wieder sinkt.

Hoffnung auf ein zweites Leben

Text: **Sebastian Witte**

Stammzellen sind eine Art Universalwerkzeug des Körpers: Ständig reparieren sie defektes Gewebe, tauschen veraltete Zellen aus. Seit einiger Zeit versuchen Mediziner, mit ihrer Hilfe selbst aussichtslos erscheinende Leiden zu heilen – und erzielen dabei spektakuläre Fortschritte

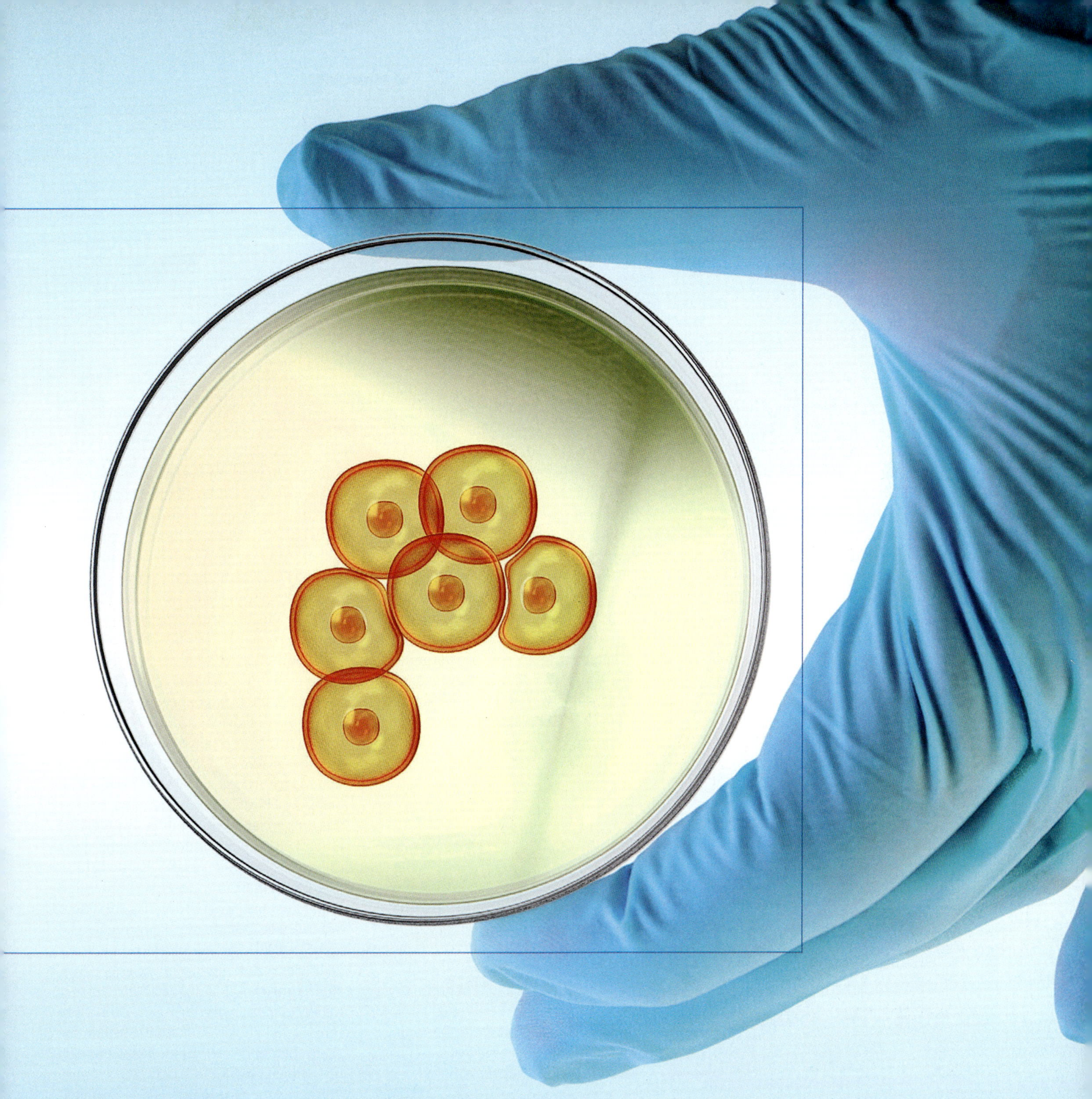

ALLHEILMITTEL?

Stammzellen (in dieser Foto-Illustration stark vergrößert) haben die Fähigkeit, sich unbegrenzt zu teilen und in unterschiedliche Körperzellen – etwa Muskel- oder Netzhautzellen – zu entwickeln. Daher gelten sie als Wunderwaffe beim Wiederaufbau von zerstörtem Gewebe

Der menschliche Körper, das mag man nicht wahrhaben wollen, ist ein Ort des Niedergangs.

Denn die Bausteine, aus denen Knochen, Muskeln und Organe bestehen, nutzen sich ab. Permanent gehen Zellen des Körpers zugrunde. Allein in der Haut verschleißen Tag für Tag fast eine Milliarde Zellen. Und jene schleimige Schicht, die unseren Dünndarm auskleidet und vor allem für die Aufnahme von Nährstoffen zuständig ist, stirbt innerhalb von ein bis drei Tagen sogar vollständig ab.

Nicht anders ergeht es den Stoffen in unserem Blut: Mehr als 200 Milliarden rote Blutkörperchen versagen täglich ihren Dienst. Auf ihrer Reise durch Arterien, Venen und winzige Gefäße nutzen sie sich irgendwann so stark ab, dass sie keinen Sauerstoff mehr transportieren können und in der Leber zersetzt werden.

Doch der Körper arbeitet gegen seine eigene Zerstörung an. Im Verborgenen sorgt ein komplexer Mechanismus dafür, dass er gerade so viel Leben erschafft, wie in gleicher Zeit vergeht. Stunde um Stunde erneuert und repariert sich unser Körper selbst. Bildet Hautzellen, die er aus unteren Lagen laufend nach oben schiebt, schwemmt Millionen neue Blutzellen in Adern und Gefäße, versieht die fast 40 Quadratmeter große innere Oberfläche des Dünndarms mit neuen Zellen.

Alle ein bis drei Tage ersetzt er die zierlichen Bläschen in unserer Lunge, in nicht einmal zwei Wochen tauscht er die Sehstäbchen in unseren Augen aus, und manches stark beanspruchte Knochenareal bildet er alle vier Monate neu.

In nur einem Jahr stellt unser Körper auf diese Weise gewissermaßen sechs neue Harnblasen, acht Luftröhren, 18 Lebern, 25 Hautabdeckungen, 192 Magenausgänge her – und bildet im Verlauf eines Lebens Tausende Mal mehr neue Zellen, als die Milchstraße Sterne zählt.

Das Geheimnis dieser verblüffenden Reparatur und Erneuerung liegt in einem besonderen Zelltyp: den Stammzellen.

Sie sind eine Art universelles Werkzeug, denn zum einen sind sie in der Lage, sich unbegrenzt zu teilen und immer neue Zellen hervorzubringen. Zum anderen entwickeln sich aus Stammzellen die mehr als 200 verschiedenen Zellarten des menschlichen Körpers. Aus ihnen können unter anderem Haut-, Muskel-, Blut- oder Nervenzellen hervorgehen.

Sie werden immer dann aktiviert, wenn der Körper irgendwo Schaden nimmt oder einzelne Zellen ersetzt werden müssen. Kommt es etwa zu einem Defekt in der Haut, erzeugen die dortigen Stammzellen durch Teilung neue Zellen, die dann in die benötigte Form ausreifen. Botenstoffe beeinflussen, ob sich eine Blutstammzelle beispielsweise zu einer Antikörper produzierenden Abwehrzelle

LEUKÄMIE
Hannah Partos, London

Eine Transplantation von gesunden Blutstammzellen ist für an Leukämie erkrankte Menschen derzeit die einzige Hoffnung auf Heilung. Damit die fremden Blutstammzellen nicht vom eigenen Körper abgestoßen werden, müssen Spender und Empfänger genetisch möglichst ähnlich sein. Über eine Datenbank hat Hannah Partos aus London 2014 einen passenden Spender gefunden. Zwei Jahre später, nach dem Eingriff, durfte sie ihn kennenlernen.

Prof. Shinya Yamanaka, Japan

Eine Revolution in der Stammzellforschung

Der Wissenschaftler von der Universität Kyoto entwickelte ein Verfahren, mit dem sich gewöhnliche Hautzellen so manipulieren lassen, dass sie wieder ähnlich wandlungsfähig werden wie die Stammzellen eines Embryos. Diese Möglichkeit eröffnet der Forschung völlig neue Wege, da Mediziner seither vielfach auf die schwer zu beschaffenden und ethisch bedenklichen embryonalen Stammzellen verzichten können

oder zu einem Sauerstoff transportierenden roten Blutkörperchen entwickelt.

Diese famose Wandlungsfähigkeit macht die Stammzellen ungemein interessant für die medizinische Forschung. In immer neuen Verfahren versuchen Ärzte, die natürliche Funktion der Gebilde zu nutzen, um krankes Gewebe zu regenerieren – etwa nach einem Herzinfarkt, einer Querschnittslähmung, bei Diabetes, Parkinson oder Alzheimer. Gerade in den letzten Jahren haben die Wissenschaftler bahnbrechende Fortschritte erzielt, und so ruht die Hoffnung vieler Patienten auf diesen neuartigen Therapien.

Doch bis die Methoden wirklich ausgereift sind, müssen Forscher die Stammzellen noch viel besser verstehen lernen.

Eine ihrer grundlegendsten Erkenntnisse besteht darin, dass Stammzellen bereits den frühen Embryo bilden, jedoch schon nach kurzer Zeit ihre Gestalt verändern. Die Forscher unterteilen sie daher in zwei große Übergruppen: embryonale und erwachsene (adulte) Stammzellen.

In der Theorie erscheinen die Möglichkeiten nahezu grenzenlos

Embryonale Stammzellen sind nur während der Entstehung eines Lebewesens im Mutterleib aktiv und können sich in nahezu alle Zellarten verwandeln – adulte hingegen nur noch in bestimmte.

Deshalb vermögen jene adulten Stammzellen, die beispielsweise in der Haut eingelagert sind, nur all jene Zelltypen neu zu bilden, aus denen die Haut aufgebaut ist. Und jene Stammzellen, die sich im Knochenmark (wo das Blut gebildet wird) finden, können nur Bestandteile des Blutes formen.

Es ist wie beim Hausbau: Aus wenigen Grundstoffen wird alles errichtet – aus Holz werden Türen, Fenster, Dachbalken und Parkett, aus Beton Wände und Decken, aus Metall Armaturen, Rohre und Dachrinnen.

Die adulten Stammzellen bilden so, in die verschiedenen Körpergewebe ein-

ZELLENTWICKLUNG

Wie Stammzellen neues Leben schaffen

Am Anfang gibt es nur das Ei und den Samen. Mit deren Verschmelzung jedoch entsteht ein Embryo, dessen besondere Zellen den gesamten Körper aufbauen können

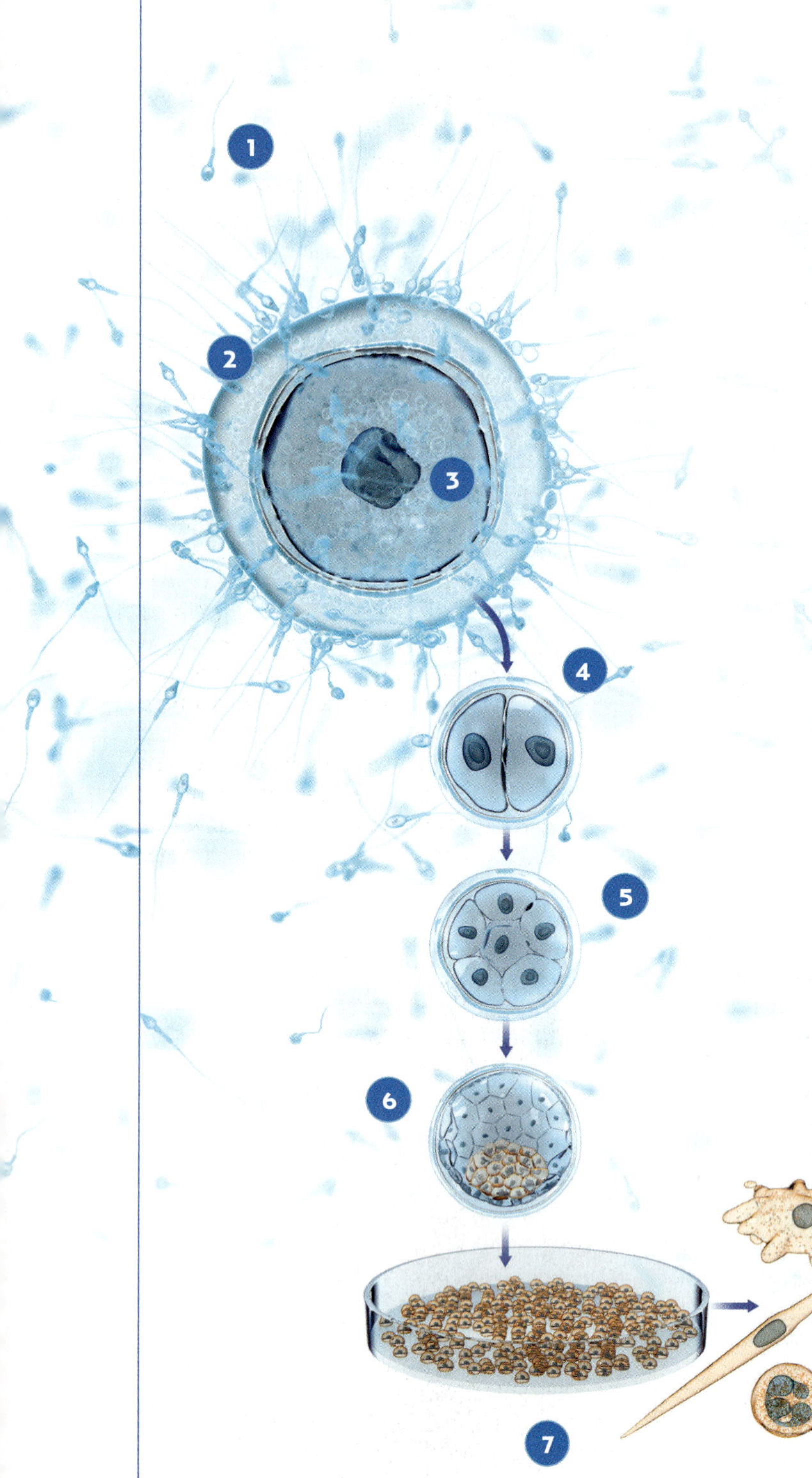

Das Geheimnis der Stammzellen liegt in ihrer enormen Wandlungsfähigkeit. Forscher unterscheiden zwei übergeordnete Gruppen: adulte (erwachsene) Stammzellen und embryonale Stammzellen. Während sich adulte Stammzellen nur noch in bestimmte Körperzellen entwickeln können, bergen embryonale Stammzellen das Potenzial, jedes beliebige Körpergewebe zu bilden. Sie existieren jedoch nur im frühen Embryo – wenn sich Samen und Eizelle zu neuem Leben vereinigt haben.

Dazu muss ein Spermium (1) die Wand einer Eizelle (2) durchbohren und in sie eindringen. Die so befruchtete Eizelle (3) teilt sich rund 30 Stunden später in zwei Tochterzellen (4). Durch weitere Teilungen entsteht ein immer größerer Zellhaufen (5). Die äußeren Zellen des Haufens flachen sich nach und nach ab und verwandeln sich in die Hülle einer Kugel. Im Inneren der Kugel reift der eigentliche, aus Stammzellen gebildete Embryo heran (6).

Im Laufe der weiteren Entwicklung beginnen sich diese Stammzellen zu spezialisieren – gesteuert durch ein genetisches Programm, bilden sich aus manchen Muskeln, Knochen und Bindegewebe des Embryos, während aus anderen später Leber, Lunge, Magen oder Darm hervorgehen. Wollen Forscher mit embryonalen Stammzellen im Labor forschen, entnehmen sie diese dem Embryo, bevor die Spezialisierung eingesetzt hat (7).

Mithilfe bestimmter Signalstoffe können Forscher die Stammzellen nun dazu anregen, sich in sogenannte Vorläuferzellen zu entwickeln. Das sind Gebilde, aus denen dann jeweils die verschiedenen Körperzellen hervorgehen – etwa Muskel- oder Nervenzellen (8). Durch Transplantation solcher Vorläuferzellen erhoffen sich Mediziner neue Erfolge bei der Behandlung von krankem oder zerstörtem Gewebe, zum Beispiel nach einem Herzinfarkt. Da bei dieser Form der Forschung lebensfähige Embryonen zerstört werden, ist sie hierzulande jedoch untersagt.

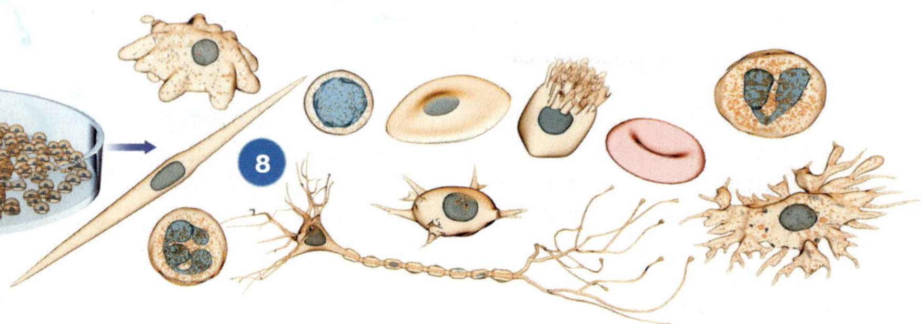

HI-VIRUS
Timothy Ray Brown, USA

Der Amerikaner ist der erste Mensch, dessen HIV-Infektion dank fremder Blutstammzellen geheilt werden konnte. Die erhielt Brown 2007, als er zusätzlich an Blutkrebs erkrankte: Unter den geeigneten Spendern befand sich eine Person, die aufgrund einer genetischen Veränderung immun gegen das HI-Virus ist. Diese Immunität übertrug sich im Zuge der Transplantation auch auf Brown. Bis heute ist das Virus in seinem Blut offenbar nicht wieder aufgetaucht.

gebettet, eine Art lebenslanges natürliches Reservoir, aus dem der Körper kranke, verbrauchte oder zerstörte Zellen immer wieder ersetzen kann. Und vor allem: das sich selber immer wieder neu bestückt. In etlichen Körperregionen haben Wissenschaftler Stammzellen nachgewiesen, beispielsweise im Gehirn, in der Skelettmuskulatur, im Herzen, in der Leber oder im Knochenmark. Und einige werden bereits therapeutisch eingesetzt.

So nutzen Mediziner zur Behandlung von Leukämie seit einigen Jahren Stammzellen, die Blut- und Abwehrzellen bilden. Die Stammzellen entnehmen die Ärzte dem Blut oder Knochenmark des Patienten, bewahren sie tiefgefroren auf und injizieren sie ihm nach einer Chemotherapie (durch die zunächst alle erkrankten Zellen zerstört werden sollen) wieder. Das ermöglicht und beschleunigt die Regeneration.

Gut etabliert ist auch ein Verfahren, bei dem mithilfe von Stammzellen aus der Hautoberfläche Transplantate im Labor hergestellt werden, um beispielsweise schwere Verbrennungen zu behandeln. Denn Hautstammzellen lassen sich auch außerhalb des Körpers gut vermehren (allerdings entspricht Laborhaut nicht ganz der natürlichen, da ihr Bestandteile tieferer Hautschichten wie Haarfollikel, Schweiß- und Talgdrüsen fehlen).

Auf ähnliche Weise vermögen Mediziner inzwischen auch Stammzellen aus einem bestimmten Randbereich der Augenhornhaut zu isolieren und zu vermehren. Bei einigen Verletzungen, schweren Verätzungen etwa, ist es möglich, diese Stammzellen aus einem gesunden Auge zu übertragen, sodass sie neues Hornhautgewebe im beschädigten aufbauen.

Die Erfolgschancen gewöhnlicher Eingriffe lassen sich so enorm steigern. Seit 2015 ist eines der Verfahren für den europäischen Markt zugelassen. Daten von Testpatienten zeigen, dass sich bei drei von vier Betroffenen die Sehfähigkeit deutlich verbessert, Schmerzen und Entzündungsreaktionen nachlassen.

Da aber aus adulten Stammzellen nur Zellen bestimmter Gewebe entstehen können – aus Muskelstammzellen Muskelgewebe, aus Knochenmarkszellen Bestandteile des Bluts – erforschen Wissenschaftler auch jene Wunderzellen, über die ein erwachsener Mensch nicht mehr verfügt: die embryonalen Stammzellen.

Um sie zu gewinnen, müssen Forscher einen potenziell lebensfähigen Embryo, der etwa durch künstliche Befruchtung entstanden ist, zerstören. In Deutschland ist dies aus ethischen Gründen untersagt. In den USA und China sind die gesetzlichen Richtlinien hingegen weniger streng. Und so erzielen dortige Mediziner besonders spektakuläre Fortschritte.

Einem Forscherteam in San Diego ist es etwa gelungen, embryonale Stammzellen im Labor so zu verändern, dass sie als sogenannte Vorläuferzellen nach einer

LÄHMUNG
Kris Boesen, USA

Nach einem Autounfall war Boesen vom Hals abwärts gelähmt. Bei einem Eingriff an der Halswirbelsäule spritzten ihm Ärzte 2016 spezielle, aus embryonalen Stammzellen entwickelte Vorläufer-Gewebezellen in den lädierten Rückenmarkskanal. Dort halfen die Zellen, neues Nervengewebe aufzubauen, sodass Boesen einige motorische Fähigkeiten zurückzugewinnen vermochte. Damit war er der weltweit erste Mensch, der durch Stammzellen Teile seiner Beweglichkeit wiedererlangte.

FORSCHUNG

Ein neuer Typ Stammzelle

Wie Experten alle möglichen Gewebe neu aufbauen können

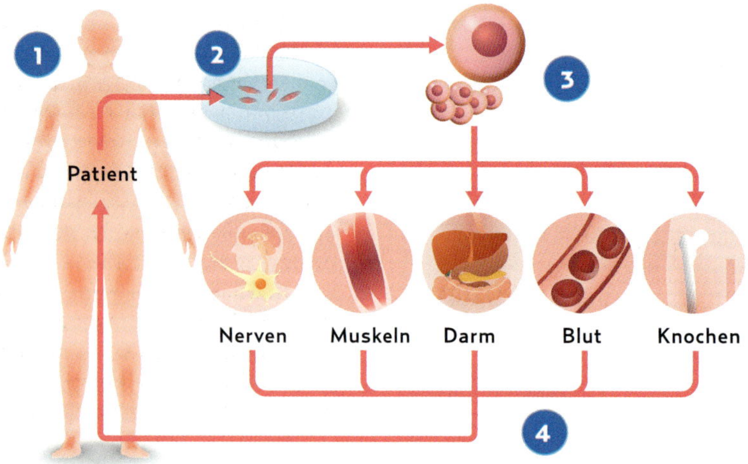

Lange Zeit galt das Dogma, dass nur embryonale Stammzellen in der Lage sind, alle anderen Zelltypen des Körpers zu formen. Doch inzwischen sind Forscher in der Lage, gewöhnliche Gewebezellen (etwa der Haut) so zu verändern, dass sie ihre Spezialisierung gewissermaßen aufgeben und sich wieder in einen embryonalartigen Zustand zurückentwickeln.

Dazu entnehmen sie einem Probanden Hautzellen (1). Durch eine genetische Manipulation im Labor (2) entstehen aus den Hautzellen sogenannte iPS-Zellen (Zellen mit „induzierter Pluripotenz"). Die iPS-Zellen werden anschließend vermehrt (3). Aus ihnen lässt sich nun jede Art von Körperzelle entwickeln (4). Noch ist das Verfahren recht jung, doch es kommt schon heute einer Revolution in der Stammzellforschung gleich. Denn für etliche therapeutische Anwendungen müssen Mediziner nicht länger lebensfähige Embryonen zerstören.

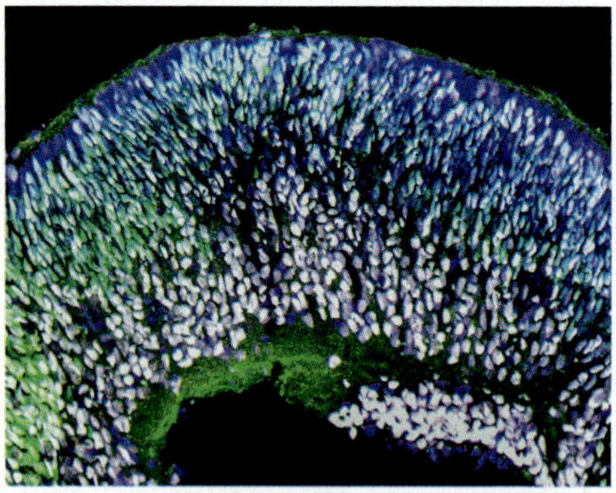

Netzhaut aus dem Labor: Aus sogenannten iPS-Zellen stellten Forscher Retina-Gewebe her

Da iPS-Zellen aus dem Gewebe eines potenziellen Empfängers hergestellt werden können, haben sie zudem den Vorteil, dass Abstoßungsreaktionen durch das Immunsystem quasi ausgeschlossen sind. Einen besonders bemerkenswerten Fortschritt auf diesem Gebiet erzielten jüngst Molekular-Biomediziner aus Münster: Den Forschern gelang es, aus iPS-Zellen funktionsfähige Netzhautzellen zu gewinnen und daraus Retina-Gewebe aufzubauen (siehe Foto).

Transplantation im Körper heranreifen und dort alle Gewebe der Bauchspeicheldrüse bilden können – darunter auch solche Zellen, die Insulin produzieren.

Davon könnten eines Tages Millionen an Diabetes Typ 1 Erkrankte profitieren: Würde man ihnen die entsprechenden Zellen transplantieren, wären sie vermutlich nicht länger auf tägliche Insulin-Spritzen angewiesen. In ersten vielversprechenden Pilotstudien ist genau dies bereits geglückt, obgleich die insulinproduzierenden Zellen bisher nicht lange genug überleben, um bereits von einer wirksamen neuen Therapie auszugehen.

Auch bei Herzkrankheiten erhoffen sich Ärzte neue Behandlungsmöglichkeiten. Anders als andere Muskeln vermag das lebenswichtige Pumporgan beschädigtes Gewebe – etwa nach einem Infarkt, bei dem bis zu eine Milliarde Zellen absterben – nicht zu erneuern. In mehreren Kliniken arbeiten Mediziner daher daran, mit embryonalen Stammzellen erkranktes Herzmuskelgewebe zu regenerieren.

Die im Labor wiederum zunächst zu einer passenden Art von Vorläufer-Gewebezellen weiterentwickelten Gebilde werden dabei während einer Operation direkt – mit einer Art natürlichem Pflaster – auf das beschädigte Organ aufgetragen. Inwieweit sich die Heilungschancen so behandelter Patienten verbessern, werten die Mediziner derzeit aus.

Am verblüffendsten vielleicht der Erfolg einer Forschergruppe aus Kalifornien: 2016 behandelten Neurochirurgen dort zum ersten Mal eine Rückenmarksverletzung mit embryonalen Stammzellen, die als spezialisierte Vorläuferzellen – wie sie auch von Natur aus in Gehirn und Rückenmark vorkommen – darauf programmiert waren, Nervengewebe zu bilden. Ihr Patient war nach einem Autounfall vom Hals abwärts gelähmt. Bei einem Eingriff an der Halswirbelsäule injizierten die Mediziner zehn Millionen Stammzellen dieses Typs in den lädierten Rückenmarkskanal.

Mit Erfolg: Bereits zwei Wochen nach der Behandlung erlangte der zuvor Gelähmte die teilweise Kontrolle zumindest über Hände und Arme zurück, konnte sich wenige Monate später eigenständig die Zähne putzen und eine Computertastatur bedienen.

Diabetiker, die ihre Zuckerkrankheit besiegen, Herzkranke, die wieder Treppen steigen können, Gelähmte, die beweglich werden: In der Theorie scheinen die Möglichkeiten der Therapie mit embryonalen Stammzellen grenzenlos. Doch in der Praxis sind die Hürden enorm hoch. Eine der größten Schwierigkeiten besteht zum Beispiel darin, dass das Immunsystem der Empfänger die unbekannten Zellen in vielen Fällen als Fremdkörper erkennt und bekämpft. Nur mit äußerst aufwendigen Verfahren oder starken Medikamenten lassen sich gefährliche Abwehrreaktionen verhindern oder zumindest ihr Risiko deutlich verringern.

Auch aus diesem Grund machen sich die Forscher seit einiger Zeit daran, einen neuartigen Typ Stammzelle zu erschaffen, der diese Probleme nicht bereitet: Die Wissenschaftler versuchen, gewöhnliche Gewebezellen (etwa Hautzellen) aus dem Körper erwachsener Patienten so zu manipulieren, dass sie wieder ähnlich wandlungsfähig werden wie die Stammzellen eines Embryos. Inspirieren ließen sich die Forscher von den erstaunlichen regenerativen Fähigkeiten bestimmter Tiere.

> Organe aus dem Labor sind keine Science-Fiction mehr

So verfügen einige Fische, Krebse und Amphibien über die Fähigkeit, ganze Körperglieder zu ersetzen. Selbst nach einem größeren Schaden verenden zum Beispiel Salamander, Zebrafische oder Regenwürmer nicht zwangsläufig.

Verlieren sie im Kampf oder bei einem Unfall ein Bein, eine Flosse oder ein anderes Körperteil, bilden Stammzellen Unmengen neuer Bausteine und stellen die Extremitäten kurzerhand wieder her.

Wie Wissenschaftler herausgefunden haben, verfügen die Tiere dabei über eine zusätzliche, offenbar entscheidende Fähigkeit. Nach einer Amputation gelingt es einigen der Spezialisten unter den Zellen, ihre bisherige Funktion gleichsam zu „vergessen“ und wieder zu Generalisten

Dr. George Daley, USA

Lebenssaft aus dem Labor

Einem Team um den Biologen von der Harvard Medical School gelang es 2017 erstmals, menschliche Blutzellen aus bestimmten Gewebezellen im Labor heranzuziehen. Eines Tages könnte seine Forschung dazu führen, dass Knochenmarksspenden überflüssig werden

GEHIRNTUMOR

Paul Forde, Irland

Im Alter von 23 kehrte bei Forde eine eher seltene Form von Lymphdrüsenkrebs zurück, der wieder auch das Gehirn angegriffen hatte. Da die Mediziner den Tumor dieses Mal nicht operativ entfernen konnten, verordneten sie Forde eine starke Chemotherapie und behandelten ihn dann mit Stammzellen eines Spenders. Danach bildete sich das bösartige Gewebe zurück. Ein derartiger Therapieansatz kommt bislang allerdings nur in Einzelfällen infrage.

zu werden: Sie versetzen sich in eine Art embryonalen Zustand zurück. Nachdem die Wunde in den ersten Tagen mit einer schützenden Haut überdeckt worden ist, häufen sie ein wulstiges Gebilde an, ein Blastem. Und so wie die Zellen eines Embryos gleichsam wissen, wie sie einen vollständigen Körper bilden müssen, „kennen" auch die nun wieder embryonalartigen Zellen des Blastems die nötigen Pläne und Programme, um die fehlende Extremität neu zu bauen.

Tatsächlich gelingt es Forschern inzwischen, auch Zellen aus menschlichem Gewebe dazu zu bringen, sich in einen embryonalartigen Zustand zurückzuentwickeln. Als der japanische Wissenschaftler Shinya Yamanaka dieses Kunststück 2006 erstmals vollbrachte, reagierte die Fachwelt verblüfft. Lange galt das Dogma, dass die erwachsenen Zellen des Menschen auf ihr Schicksal als Haut-, Muskel- oder Knochenzelle für immer festgelegt seien. Doch mittels genetischer Manipulationen vermochte Yamanaka in ihnen gleichsam verloren gegangene Eigenschaften wiederzubeleben.

Es ist eine Revolution in der Stammzellforschung, denn die so erzeugten iPS-Zellen (wie Wissenschaftler die Gebilde nennen) sind ähnlich entwicklungsfähig wie embryonale Stammzellen – ohne dass dafür ein Embryo sterben müsste. Ein weiterer großer Vorteil: Da die iPS-Zellen aus dem körpereigenen Gewebe eines potenziellen Empfängers produziert werden können, attackiert das Immunsystem sie nicht als Fremdlinge.

Noch ist die Methode sehr teuer und zeitaufwendig. Oft dauert es Monate, bis genügend iPS-Zellen für einen Versuch zur Verfügung stehen. Doch welche Tragweite die Technik hat, ist längst erkannt: Bereits sechs Jahre nach seiner Entdeckung erhielt Yamanaka den Medizin-Nobelpreis. Und seit 2014 erproben Ärzte in ersten Versuchen iPS-Zellen am Menschen. So behandelten sie eine altersblind werdende Japanerin mit Netzhautzellen, die aus ihrer eigenen Haut herangezogen und umprogrammiert worden waren. Das Fortschreiten der Erblindung konnte so aufgehalten werden.

Auch in Deutschland schreitet die Forschung mit iPS-Zellen voran – auch weil es da keine ethischen Bedenken gibt. Hierzulande konzentrieren sich die Wissenschaftler auf einen weiteren vielversprechenden Nutzen der Wunderzellen. Forscher am Center for Advanced Regenerative Engineering in München versuchen, mit ihrer Hilfe ganz neue Wege bei der Entwicklung von Medikamenten zu gehen. So könnten Wirkstoffe zukünftig direkt an aus iPS-Zellen gewachsenem, menschlichem Gewebe getestet werden; langwierige klinische Studien mit Tierversuchen und freiwilligen Probanden wären damit überflüssig.

Längst ist die Stammzell-Medizin eines der sich besonders rasant entwickelnden Gebiete der Humanbiologie – auch wenn die therapeutischen Möglichkeiten

MULTIPLE SKLEROSE

Mark Lewis

Der an Multipler Sklerose erkrankte Amerikaner nimmt seit 2016 an einer Pilotstudie in Israel teil. In einer aufwendigen Prozedur entnehmen Ärzte Blutstammzellen aus dem Knochenmark von MS-Patienten und injizieren sie anschließend in deren Gehirn-Rückenmarks-Flüssigkeit. Dort sollen die Stammzellen helfen, entzündetes Nervengewebe zu kurieren. Mark Lewis berichtet, dass das Verfahren seine Beweglichkeit deutlich verbessert hat.

Dr. Masayo Takahashi, Japan

Von der Theorie zur Praxis

Die Augenärztin transplantierte als erste Medizinerin im Jahr 2014 einer Frau, die an einer bis zur Blindheit führenden Netzhauterkrankung litt, Sehzellen, die sie aus gewöhnlichen Hautzellen im Labor gewonnen hatte. Der Fortgang der Erkrankung konnte auf diesem Weg gestoppt werden

noch immer begrenzt sind (vor allem aufgrund der Komplexität der einzelnen Methoden sowie aufwendiger Herstellungsverfahren und hoher Kosten).

Und doch: Vieles spricht dafür, dass es eines Tages sogar möglich sein wird, komplette Organe im Labor aus Stammzellen heranwachsen zu lassen.

Das wäre ein nicht zu überschätzender Durchbruch: Zum einen wären die Patienten nicht mehr auf die – immer noch seltenen – Organspenden angewiesen, zum anderen müssten sie nicht mehr ein Leben lang Medikamente schlucken, um ihr Immunsystem zu unterdrücken. Ein aus eigenen Zellen herangezogenes Organ würde ihr Körper höchstwahrscheinlich akzeptieren.

Was wie Science-Fiction klingt, rückt bereits in greifbare Nähe: Wissenschaftlern in Australien ist es vor Kurzem gelungen, jene Wachstumsfaktoren zu identifizieren, die iPS-Zellen dazu anregen, sich zu Nierengewebe zu entwickeln. Dieses Wissen nutzten die Forscher, um eine Art Proto-Niere entstehen zu lassen, ein „Organoid", ähnlich groß wie die Niere eines frühen Embryos. Sie verfügte bereits über ein feines Netzwerk aus winzigen Nierenkanälchen, Ansätzen von Bindegewebe und Vorläufern von Blutgefäßen – alles Strukturen, die eine Niere benötigt, um Blut zu filtern.

Ein vollständiges, transplantationsfähiges Organ vermögen die Forscher noch nicht zu erschaffen. Aber die Vorstellung, dass Ersatzorgane eines Tages im Labor entstehen, wird plötzlich real.

Die verblüffenden Selbstheilungskräfte des Menschen ließen sich dann nutzen, um Todgeweihten die Chance auf einen echten Neuanfang zu ermöglichen.

AUF EINEN BLICK

Körpereigene Erneuerung

Stammzellen sind eine Art natürliches Reservoir, aus dem der Körper kranke, verbrauchte oder abgestorbene Zellen ersetzt.

Zellen aus dem Labor

Mithilfe der Gentechnik können Forscher heute gewöhnliche Körperzellen so manipulieren, dass sie anderes Gewebe bilden.

Künstliche Organe

Die Fortschritte in der Stammzellforschung lassen darauf hoffen, dass eines Tages ganze Organe entwickelt werden können.

SEBASTIAN WITTE, Jg. 1983, ist Redakteur im Team von GEOkompakt.

GEOkompakt Nr. 60 erscheint am 11. September 2019

GEO WISSEN

Was will ich?

GEO WISSEN »Richtig entscheiden« ist 156 Seiten stark und kostet 10 Euro, mit DVD (»Die Kraft der Intuition«) 16,50 Euro. Weitere Themen: Partnersuche – Wie uns das Unbewusste lenkt • Wann ist Coaching sinnvoll?

Was ist eine gute Entscheidung? Und was eine schlechte? Was wissen wir über die Prinzipien des Entscheidens? Wie gehen wir mit Komplexität um, wie mit Unwissenheit und Zeitdruck? Sollen wir eher auf den Kopf hören oder auf den Bauch, auf den Verstand oder die Intuition? Und: Wie legen wir uns fest, ohne den verpassten Möglichkeiten nachzutrauern?

Die neue Ausgabe von GEO WISSEN bietet Kriterien für sinnvolles Entscheiden. Psychologen erklären, in welche Denkfallen wir tappen und welche Strategien helfen, eine gute Wahl zu treffen. Und mithilfe eines wissenschaftlich fundierten Selbsttests lässt sich herausfinden, welcher Entscheidungstyp man ist.

WOHLLEBENS WELT

Zeit für Entdecker

Warum haben Tierkinder so viel Unsinn im Kopf? Was macht den Reiz des Imkerns aus? Wie trotzen Lebewesen dem immer wiederkehrenden Wandel von Ebbe und Flut im Wattenmeer? Weshalb singt die Nachtigall nachts? Und welche essbaren Schätze lassen sich am Wegesrand finden?

In seiner zweiten Ausgabe eröffnet WOHLLEBENS WELT einen neuen Blick auf die sommerliche Natur – und erklärt, weshalb wilde Gärten immer wichtigere Rückzugsorte für Bienen, Käfer und Vögel werden. Außerdem im Heft: Wie Peter Wohlleben in seinem Forst die Wildnis zurückkehren lässt. Und zum Herausnehmen: ein Tütchen mit Samen – für mehr blühende Vielfalt vor der eigenen Tür.

WOHLLEBENS WELT im Sommer 2019 ist 132 Seiten stark und kostet 6 Euro. Weitere Themen: Lebensraum Moor • Der Luchs kehrt zurück • Peter Wohlleben als Naturschützer in Kanada • Debatte: Brauchen wir die Jagd?

GEO WISSEN ERNÄHRUNG

Genuss mit gutem Gewissen

GEO WISSEN ERNÄHRUNG »Vegetarisch und vegan« ist 164 Seiten stark und kostet 9,50 Euro, mit DVD (»Eine Welt ohne Fleisch«) 16,50 Euro. Weitere Themen: Die Risiken von Milch • So bleibt das Säure-Basen Gleichgewicht im Körper erhalten

Vegetarisch oder vegan zu leben mindert nachweislich das Risiko von Übergewicht und chronischen Krankheiten wie Diabetes. Die neue Ausgabe von GEO WISSEN ERNÄHRUNG zeigt, dass es dabei längst nicht mehr um Verzicht geht, sondern um ein neues Lebensgefühl. Dazu zählt auch der Trend zum Fermentieren von Gemüse: Wer etwa Sellerie, Kohl oder Rote Bete einer kontrollierten Gärung unterzieht, kann ihnen mit dieser leicht erlernbaren Technik besonders intensive Aromen entlocken.

Mehr als einen Blick wert sind zudem Wildpflanzen: Im Wald, am Feld oder in Parks lassen sich Gewächse sammeln, die oft nährstoffreicher sind als Produkte aus dem Supermarkt.

GEO

Das Wunder der Rettung

Eigentlich hatte Johann Westhauser keine Chance: In einer der größten Höhlen Deutschlands, in fast 1000 Meter Tiefe, fiel ihm beim Klettern ein Lehmbrocken auf den Kopf. Westhauser, schwer verletzt, brauchte ein Wunder: Ein kilometerlanges Labyrinth aus kirchturmhohen Hallen, engen Durchschlüpfen und glitschigen Wänden trennte ihn und seine zwei Mitstreiter vom Ausstieg ins Freie.

Mehr als 700 Menschen eilten aus ganz Europa herbei, um den verletzten Höhlenforscher ans Licht zu holen. Für die aktuelle Ausgabe von GEO haben die Retter nun zum ersten Mal erzählt, wie sie die dramatischen Momente der aufwendigsten Höhlenrettung der Geschichte erlebten.

Die Juli-Ausgabe von **GEO** erscheint am 14. Juni, das Heft kostet 8 Euro. Weitere Themen: Wildhüter in Schottland • Forschung: Bestimmen Gene unseren Charakter? • Fotografie in Brasilien • Hoffnung im Insektensterben?